"十四五"省级教改项目课程配套教材

面向新工科普通高等教育系列教材

U0165123

离散数学概论

第 2 版

田秋红　王成群　梁道雷　金　耀　编著

机械工业出版社

本书分为四部分，共 9 章。第一部分为数理逻辑，主要包括命题逻辑、一阶逻辑等内容。第二部分为集合论，主要包括集合和矩阵、关系和函数等内容。第三部分为图论，主要包括图的基本概念和矩阵表示、特殊的图和树等内容。第四部分为代数系统，主要包括代数系统基础、格与布尔代数等内容。

本书内容丰富，层次分明，重点突出，并注重离散数学的实用性，可以为计算机专业学生提供重要的数学基础。本书可作为计算机专业本科生、大专生等的理论教学教材。

为配合教学，本书配有电子课件、教学大纲、习题答案等教学资源，有需要的教师可登录机械工业出版社教育服务网（www.cmpedu.com）免费注册，审核通过后下载，或联系编辑索取（微信：18515977506，电话：010-88379753）。本书还配有教学视频，读者可在正文中扫描二维码观看。

图书在版编目（CIP）数据

离散数学概论/田秋红等编著 . —2 版 . —北京：机械工业出版社，2024.1
面向新工科普通高等教育系列教材
ISBN 978-7-111-74362-0

Ⅰ. ①离…　Ⅱ. ①田…　Ⅲ. ①离散数学 – 高等学校 – 教材　Ⅳ. ①O158

中国国家版本馆 CIP 数据核字（2023）第 229916 号

机械工业出版社（北京市百万庄大街 22 号　邮政编码 100037）
策划编辑：李馨馨　　　　　　　责任编辑：李馨馨　汤　枫
责任校对：韩佳欣　刘雅娜　　　责任印制：刘　媛
北京中科印刷有限公司印刷
2024 年 2 月第 2 版第 1 次印刷
184mm×260mm · 14.25 印张 · 343 千字
标准书号：ISBN 978-7-111-74362-0
定价：65.00 元

电话服务　　　　　　　　　　　网络服务
客服电话：010-88361066　　　　机 工 官 网：www.cmpbook.com
　　　　　010-88379833　　　　机 工 官 博：weibo.com/cmp1952
　　　　　010-68326294　　　　金 书 网：www.golden-book.com
封底无防伪标均为盗版　　　　机工教育服务网：www.cmpedu.com

前　言

离散数学是计算机科学的基础核心学科，也是计算机专业的核心基础课程，主要研究离散结构和相互关系。离散数学是数据结构、编译原理、数据库原理、计算机组成原理和计算机操作系统等计算机专业课程的数学基础。基础研究是科学之本和创新之源。党的二十大报告中指出："加强基础学科、新兴学科、交叉学科建设，加快建设中国特色、世界一流的大学和优势学科。"可见，基础研究是国家核心竞争力的重要组成部分，是提升原始创新能力的根本途径。学习离散数学不仅能帮助学生学会应用数学知识，更重要的是可以提高学生的数学逻辑思维能力，为将来参与创新性的研究和开发工作打下坚实的基础。

编写本书的宗旨是在帮助学生全面掌握离散数学理论知识的基础上，注重理论和实践的结合，培养学生运用基础知识分析和解决问题的能力。编者经过对目前主流离散数学教材的分析研究并结合计算机专业的后续学习需求，由浅入深地介绍了数理逻辑、集合论、图论和代数系统四个部分，每一部分均配有大量难易程度不同的例题，且重、难点知识点均配有视频讲解。本书内容翔实，深入浅出，是一本适宜学生预习和复习，且可读性强的教材。

本书注重先进性和实用性，同时概念清楚，系统性强，力求保持离散数学知识的完整性，有利于不同层次的读者从不同起点逐步理解和掌握离散数学知识。本书数理逻辑部分适宜 12 ~ 16 个课时，集合论部分适宜 16 ~ 22 个课时，图论部分适宜 10 ~ 12 个课时，代数系统部分适宜 6 ~ 8 个课时。

本书第 1、2、3、4 章由田秋红执笔，第 5、6、7 章由王成群执笔，第 8、9 章由梁道雷执笔，田秋红负责确定全书的组织架构，金耀负责全书的统稿。本书的出版得到了"十四五"省级教改项目"研究导向的'计算机科学的教学基础'课程改革研究"（11120032412306）、"浙江理工大学 521 人才项目"、"浙江理工大学博士科研启动项目（11122932611817）"和校级教改项目"基于实践课程的学生创新能力培养方法研究（xxjg202103）"的经费资助。

本书的编写和出版得到了机械工业出版社的大力支持，以及许多教师及业界同人的帮助，他们为本书的顺利出版提供了良好的条件，编者表示衷心感谢。

由于时间和编者水平有限，错漏之处在所难免，欢迎广大读者批评指正。

编　者

目 录

第四部分　代数系统

第一部分

数理逻辑

数理逻辑是研究推理的数学学科。它着重于推理过程以及推理结果是否正确。数理逻辑不仅是数学学科的基础，还与人工智能、语言学，尤其是计算机科学有着密切的关系。因此，逻辑演算已经成为离散数学的重要组成部分，它是计算机科学的基础课程。逻辑演算由命题演算和一阶谓词逻辑演算组成。在本书中命题演算会在第 1 章中介绍，一阶谓词逻辑演算会在第 2 章中介绍，最后综合介绍命题逻辑推理和一阶逻辑推理的推理过程。

第1章 命题逻辑

本章主要介绍命题的定义和等值演算等相关知识。首先介绍命题的定义、联结词定义及命题符号化方法，然后介绍构造主析取和主合取范式的几种主要方法，最后以逻辑电路为切入点讲解命题逻辑的具体应用。

1.1 命题及符号化

推理是数理逻辑研究的重要问题。本书的主要目的是让读者理解并构建正确的数学推理，因此，对离散数学的研究先从逻辑学的介绍开始。

命题逻辑对于理解数学推理很重要。同时，它在计算机科学中有许多应用，如计算机电路的设计、计算机程序的构建等各个领域。故本节先介绍命题定义及符号化过程。

1.1.1 命题

> **定义1-1：** 命题是一个具有唯一确定值的陈述语句，这种陈述句有两种取值情况，一种是真，另一种是假。但不能同时为真和假。当其值为真时，该命题为真命题；否则，该命题是假命题。

例1-1 判断下列语句哪些是命题，并给出命题类型。

（1）$1+2=5$。

（2）你是网红主播吗？

（3）你真漂亮！

（4）北京是中国首都。

（5）$x+2=5$。

（6）$x+y=z$。

解： 在这6个句子中，语句（2）和语句（3）分别是疑问句和感叹句，故不是命题。语句（5）和语句（6）既不为真，也不为假，例如对于语句（5），当 $x=3$ 时，语句（5）是真，而对于 x 的其他取值情况，语句（5）是假，语句（6）也是同样的道理，故它们都不是命题。语句（1）是假命题，语句（4）是真命题。上述命题（1）和（4）都不能再被分解成更简单的句子，像这样的简单陈述句，称为简单命题。

> **定义 1-2**：一个命题不包含任何其他命题，即不可再分成更简单的命题，该命题称为简单命题。

简单命题也被称为原子命题。为了表述方便，用小写英文字母 p, q, $r, \cdots, p_i, q_i, r_i, \cdots$ 表示原子命题。当一个命题的真值是真时，可表示为 1 或 T，并且该命题被称为真命题；而当一个命题的真值是假时，可表示为 0 或 F，并且该命题被称为假命题。

许多数学陈述都是由一个或多个简单命题组合而成的。例如，如果同位角相等，那么这两条直线平行。上述数学陈述由两个简单命题组成，这两个简单命题分别为"同位角相等"和"两条直线平行"。由一个或多个简单命题通过逻辑联结词可形成更复杂命题，由此可以更准确地表达更多的数学陈述。下面给出复合命题定义。

> **定义 1-3**：通过联结词将简单命题联结而形成的命题，称为复合命题。

下面介绍 5 种联结词及由这 5 种联结词联结而成的复合命题。

1.1.2　联结词

复合命题由简单命题和逻辑运算符组合形成，这些逻辑运算符统称为逻辑联结词。逻辑联结词主要包括否定联结词、合取联结词、析取联结词、蕴含联结词和等价联结词。下面先介绍最简单的否定联结词。

> **定义 1-4**：若 p 为任一命题，p 的否定式可记作 $\neg p$，$\neg$ 为否定联结词。$\neg p$ 称为"非 p"或"p 的否定"。$\neg p$ 取 p 真值的相反值。即：当 p 为真时，$\neg p$ 为假；反之，$\neg p$ 为真。

若 p 表示原子命题"4 能被 2 整除"，则 $\neg p$ 表示"4 不能被 2 整除"。很明显，命题 p 的真值为 1，而 $\neg p$ 的真值为 0。

> **定义 1-5**：若 p 和 q 为两个原子命题，p 和 q 的合取可记作 $p \wedge q$，$\wedge$ 为合取联结词。$p \wedge q$ 为合取式，称为"p 和 q"或"p 且 q"。当 p 和 q 都为真时，命题 $p \wedge q$ 为真，否则为假。

命题"4 与 8 能被 2 整除"包含两个简单命题"4 能被 2 整除"和"8 能被 2 整除"，上述两个命题分别用 p 和 q 表示，则原命题可表示为 $p \wedge q$。很明显，当命题 p、q 同时为真时，$p \wedge q$ 的真值为 1；否则真值为 0。

$p \wedge q$ 表达的逻辑关系是"且"关系，在自然语言中表示"且"关系的常用连词有"既……又……""不但……而且……"和"虽然……但是……"等。请看例 1-2。

例 1-2　将下列命题符号化。
（1）陈宇既选修了离散数学，又选修了 C 程序设计。
（2）陈宇虽然选修了离散数学，但是没有选修 C 程序设计。
（3）陈宇不但选修了离散数学，而且选修了 C 程序设计。
（4）陈宇不是没有选修离散数学，而是没有选修 C 程序设计。

解：p表示"陈宇选修离散数学"，q表示"陈宇选修C程序设计"，则语句（1）、（2）、（3）和（4）分别符号化为$p \wedge q$、$p \wedge \neg q$、$p \wedge q$、$p \wedge \neg q$。

以上四个命题都表示"且"的逻辑关系，但在汉语中"和"有些情况不包含"且"的逻辑关系，例如，"我和我的父亲是朋友"，在这个例子中表达的意思是：我和父亲是朋友关系，这不是复合命题，是简单命题。与"朋友"类似的词语还有"夫妻""兄妹""伙伴"等。

> **定义1-6**：若p和q为两个原子命题，p和q的析取可记作$p \vee q$，$\vee$为析取联结词。$p \vee q$为析取式，称为"p或q"。当p和q都为假时，命题$p \vee q$为假，否则为真。

二维码1-1 视频
析取符号

$p \vee q$表达的逻辑关系是"或"，请看例1-3。

例1-3　将下列命题符号化。

（1）陈宇选修了Java或Python。

（2）李晓米学过英语或日语。

（3）推选李欣或赵良其中一人参加这次研修班。

（4）选陈宇或李铭当计算机科学与技术3班的班长。

解：p表示"陈宇选修Java"，q表示"陈宇选修Python"，s表示"李晓米学过英语"，r表示"李晓米学过日语"，则语句（1）和（2）分别符号化为$p \vee q$、$s \vee r$。u表示"推选李欣去参加这次研修班"，t表示"推选赵良去参加这次研修班"，v表示"选陈宇当计算机科学与技术3班的班长"，w表示"选李铭当计算机科学与技术3班的班长"，则语句（3）和（4）分别符号化为$(u \wedge \neg t) \vee (\neg t \wedge u)$、$(w \wedge \neg v) \vee (\neg w \wedge v)$。$(u \wedge \neg t) \vee (\neg t \wedge u)$、$(w \wedge \neg v) \vee (\neg w \wedge v)$也可以分别符号化为$u \oplus t$、$w \oplus v$。

在例1-3中，语句（1）表达的含义和语句（2）表达的含义相类似。以语句（1）为例：语句（1）表示陈宇可以同时选修Java和Python两门课，或只选修其中一门，或者一门也不选。语句（1）和（2）中对应的是"相容或"，即原命题中包含的两个命题真值可以同时为真，而语句（3）和（4）表达的含义与其不同。以语句（3）为例：语句（3）表示只能推选李欣或赵良其中的一人去参加这次研修班，或都不推选。语句（3）和（4）中对应的是"排斥或"，记为$\oplus$，排斥或表示原命题中包含的两个命题真值不能同时为真。

> **定义1-7**：若p和q为两个原子命题，p蕴含q可记作$p \rightarrow q$，$\rightarrow$为蕴含联结词。$p \rightarrow q$为蕴含式，称为"若p，则q"。p为条件，q为结论。当p为真，q为假时，命题$p \rightarrow q$为假，否则为真。

$p \rightarrow q$表达的逻辑关系是"若……则……"。即q为p的必要条件。在自然语言中"如果p，则q"的不同表述方法有很多种，如下所示。

● 若p，就q。

- 只要 p，就 q。
- 当 p 则 q。
- q，除非 $\neg p$。
- q 仅当 p。

例 1-4　将下列命题符号化。

（1）如果王旭在期末考试中取得满分，那么他就能获得奖学金。

（2）当王旭在期末考试中取得满分，则他就能获得奖学金。

（3）王旭能获得奖学金，除非他在期末考试中未取得满分。

（4）王旭能获得奖学金，仅当他在期末考试中取得满分。

解：p 表示"王旭在期末考试取得满分"，q 表示"他获得奖学金"。

则语句（1）、（2）、（3）和（4）符号化都为 $p \to q$。

> **定义 1-8**：若 p 和 q 为两个原子命题，p 等价 q 可记作 $p \leftrightarrow q$，$\leftrightarrow$ 为等价联结词。$p \leftrightarrow q$ 为等价式。当 p 和 q 真值相同时，则命题 $p \leftrightarrow q$ 为真，否则为假。

等价式 $p \leftrightarrow q$ 所表达的逻辑关系是"p 当且仅当 q"。即 p 和 q 互为充分必要条件。

在自然语言中还有一些其他表示。

- p 是 q 的充分必要条件。
- 如果 p 那么 q；反之亦然。

例 1-5　将下列命题符号化。

（1）我们出去郊游，当且仅当今天天气好。

（2）我们出去郊游，当且仅当今天不下雨。

（3）我们出去郊游，当且仅当我们没有课。

（4）我们出去郊游，当且仅当今天是周末。

解：p 表示"我们去郊游"，q 表示"今天天气好"，r 表示"今天下雨"，s 表示"我们有课"，t 表示"今天是周末"，则语句（1）、（2）、（3）和（4）符号化为 $p \leftrightarrow q$、$p \leftrightarrow \neg r$、$p \leftrightarrow \neg s$、$p \leftrightarrow t$。

1.1.3　真值表

在 1.1.2 节中已经详细介绍了 5 个重要的逻辑联结词——否定、合取、析取、蕴含和等价，可以使用这些联结词构造含有任意数量联结词的复杂命题，该命题称为复合命题。若将复合命题的所有可能取值均在表格中逐一列举，则该表称为真值表，可以使用真值表来确定这些复合命题的真值。下面通过例子来说明如何构造复合命题对应的真值表。

构造复合命题 $p \lor q \to p \lor q$ 的真值表。

在该命题公式中有 p 和 q 两个命题，这两个命题共有 00、01、10 和 11 这 4 种取值情况，对应的真值表共有 4 行。对应 00 这行，分别计算相应公式，$p \lor q$ 的对应取值为 0，$p \lor q \to p \lor q$ 的对应取值为 1，这样得到第一行结果，同样，可以计算其他三行的值，由此，可得复合命题的真值表，见表 1-1。

表1-1　真值表

p	q	$p \vee q$	$p \vee q \to p \vee q$
0	0	0	1
0	1	1	1
1	0	1	1
1	1	1	1

这里需要强调：当命题公式中含有 n 个命题时，n 个命题共有 2^n 种取值情况，故对应的真值表共有 2^n 行。

在公式中通常使用括号来规定命题公式中联结词的运算顺序。例如，公式 $(p \vee q) \wedge (\neg r)$ 就是先计算 $p \vee q$ 和 $\neg r$，最后计算合取。然而，为了减少括号的个数，明确了所有联结词的优先级，具体优先级见表1-2。根据联结词的优先级，上式可简化为 $(p \vee q) \wedge \neg r$。

表1-2　联结词优先级表

联结词	优先级
$\neg$	1
$\wedge$	2
$\vee$	3
$\to$	4
$\leftrightarrow$	5

1.1.4　复合命题符号化

在1.1.2节中，已经介绍了 $\neg$、$\wedge$、$\vee$、$\to$ 和 $\leftrightarrow$ 这5个联结词，并解释了相应的逻辑语义。本节介绍由这些联结词组合生成的复合命题的符号化过程，命题符号化过程如下。

（1）区分原子命题，并用相应的英文字母表示。

（2）确定合适的联结词，并将问题转化为原子命题加联结词的形式。

下面通过两个例子来说明命题符号化的具体求解过程。

① 如果我好好学习，那么我毕业后就会找到好工作或者考上研究生。

第一步：先定义 p、q 和 r 分别表示其中包含的三个原子命题。这三个原子命题分别为

p：我好好学习。

q：我毕业后找到好工作。

r：我毕业后考上研究生。

第二步：确定联结词。这里有"或者"和"如果……那么……"，对应的联结词为"$\vee$"和"$\to$"。因此，上述句子符号化为

$$p \to (q \vee r)$$

② 你主修了 Java 课程并且你不是新生，你才能编写这个程序。

第一步：先定义 a、c 和 f 分别表示其中包含的三个原子命题。这三个原子命题分别为

a：你主修了 Java 课程。

c：你是新生。

f：你才能编写这个程序。

第二步：确定联结词。这里有"并且""不是"和"才能"，对应的联结词为"$\wedge$""$\neg$"和"$\rightarrow$"。因此，上述句子符号化为

$$(a \wedge \neg c) \rightarrow f$$

1.1.5 命题公式分类

在 1.1.1 节中介绍的有唯一确定值的简单命题，可以称为命题常项或命题常元。而当 p 表示不确定的逻辑命题时，单从命题符号 p 无法确定其真值情况，像这种真值可以变化的陈述句被称为变项或命题变元，通常也用 p，q，r，…来表示。这样，p，q，r，…既可以表示 1.1.1 节中的命题常项，又可以表示命题变项。这就需要通过上下文来确定它们表示的是命题常项还是变项。

在 1.1.4 节中介绍的命题是由简单命题和多个联结词组合而成的复杂命题，这类命题也被称为命题公式。由于命题变项的存在，命题公式的真值无法被确定。而当命题公式中的所有命题变项都被指派为确定值时，便可以确定命题公式的真值。

> **定义 1-9**：设 p_1，p_2，…，p_n 是出现在公式 A 中的全部的命题变项，给 p_1，p_2，…，p_n 各指派一个真值，称为对 A 的一个赋值或解释。若指派的这组值使 A 的真值为 1，则称这组值为 A 的成真赋值；若指派的这组值使 A 的真值为 0，则称这组值为 A 的成假赋值。

二维码 1-2 视频
公式的赋值

根据定义 1-9 可以对命题公式中的命题变项进行任意值 0 或 1 的指派，使命题公式具有唯一确定值。

根据公式在不同赋值情况下可能的取值情况，可以将公式进行分类。

> **定义 1-10**：设 A 为任一含 n 个命题变项的命题公式。
>
> (1) 对 n 个命题变项任意赋值时，命题公式 A 真值均为真，则称 A 是重言式或永真式。
>
> (2) 对 n 个命题变项任意赋值时，命题公式 A 真值均为假，则称 A 是矛盾式或永假式。
>
> (3) 对 n 个命题变项任意赋值时，命题公式 A 真值时真时假，则称 A 是可满足式。

二维码 1-3 视频
公式的类型

由定义 1-10 可知，若要判断命题公式的类型，则必须对所包含命题变项进行任意赋值，再根据命题公式的真值判断公式类型。1.1.3 节所讲的真值

表可给出命题公式的所有赋值，因此真值表可以作为判断公式类型的方法之一。而当命题公式含有大于 3 个的命题变项时，显然真值表不是最佳方法。

判断公式类型的方法有真值表和等值演算两种。

等值演算法将在 1.2 节进行介绍。现在先通过例子来说明用真值表如何判断公式类型。

例 1-6　判断下列各命题公式的类型。

（1）$\neg (p \wedge r) \leftrightarrow \neg p \vee \neg r$

（2）$p \wedge q$

（3）$\neg ((p \wedge q) \to (p \vee q))$

解：（1）原命题公式的真值表见表 1-3。

表 1-3　"$\neg (p \wedge r) \leftrightarrow \neg p \vee \neg r$" 真值表

p	r	$\neg p$	$\neg r$	$p \wedge r$	$\neg (p \wedge r)$	$\neg p \vee \neg r$	$\neg (p \wedge r) \leftrightarrow \neg p \vee \neg r$
0	0	1	1	0	1	1	1
0	1	1	0	0	1	1	1
1	0	0	1	0	1	1	1
1	1	0	0	1	0	0	1

由真值表可知，当 p 和 r 取任何值时，原命题公式真值均为 1，根据定义 1-10 可知此命题公式为重言式。

（2）原命题公式的真值表见表 1-4。

表 1-4　"$p \wedge q$" 真值表

p	q	$p \wedge q$
0	0	0
0	1	0
1	0	0
1	1	1

由真值表可知，当 p 和 q 真值为 00、01 和 10 时，原命题公式真值为 0，而当 p 和 q 真值为 11 时，原命题公式真值为 1，故根据定义 1-10 可知此命题公式为可满足式。

（3）原命题公式的真值表见表 1-5。

表 1-5　"$\neg ((p \wedge q) \to (p \vee q))$" 真值表

p	q	$p \wedge q$	$p \vee q$	$(p \wedge q) \to (p \vee q)$	$\neg ((p \wedge q) \to (p \vee q))$
0	0	0	0	1	0
0	1	0	1	1	0
1	0	0	1	1	0
1	1	1	1	1	0

由真值表可知，当 p 和 q 取任何值时，原命题公式真值均为 0，根据定义 1-10 可知此命题公式为矛盾式。

1.2　命题等值演算

在 1.1.5 节中，已经介绍了如何使用真值表来判断公式类型。同样，也可以使用真值表来判断两个公式是否具有相同的真值。因此，本节介绍什么是等值式，以及判断两公式等值的方法。

1.2.1　等值式

定义 1-11：设 A、B 是两个命题公式，若 A 和 B 构成的等价式 $A{\leftrightarrow}B$ 是重言式，则称 A 与 B 是等值的，记作 $A{\Leftrightarrow}B$。

二维码 1-4 视频
等值式

这里先给出重要的等值式，下面公式中命题变项可以代表任意的命题公式。

（1）同一律：　　　　　$p \wedge \text{T} {\Leftrightarrow} p$　　　　　　　$p \vee \text{F} {\Leftrightarrow} p$

（2）零律：　　　　　　$p \vee \text{T} {\Leftrightarrow} \text{T}$　　　　　　　$p \wedge \text{F} {\Leftrightarrow} \text{F}$

（3）幂等律：　　　　　$p \vee p {\Leftrightarrow} p$　　　　　　　　$p \wedge p {\Leftrightarrow} p$

（4）双重否定律：　　　$\neg (\neg p) {\Leftrightarrow} p$

（5）排中律：　　　　　$p \vee \neg p {\Leftrightarrow} \text{T}$

（6）矛盾律：　　　　　$p \wedge \neg p {\Leftrightarrow} \text{F}$

（7）交换律：　　　　　$p \vee q {\Leftrightarrow} q \vee p$　　　　　　$p \wedge q {\Leftrightarrow} q \wedge p$

（8）结合律：　　　　　$(p \wedge q) \wedge r {\Leftrightarrow} p \wedge (q \wedge r)$

　　　　　　　　　　　$(p \vee q) \vee r {\Leftrightarrow} p \vee (q \vee r)$

（9）分配律：　　　　　$p \wedge (q \vee r) {\Leftrightarrow} (p \wedge q) \vee (p \wedge r)$

　　　　　　　　　　　$p \vee (q \wedge r) {\Leftrightarrow} (p \vee q) \wedge (p \vee r)$

（10）吸收律：　　　　$p \vee (p \wedge q) {\Leftrightarrow} p$　　　　　$p \wedge (p \vee q) {\Leftrightarrow} p$

（11）德摩根律：　　　$\neg (p \wedge q) {\Leftrightarrow} \neg p \vee \neg q$　$\neg (p \vee q) {\Leftrightarrow} \neg p \wedge \neg q$

（12）蕴含等值式：　　$p \rightarrow q {\Leftrightarrow} \neg p \vee q$

（13）等价等值式：　　$p {\leftrightarrow} q {\Leftrightarrow} (p \rightarrow q) \wedge (q \rightarrow p)$

（14）假言易位：　　　$p \rightarrow q {\Leftrightarrow} \neg q \rightarrow \neg p$

（15）等价否定等值式：$p {\leftrightarrow} q {\Leftrightarrow} \neg p {\leftrightarrow} \neg q$

（16）归谬论：　　　　$(p \rightarrow q) \wedge (p \rightarrow \neg q) {\Leftrightarrow} \neg p$

1.2.2　等值演算

定义 1-12：利用上述重要等值式，由已知的等值式可以推演出更多的等值式，该过程被称为等值演算。

当两个复合命题公式有相同的真值表时，则称这两个命题是等值的。也可利用 1.2.1 节中介绍的等值式通过等值演算来证明两个命题公式是等值的。接下来介绍判断两个命题公式相等的两种方法。

1. 真值表法

真值表法先是构造两个复合命题公式的真值表，然后根据命题对应列的真值是否相等来判断两个复合命题是否相等。

例 1-7　试用真值表法判断 $\neg p \vee q$ 和 $p \rightarrow q$ 是否等值。

（1）构造两命题公式的真值表。

（2）根据对应列真值判断。

解：真值表见表 1-6。

表 1-6　"$\neg p \vee q$" 和 "$p \rightarrow q$" 真值表

p	q	$\neg p$	$\neg p \vee q$	$p \rightarrow q$
T	T	F	T	T
T	F	F	F	F
F	T	T	T	T
F	F	T	T	T

由于上述真值表最后两列的结果对应的真值相同，故两个命题公式相等。

例 1-8　试用真值表法判断 $p \rightarrow q$ 和 $\neg q \rightarrow \neg p$ 是否等值。

解：真值表见表 1-7。

表 1-7　"$p \rightarrow q$" 和 "$\neg q \rightarrow \neg p$" 真值表

p	q	$\neg p$	$\neg q$	$p \rightarrow q$	$\neg q \rightarrow \neg p$
T	T	F	F	T	T
T	F	F	T	F	F
F	T	T	F	T	T
F	F	T	T	T	T

由于上述真值表最后两列的结果对应的真值相同，故两个命题公式相等。

真值表法虽说简单，但当命题公式中包含多个命题变项时，显然真值表法是不可取的，故可以使用等值演算法来证明两个命题公式是否等值。接下来就介绍如何运用重要等值式进行等值演算来证明两个命题公式等值。

2. 等值演算法

在 1.2.1 节中介绍的重要等值式可以用于构造新的等值式，因为复合命题公式中的一个命题及命题公式可以用与其逻辑等价的复合命题替换而不改变原命题公式的真值，在有些参考书中称其为置换规则。

例如，在公式 $\neg(p \rightarrow q)$ 中可以用 $\neg p \vee q$ 替换 $p \rightarrow q$，由 1.2.1 节中蕴含等值式可知 $p \rightarrow q \Leftrightarrow \neg p \vee q$，所以替换后的命题公式与原命题公式等值，即：

$$\neg(p \rightarrow q) \Leftrightarrow \neg(\neg p \vee q)$$

上式右边的式子，根据德摩根律 $\neg(\neg p \vee q) \Leftrightarrow \neg \neg p \wedge \neg q$ 又可以替换为

$$\neg (p \rightarrow q) \Leftrightarrow \neg p \wedge \neg q$$

又根据双重否定律 $\neg (\neg p) \Leftrightarrow p$，原命题公式可替换为

$$\neg (p \rightarrow q) \Leftrightarrow p \wedge \neg q$$

把上述的替换过程连在一起，得到

$$\neg (p \rightarrow q) \Leftrightarrow \neg (\neg p \vee q)$$
$$\Leftrightarrow \neg \neg p \wedge \neg q$$
$$\Leftrightarrow p \wedge \neg q$$

这个过程就是等值演算过程。命题公式 $\neg (p \rightarrow q)$ 经过上述等值演算过程可以转换为更简单的命题公式 $p \wedge \neg q$。经过上述等值演算过程，可知命题公式 $\neg (p \rightarrow q)$ 和 $p \wedge \neg q$ 是等值的。下面通过例子来说明如何用等值演算法证明两公式等值。

例 1-9 用等值演算法判断 $\neg (p \vee (\neg p \wedge q))$ 和 $\neg p \wedge \neg q$ 是否等值。

解：先用 1.2.1 节中介绍的等值公式对题中第一个命题公式进行变形，具体过程如下。

$$\neg (p \vee (\neg p \wedge q)) \Leftrightarrow \neg p \wedge \neg (\neg p \wedge q) \qquad 德摩根律$$
$$\Leftrightarrow \neg p \wedge (\neg (\neg p) \vee \neg q) \qquad 德摩根律$$
$$\Leftrightarrow \neg p \wedge (p \vee \neg q) \qquad 双重否定律$$
$$\Leftrightarrow (\neg p \wedge p) \vee (\neg p \wedge \neg q) \qquad 分配律$$
$$\Leftrightarrow F \vee (\neg p \wedge \neg q) \qquad 矛盾律$$
$$\Leftrightarrow \neg p \wedge \neg q \qquad 同一律$$

因此，$\neg (p \vee (\neg p \wedge q))$ 和 $\neg p \wedge \neg q$ 等值。

1.1.5 节中已经介绍了判断命题公式类型的方法有真值表法和等值演算法两种方法，详细介绍了如何用真值表法来判断公式类型，接下来以一个例子来说明如何用等值演算法来判断命题公式类型。

例 1-10 用等值演算法判断下列各命题公式的类型。

(1) $(p \wedge q) \rightarrow (p \vee q)$

(2) $\neg p \rightarrow (\neg q \wedge r)$

(3) $q \wedge (q \rightarrow r) \wedge \neg r$

解：(1)

$$(p \wedge q) \rightarrow (p \vee q) \Leftrightarrow \neg (p \wedge q) \vee (p \vee q) \qquad 蕴含等值式$$
$$\Leftrightarrow (\neg p \vee \neg q) \vee (p \vee q) \qquad 德摩根律$$
$$\Leftrightarrow (\neg p \vee p) \vee (\neg q \vee q) \qquad 分配律和结合律$$
$$\Leftrightarrow T \vee T \qquad 排中律$$
$$\Leftrightarrow T$$

故原命题公式为重言式。

(2)

$$\neg p \rightarrow (\neg q \wedge r) \Leftrightarrow p \vee (\neg q \wedge r) \qquad 蕴含等值式$$
$$\Leftrightarrow (p \vee \neg q) \wedge (p \vee r) \qquad 分配律$$

故原命题公式既不是重言式也不是矛盾式，是可满足式。

（3）

$$
\begin{aligned}
q \wedge (q \rightarrow r) \wedge \neg r &\Leftrightarrow q \wedge (\neg q \vee r) \wedge \neg r && \text{蕴含等值式}\\
&\Leftrightarrow q \wedge \neg r \wedge (\neg q \vee r) && \text{结合律}\\
&\Leftrightarrow q \wedge ((\neg r \wedge \neg q) \vee (\neg r \wedge r)) && \text{分配律}\\
&\Leftrightarrow q \wedge ((\neg r \wedge \neg q) \vee F) && \text{矛盾律}\\
&\Leftrightarrow q \wedge \neg r \wedge \neg q && \text{同一律}\\
&\Leftrightarrow F && \text{矛盾律、零律}
\end{aligned}
$$

故原命题公式是矛盾式。

根据上述例子可知，当命题公式经过等值演算过程得到的结果为真时，命题公式为永真式；当命题公式经过等值演算过程得到的结果为假时，命题公式为矛盾式；当命题公式经过等值演算过程得到的结果既不为真也不为假时，命题公式为可满足式。

1.3   范式

通过等值演算可以将命题公式等效地演化为仅含有 $\neg$ 、$\vee$ 和 $\wedge$ 三种联结词的规范化形式，即主析取范式和主合取范式。只有这种规范化形式才能在逻辑电路中进行实现。在本节中，先讲解什么是范式，以及如何求取一个命题公式等值的析取范式和合取范式；然后介绍范式定理；最后介绍将析取范式和合取范式转换为主析取范式和主合取范式的方法。

1.3.1   析取范式和合取范式

> **定义 1-13**：仅由有限个命题变项及其否定构成的析取式称为简单析取式。仅由有限个命题变项及其否定构成的合取式称为简单合取式。

二维码 1-5 视频
简单析取式和
简单合取式

根据定义可知，$p \vee \neg p$、$p \vee q$ 和 $p \vee q \vee \neg r$ 等都是简单析取式，$p \wedge \neg p$、$p \wedge q$ 和 $p \wedge q \wedge \neg r$ 等都是简单合取式。值得注意的是，一个命题变项或其否定既是简单析取式，又是简单合取式，如 p 和 $\neg p$。这里简单析取式 $p \vee \neg p$ 同时含有命题变项 p 及其否定式 $\neg p$，显然 $p \vee \neg p$ 是重言式；反之，若简单析取式是重言式，则它必同时包含某个命题变项及其对应的否定式。同样，简单合取式同时含有某个命题变项及其否定式，显然简单合取式是矛盾式；反之亦然。

二维码 1-6 视频
析取范式和
合取范式

> **定义 1-14**：（1）由有限个简单合取式构成的析取式称为析取范式。
> （2）由有限个简单析取式构成的合取式称为合取范式。

p、$\neg p \wedge r$ 和 $\neg q \wedge \neg r$ 都是简单合取式，故根据定义可知，$p \vee (\neg p \wedge r) \vee (\neg q \wedge \neg r)$ 是析取范式，同理 p、$\neg p \vee r$ 和 $\neg q \vee \neg r$ 等都是简单析取式，则 $p \wedge (\neg p \vee r) \wedge (\neg q \vee \neg r)$ 是合取范式。形如 $p \vee q \vee r$ 的公式既

是析取范式又是合取范式。析取范式和合取范式统称为范式。

> **定理 1-1**：(1) 一个析取范式是矛盾式，当且仅当它的每个简单合取式都是矛盾式。
>
> (2) 一个合取范式是重言式，当且仅当它的每个简单析取式都是重言式。

二维码 1-7 视频
公式范式求解

不难发现，当命题公式中含有 → 与 ↔ 联结词时，可由蕴含等值式与等价等值式转换得

$$p \to q \Leftrightarrow \neg p \lor q$$
$$p \leftrightarrow q \Leftrightarrow (\neg p \lor q) \land (p \lor \neg q)$$

于是可以消去任何命题公式中的 → 与 ↔ 联结词。而当命题公式中存在 ¬ 时，可利用双重否定律和德摩根律消去或移入 ¬，如下：

$$\neg (\neg p) \Leftrightarrow p$$
$$\neg (p \land q) \Leftrightarrow \neg p \lor \neg q$$
$$\neg (p \lor q) \Leftrightarrow \neg p \land \neg q$$

这样命题公式就可以利用分配律转换为与之等值的析取范式和合取范式。因此，有下面的定理。

> **定理 1-2**：任一命题公式都存在与之等值的析取范式和合取范式。

下面给出求给定命题公式的析取范式和合取范式的步骤。

(1) 若命题公式中存在 ↔ 联结词，则可利用等价等值式将等价联结词消去。

(2) 若命题公式中存在 → 联结词，则可利用蕴含等值式将蕴含符号消去。

(3) 利用双重否定律消去¬联结词，利用德摩根律将括号外的¬联结词内移。

(4) 利用 $p \land (q \lor r) \Leftrightarrow (p \land q) \lor (p \land r)$ 分配律获得等值的析取范式，利用 $p \lor (q \land r) \Leftrightarrow (p \lor q) \land (p \lor r)$ 分配律获得等值的合取范式。

下面通过例子来具体说明上述求解过程。

例 1-11　用等值演算求下面公式的析取范式和合取范式。

$$\neg ((p \lor q) \land (q \to r) \to \neg r)$$

解：(1) 消去原命题公式中的 → ：

$$\neg ((p \lor q) \land (q \to r) \to \neg r)$$
$$\Leftrightarrow \neg (\neg ((p \lor q) \land (\neg q \lor r)) \lor \neg r) \qquad 蕴含等值式$$

(2) 否定符号内移：

$$\neg ((p \lor q) \land (q \to r) \to \neg r)$$
$$\Leftrightarrow \neg (\neg ((p \lor q) \land (\neg q \lor r)) \lor \neg r) \qquad 蕴含等值式$$
$$\Leftrightarrow (p \lor q) \land (\neg q \lor r) \land r \qquad 德摩根律$$

按照定义 1-14，可知上式 $(p \lor q) \land (\lnot q \lor r) \land r$ 是合取范式。

（3）对合取范式利用分配律求析取范式：

$(p \lor q) \land (\lnot q \lor r) \land r$

$\Leftrightarrow (p \lor q) \land ((\lnot q \land r) \lor (r \land r))$ 　　　　　分配律

$\Leftrightarrow (p \lor q) \land ((\lnot q \land r) \lor r)$ 　　　　　幂等律

$\Leftrightarrow (p \land ((\lnot q \land r) \lor r)) \lor (q \land ((\lnot q \land r) \lor r))$ 　　　分配律

$\Leftrightarrow (p \land \lnot q \land r) \lor (p \land r) \lor (q \land \lnot q \land r) \lor (q \land r)$ 　分配律

$\Leftrightarrow (p \land \lnot q \land r) \lor (p \land r) \lor (\mathrm{F} \land r) \lor (q \land r)$ 　矛盾律

$\Leftrightarrow (p \land \lnot q \land r) \lor (p \land r) \lor \mathrm{F} \lor (q \land r)$ 　　　零律

$\Leftrightarrow (p \land \lnot q \land r) \lor (p \land r) \lor (q \land r)$ 　　　同一律

按照定义 1-14，可知上式 $(p \land \lnot q \land r) \lor (p \land r) \lor (q \land r)$ 是析取范式。

由例 1-11 可知，在利用等值式对原命题公式进行等值演算的过程中，原命题公式变成析取式或合取式。故在同时求解命题公式的析取范式和合取范式时，应根据实际的命题公式来判断在等值演算中先转化为析取范式还是合取范式。如果先转化为合取式，则先求对应的合取范式，再利用分配律求得对应的析取范式；反之亦然。

研究析取范式和合取范式的目的是将原命题公式通过等值演算转换为析取范式或合取范式，再将其转换为对应等值的主析取范式或主合取范式，进而应用到如电路设计等领域中。下面介绍什么是主析取范式和主合取范式，以及它们的求解过程。

1.3.2　主析取范式和主合取范式

二维码 1-8 视频
主析取范式和
主合取范式

在例 1-11 中求解的合取范式为 $(p \lor q) \land (\lnot q \lor r) \land r$，根据幂等律、同一律和零律等重要等值式，易知 $(p \lor q) \land (\lnot q \lor r) \land (r \lor r)$ 和 $(p \lor q) \land (\lnot q \lor r) \land r \land (p \lor \lnot p)$ 等都是原命题公式 $((p \lor q) \land (q \to r)) \to r$ 的合取范式，同理析取范式也存在很多形式，析取范式和合取范式是不唯一的，而主析取范式和主合取范式是唯一的。主析取范式由极小项组成，主合取范式由极大项组成。故接下来介绍什么是极小项和极大项。

> **定义 1-15**：在含有 n 个命题变项的简单合取式（简单析取式）中，任一命题或其否定有且仅出现一次，且 n 个命题变项或其否定按照英文字母顺序或下角标排列，则这样的简单合取式（简单析取式）为极小项（极大项）。

当命题公式含有两个命题变项 p 和 q 时，对应的极小项应取成真赋值情况，如下所示。

- 仅当 p 和 q 全为真时，$p \land q$ 为真且形式唯一。
- 仅当 p 为真，q 为假时，$p \land \lnot q$ 为真且形式唯一。
- 仅当 p 为假，q 为真时，$\lnot p \land q$ 为真且形式唯一。
- 仅当 p 为假，q 为假时，$\lnot p \land \lnot q$ 为真且形式唯一。

二维码 1-9 视频
极小项求解

由于极小项是唯一形式，故为了书写方便可以将极小项成真赋值所对应的二进制数转化为十进制数 i，所对应的极小项记成 m_i。由此，上述四个极

小项可分别表示为 m_3、m_2、m_1 和 m_0。

当命题公式含有两个命题变项 p 和 q 时，对应的极大项应取成假赋值情况，如下所示。

- 仅当 p 和 q 全为真时，$\neg p \vee \neg q$ 为假且形式唯一。
- 仅当 p 为真，q 为假时，$\neg p \vee q$ 为假且形式唯一。
- 仅当 p 为假，q 为真时，$p \vee \neg q$ 为假且形式唯一。
- 仅当 p 为假，q 为假时，$p \vee q$ 为假且形式唯一。

二维码 1-10 视频
极大项求解

由于极大项是唯一形式，故为了书写方便可以将极大项成假赋值所对应的二进制数转化为十进制数 i，所对应的极大项记成 M_i。由此，上述四个极大项可分别表示为 M_3、M_2、M_1 和 M_0。

同理可知，含有三个命题变项 p、q 和 r 时，命题公式对应的极小项和极大项见表 1-8。

表 1-8　极小项和极大项对应表

极小项			极大项		
公　式	成真赋值	简写名称	公　式	成假赋值	简写名称
$\neg p \wedge \neg q \wedge \neg r$	0 0 0	m_0	$p \vee q \vee r$	0 0 0	M_0
$\neg p \wedge \neg q \wedge r$	0 0 1	m_1	$p \vee q \vee \neg r$	0 0 1	M_1
$\neg p \wedge q \wedge \neg r$	0 1 0	m_2	$p \vee \neg q \vee r$	0 1 0	M_2
$\neg p \wedge q \wedge r$	0 1 1	m_3	$p \vee \neg q \vee \neg r$	0 1 1	M_3
$p \wedge \neg q \wedge \neg r$	1 0 0	m_4	$\neg p \vee q \vee r$	1 0 0	M_4
$p \wedge \neg q \wedge r$	1 0 1	m_5	$\neg p \vee q \vee \neg r$	1 0 1	M_5
$p \wedge q \wedge \neg r$	1 1 0	m_6	$\neg p \vee \neg q \vee r$	1 1 0	M_6
$p \wedge q \wedge r$	1 1 1	m_7	$\neg p \vee \neg q \vee \neg r$	1 1 1	M_7

故可知 n 个命题变项总共可以产生 2^n 个不同的极小项和 2^n 个不同的极大项，且极小项和极大项的关系如下。

定理 1-3：设 m_i 与 M_i 是命题变项 p_1，p_2，$\cdots$，p_n 形成的极小项和极大项，则有：$\neg m_i \Leftrightarrow M_i$，$\neg M_i \Leftrightarrow m_i$。

定义 1-16：若公式 A 的析取范式中的所有简单合取式都是极小项，则称公式 A 为主析取范式。

二维码 1-11 视频
极小项和极大项
关系

定理 1-4：任何命题公式都有与之等值的唯一主析取范式。

下面介绍求命题公式 A 的主析取范式的三种方法。

1. 真值表法

由于真值表给出了命题公式 A 的所有真值情况，而极小项对应的是成真赋值情况，故可以根据真值表来确定原命题公式 A 包含的极小项，具体步骤如下。

二维码 1-12 视频
主析取范式求解
真值表法

（1）找到真值表中原命题公式 A 成真赋值的若干行，每一行对应一个极小项。

（2）在成真赋值的任一行中，如果命题变项对应取值为1，则在极小项中只出现该命题变项；如果命题变项对应取值为0，则在极小项中只出现该命题变项的否定式。

（3）用以上极小项构造析取范式。

构造的析取范式就是主析取范式。

2. 等值演算法

用等值演算法求解命题公式 A 的主析取范式，具体步骤如下。

（1）先用等值演算法将原命题公式 A 转换成析取范式，例如，$A = B_1 \vee B_2 \vee \cdots \vee B_n$。$B_j$ 是任一简单合取式，$j = 1, 2, \cdots, n$。

（2）在简单合取式 B_j 中不含命题变项 p_i 和 $\neg p_i$ 时，可以将 B_j 进行如下变换：

$$B_j \Leftrightarrow B_j \wedge 1 \Leftrightarrow B_j \wedge (p_i \vee \neg p_i)$$
$$\Leftrightarrow (B_j \wedge p_i) \vee (B_j \wedge \neg p_i)$$

（3）经过步骤（2），每个 B_j 都被转换成极小项。

（4）利用幂等律、同一律等消去重复出现的命题变项、矛盾式和极小项等。

3. 快速分解法

用快速分解法求解命题公式 A 的主析取范式，具体步骤如下。

（1）先用等值演算法将原命题公式 A 转换成析取范式，例如，$A = B_1 \vee B_2 \vee \cdots \vee B_n$。$B_j$ 是任一简单合取式，$j = 1, 2, \cdots, n$。

（2）根据极小项定义，每个简单合取式 B_j 都可以表示为 m_{xxx}。x 的个数由原公式命题变项个数决定，即原公式包含两个命题时，B_j 表示为 m_{xx}；原公式包含 3 个命题时，B_j 表示为 m_{xxx}。当命题变项出现在简单合取式 B_j 中时，x 取值为 1；当命题变项的否定式出现在简单合取式 B_j 中时，x 取值为 0。

（3）当命题变项或其否定式都没有出现在简单合取式 B_j 中时，用 x 代替，且 x 可以为 0 或 1。"0"代表仅有命题变项的否定式出现在该极小项中，"1"代表仅有命题变项出现在该极小项中。例如，命题公式 $A \Leftrightarrow (\neg p \wedge \neg q) \vee \neg r$ 可以被转换为 $A \Leftrightarrow (\neg p \wedge \neg q) \vee \neg r \Leftrightarrow m_{00x} \vee m_{xx0}$。公式 m_{00x} 中的第一个 0 表示 $\neg p$，第二个 0 表示 $\neg q$，而 x 可以表示 r 或 $\neg r$。因此，m_{00x} 可被转换为两个极小项 m_{000} 和 m_{001}，其中，m_{000} 表示 $\neg p \wedge \neg q \wedge \neg r$，$m_{001}$ 表示 $\neg p \wedge \neg q \wedge r$。

下面通过一个例子来分别说明上述三种方法的求解步骤。

例1-12 请用三种方法求解命题公式 $(p \vee q) \to \neg r$ 的主析取范式。

解：方法1 构造原命题真值表见表1-9。

表1-9 "$(p \vee q) \to \neg r$"真值表

p	q	r	$(p \vee q) \to \neg r$
0	0	0	1
0	0	1	1
0	1	0	1
0	1	1	0
1	0	0	1
1	0	1	0

(续)

p	q	r	$(p \lor q) \to \neg r$
1	1	0	1
1	1	1	0

在上面的真值表中原命题真值有 5 个为 "1"。故待求主析取范式包含 5 个极小项，分别对应第 1、2、3、5 和 7 行。以第 1 行为例，p、q 和 r 对应的取值均为 0，故对应极小项为 $\neg p \land \neg q \land \neg r$，因此对应的主析取范式为

$\quad (p \lor q) \to \neg r$

$\Leftrightarrow (\neg p \land \neg q \land \neg r) \lor (\neg p \land \neg q \land r) \lor (\neg p \land q \land \neg r) \lor$
$\quad (p \land \neg q \land \neg r) \lor (p \land q \land \neg r)$

$\Leftrightarrow m_0 \lor m_1 \lor m_2 \lor m_4 \lor m_6$

$\Leftrightarrow \Sigma(0,1,2,4,6)$

方法 2

$\quad (p \lor q) \to \neg r$

$\Leftrightarrow (\neg p \land \neg q) \lor \neg r$

$\Leftrightarrow ((\neg p \land \neg q) \land 1) \lor (1 \land 1 \land \neg r)$

$\Leftrightarrow ((\neg p \land \neg q) \land (r \lor \neg r)) \lor ((p \lor \neg p) \land (q \lor \neg q) \land \neg r)$

$\Leftrightarrow (\neg p \land \neg q \land \neg r) \lor (\neg p \land \neg q \land r) \lor ((p \lor \neg p) \land$
$\quad ((q \land \neg r) \lor (\neg q \land \neg r)))$

$\Leftrightarrow (\neg p \land \neg q \land \neg r) \lor (\neg p \land \neg q \land r) \lor (p \land q \land \neg r) \lor$
$\quad (\neg p \land q \land \neg r) \land (p \land \neg q \land \neg r) \lor (\neg p \land \neg q \land r)$

$\Leftrightarrow (\neg p \land \neg q \land \neg r) \lor (\neg p \land \neg q \land r) \lor (p \land q \land \neg r) \lor$
$\quad (\neg p \land q \land \neg r) \lor (p \land \neg q \land \neg r)$

$\Leftrightarrow m_0 \lor m_1 \lor m_2 \lor m_4 \lor m_6$

$\Leftrightarrow \Sigma(0,1,2,4,6)$

方法 3

$\quad (p \lor q) \to \neg r$

$\Leftrightarrow (\neg p \land \neg q) \lor \neg r$

$\Leftrightarrow m_{00x} \lor m_{xx0}$

$\Leftrightarrow m_{000} \lor m_{001} \lor m_{010} \lor m_{100} \lor m_{110}$

$\Leftrightarrow ((\neg p \land \neg q) \land (r \lor \neg r)) \lor (\neg r \land (p \lor \neg p) \land (q \lor \neg q))$

$\Leftrightarrow (\neg p \land \neg q \land \neg r) \lor (\neg p \land \neg q \land r) \lor (\neg p \land q \land \neg r) \lor$
$\quad (p \land \neg q \land \neg r) \lor (p \land q \land \neg r)$

$\Leftrightarrow m_0 \lor m_1 \lor m_2 \lor m_4 \lor m_6$

$\Leftrightarrow \Sigma(0,1,2,4,6)$

> **定义 1-17**：若公式 A 的合取范式中的所有简单析取式都是极大项，则称公式 A 为主合取范式。

> **定理 1-5**：任何命题公式都有与之等值的唯一主合取范式。

同主析取范式的求解方法相对应，主合取范式的求解方法也有以下三种。

1. 真值表法

由于真值表给出了命题公式 A 的所有真值情况，而极大项是成假赋值情况，故可以根据真值表来确定原命题公式 A 包含的极大项，具体步骤如下。

（1）找到真值表中原命题公式 A 成假赋值的若干行，每一行对应一个极大项。

（2）在成假赋值的任一行中，如果命题变项对应取值为1，则在该极大项中只出现该命题变项的否定式；如果命题变项对应取值为0，则在该极大项中只出现该命题变项。

（3）用以上极大项构造合取范式。

构造的合取范式就是主合取范式。

2. 等值演算法

用等值演算法求解命题公式 A 的主合取范式，具体步骤如下。

（1）先用等值演算法将原命题公式 A 转换成合取范式，例如，$A \Leftrightarrow B_1 \wedge B_2 \wedge \cdots \wedge B_n$。这里 B_j 是简单析取式，$j = 1, 2, \cdots, n$。

（2）在简单析取式 B_j 中不含命题变项 p_i 和 $\neg p_i$ 时，可以将 B_j 进行如下变换：

$$B_j \Leftrightarrow B_j \vee 0 \Leftrightarrow B_j \vee (p_i \wedge \neg p_i)$$
$$\Leftrightarrow (B_j \vee p_i) \wedge (B_j \vee \neg p_i)$$

（3）经过步骤（2），每个 B_j 都被转换成极大项。

（4）利用幂等律、同一律等消去重复出现的命题变项、矛盾式和极大项等。

3. 快速分解法

用快速分解法求解命题公式 A 的主合取范式，具体步骤如下。

（1）先用等值演算法将原命题公式 A 转换成合取范式，例如，$A \Leftrightarrow B_1 \wedge B_2 \wedge \cdots \wedge B_n$。$B_j$ 是任一简单析取式，$j = 1, 2, \cdots, s$。

（2）根据极大项定义，每个简单析取式 B_j 都可以表示为 M_{xxx}。x 的个数由原公式命题变项的个数决定，即原公式包含两个命题时，B_j 表示为 M_{xx}；原公式包含3个命题时，B_j 表示为 M_{xxx}。当命题变项出现在简单析取式 B_j 中时，x 取值为0；当命题变项的否定式出现在简单析取式 B_j 中时，x 取值为1。

（3）当命题变项或其否定式都没有出现在简单析取式 B_j 中时，用 x 代替，且 x 可以为0或1。"1"代表仅有命题变项的否定式出现在该极大项中，"0"代表仅有命题变项出现在该极大项中。例如，命题公式 $A \Leftrightarrow (\neg p \vee \neg q) \wedge \neg r$ 可以被转换为 $A \Leftrightarrow (\neg p \vee \neg q) \wedge \neg r \Leftrightarrow M_{11x} \wedge M_{xx1}$。公式 M_{11x} 中第一个1表示 $\neg p$，第二个1表示 $\neg q$，而 x 可以表示 r 或 $\neg r$。因此，M_{11x} 可被转换为两个极大项 M_{110} 和 M_{111}，其中，M_{110} 表示 $\neg p \vee \neg q \vee r$，$M_{111}$ 表示 $\neg p \vee \neg q \vee \neg r$。

下面通过一个例子来分别说明上述三种方法的求解步骤。

例1-13　请用三种方法求解命题公式 $(p \vee q) \rightarrow \neg r$ 的主合取范式。

解：方法1　构造原命题真值表见表1-10。

表 1-10　"$(p \lor q) \to \lnot r$" 真值表

p	q	r	$(p \lor q) \to \lnot r$
0	0	0	1
0	0	1	1
0	1	0	1
0	1	1	0
1	0	0	1
1	0	1	0
1	1	0	1
1	1	1	0

在上面的真值表中原命题真值有 3 个为 "0"。故待求主合取范式包含 3 个极大项，分别对应第 4、6 和 8 行。以第 4 行为例，p、q 和 r 对应的取值分别为 0、1、1，故对应极大项为 $p \lor \lnot q \lor \lnot r$，因此对应的主合取范式为

$$(p \lor q) \to \lnot r$$
$$\Leftrightarrow (p \lor \lnot q \lor \lnot r) \land (\lnot p \lor q \lor \lnot r) \land (\lnot p \lor \lnot q \lor \lnot r)$$
$$\Leftrightarrow M_3 \land M_5 \land M_7$$
$$\Leftrightarrow \Pi(3,5,7)$$

方法 2

$$(p \lor q) \to \lnot r$$
$$\Leftrightarrow (\lnot p \land \lnot q) \lor \lnot r$$
$$\Leftrightarrow ((\lnot p \lor \lnot r) \lor 0) \land ((\lnot q \lor \lnot r) \lor 0)$$
$$\Leftrightarrow ((\lnot p \lor \lnot r) \lor (q \land \lnot q)) \land ((\lnot q \lor \lnot r) \lor (p \land \lnot p))$$
$$\Leftrightarrow (p \lor \lnot q \lor \lnot r) \land (\lnot p \lor q \lor \lnot r) \land (\lnot p \lor \lnot q \lor \lnot r)$$
$$\Leftrightarrow M_3 \land M_5 \land M_7$$
$$\Leftrightarrow \Pi(3,5,7)$$

方法 3

$$(p \lor q) \to \lnot r$$
$$\Leftrightarrow (\lnot p \land \lnot q) \lor \lnot r$$
$$\Leftrightarrow (\lnot p \lor \lnot r) \land (\lnot q \lor \lnot r)$$
$$\Leftrightarrow M_{1x1} \land M_{x11}$$
$$\Leftrightarrow M_{101} \land M_{111} \land M_{011}$$
$$\Leftrightarrow (\lnot p \lor q \lor \lnot r) \land (\lnot p \lor \lnot q \lor \lnot r) \land (p \lor \lnot q \lor \lnot r)$$
$$\Leftrightarrow \Pi(3,5,7)$$

由真值表法可知，含有 n 个命题变项的命题公式包含极小项和极大项总个数为 2^n，当命题公式产生 k 个极小项时，那么对应的极大项个数为 $2^n - k$，且极小项和极大项的二进制下标是互补的。因此，当已知命题公式的主析取范式（主合取范式）时，根据极小项与极大项的对应关系可以直接获得对应的主合取范式（主析取范式）。

由命题公式 A 的主析取范式求主合取范式的具体步骤如下。

（1）求原命题公式 A 的主析取范式。

（2）写出命题公式 A 的主析取范式中没有出现的极小项的二进制下标对应的极大项。

（3）用以上极大项构造命题公式 A 的主合取范式。

例如，利用命题公式 $(p \lor q) \to \neg r$ 的主析取范式求解主合取范式，具体如下。

$(p \lor q) \to \neg r$

$\Leftrightarrow (\neg p \land \neg q \land \neg r) \lor (\neg p \land \neg q \land r) \lor (\neg p \land q \land \neg r) \lor$
$(p \land \neg q \land \neg r) \lor (p \land q \land \neg r)$

$\Leftrightarrow m_{000} \lor m_{001} \lor m_{010} \lor m_{100} \lor m_{110}$

$\Leftrightarrow m_0 \lor m_1 \lor m_2 \lor m_4 \lor m_6$

在上述主析取范式的极小项中未出现的二进制下标分别为011、101 和111，故原式对应的极大项为 M_{011}、M_{101} 和 M_{111}，对应的主析取范式为

$(p \lor q) \to \neg r$

$\Leftrightarrow M_{011} \land M_{101} \land M_{111}$

$\Leftrightarrow (p \lor \neg q \lor \neg r) \land (\neg p \lor q \lor \neg r) \land (\neg p \lor \neg q \lor \neg r)$

$\Leftrightarrow M_3 \land M_5 \land M_7$

1.4　逻辑电路

可以用电子元件来实现命题的逻辑运算，并应用于计算机硬件的设计实现。逻辑电路接收输入信号 $p_1, p_2, \cdots, p_n$，每个位（0 表示关闭，1 表示开启）产生输出信号 $s_1, s_2, \cdots, s_n$。在本节中，将把注意力集中在具有单个输出信号的逻辑电路上。通常，电路可以具有多个输出。实现 $\neg$、$\lor$ 和 $\land$ 的元件分别叫作非门、或门和与门，它们是逻辑电路中的基本单元，其图像符号如图 1-1 所示。

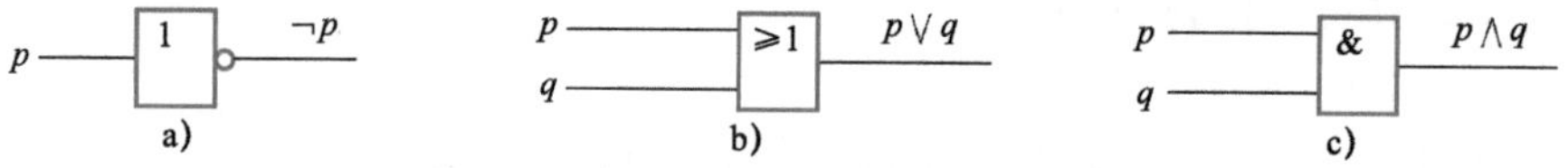

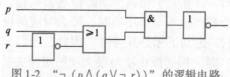

图 1-1　逻辑电路中的基本单元图像符号
a）非门　b）或门　c）与门

非门有一个输入 p，输出为输入 p 的否定，这对应命题逻辑的否定式；或门有两个输入 p 和 q，输出为输入 $p \lor q$ 的结果，这对应命题逻辑的析取式；与门也有两个输入 p 和 q，输出为输入 $p \land q$ 的结果，这对应命题逻辑的合取式。易知，只含有 $\neg$、$\lor$ 和 $\land$ 联结词的任意命题公式都可以由非门、或门和与门及其组合来实现。例如，产生输出命题公式 $\neg (p \land (q \lor \neg r))$ 的逻辑电路如图 1-2 所示。

图 1-2　"$\neg (p \land (q \lor \neg r))$" 的逻辑电路

下面给出在逻辑电路设计中另外两个常用的联结词 "↑" 和 "↓"。

1. 与非式

假设 p 和 q 是两个命题变量，命题公式 p 与 q 的否定式记为 "$p \uparrow q$"，即：

$$p \uparrow q \Leftrightarrow \neg (p \wedge q)$$

它的真值表见表 1-11。

表 1-11 "↑" 真值表

p	q	$p \uparrow q$
T	T	F
T	F	T
F	T	T
F	F	T

相应的逻辑电路如图 1-3 所示。

图 1-3 "↑" 的逻辑电路

根据与非式的定义，可以得到以下等式。

$$p \uparrow p \Leftrightarrow \neg (p \wedge p) \Leftrightarrow \neg p$$
$$(p \uparrow q) \uparrow (p \uparrow q) \Leftrightarrow \neg (p \uparrow q) \Leftrightarrow p \wedge q$$
$$(p \uparrow p) \uparrow (q \uparrow q) \Leftrightarrow \neg p \uparrow \neg q \Leftrightarrow p \vee q$$

2. 或非式

假设 p 和 q 是两个命题变量，命题公式 p 或 q 的否定式记为 "$p \downarrow q$"，即：

$$p \downarrow q \Leftrightarrow \neg (p \vee q)$$

它的真值表见表 1-12。

表 1-12 "↓" 真值表

p	q	$p \downarrow q$
T	T	F
T	F	F
F	T	F
F	F	T

相应的逻辑电路如图 1-4 所示。

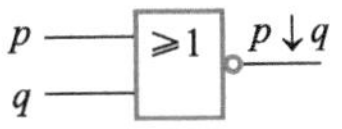

图 1-4 "↓" 的逻辑电路

根据或非式的定义，可以得到以下等式。

$$p \downarrow p \Leftrightarrow \neg (p \vee p) \Leftrightarrow \neg p$$
$$(p \downarrow q) \downarrow (p \downarrow q) \Leftrightarrow \neg (p \downarrow q) \Leftrightarrow p \vee q$$
$$(p \downarrow p) \downarrow (q \downarrow q) \Leftrightarrow \neg p \downarrow \neg q \Leftrightarrow p \wedge q$$

在设计组合电路可以只使用与非门，也可以只使用或非门。同样，还可以根据需要来设计电路的各种功能元件。

例 1-14　楼梯的灯由上下两个开关控制，要求按动任何一个开关都能打开或关闭灯，试设计这样一个电路。

解：设 x、y 分别表示开关的状态，F 表示灯的状态，打开为 1，关闭为 0。假设当两个开关同时为 0 或同时为 1 时，灯是打开的，在开关是其他状态时灯是关闭的。由此，可以得到真值表见表 1-13。

表 1-13   开关灯状态真值表

x	y	$F(x,y)$
0	0	1
0	1	0
1	0	0
1	1	1

因此，根据真值表 1-13 可知对应灯状态 $F(x,y)$ 命题公式的主析取范式可表示为

$$F = m_0 \vee m_3 = (\neg x \wedge \neg y) \vee (x \wedge y)$$

由此可以得到上述命题公式的逻辑电路图如图 1-5 所示。

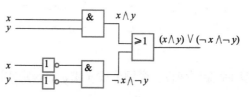

图 1-5   主析取范式对应的逻辑电路图

1.5   习题

1. 判断下列语句哪些是命题，并给出命题的真值。

（1）20 是偶数。

（2）今天是晴天吗？

（3）平行四边形两对边分别平行。

（4）直角三角形其中两边相互垂直。

（5）16 既能被 2 整除，又能被 8 整除。

（6）请尊老爱幼！

（7）4 是 2 的倍数。

（8）我们去郊游，当且仅当今天不下雨。

（9）我和李霞是朋友。

（10）人只要肯努力就一定能成功。

2. 给出下列命题的否定命题。

（1）杭州的每条街道都有做绿化。

（2）每一个素数都是偶数。

3. 将下列命题符号化。

（1）如果天晴，我将去公园。

（2）仅当你去，我才离开。

（3）2 既能整除 4，又能整除 8。

（4）张亮和赵鹏是同班同学。

（5）两个三角形全等，当且仅当它们对应的两条边相等，且由这两条边构成的夹角相等。

（6）周六没有英语课或离散数学课。

（7）张磊和李楠中只有一人能参加这次英语竞赛。

（8）只要我们肯想办法，总能克服这些困难。

（9）星期天天晴或下雨。

（10）只有年龄满 14 岁或身高超过 1.4m 才能坐过山车。

4. 令 p 表示命题"苹果是甜的"，q 表示命题"苹果是红的"，r 表示命题"我买苹果"，试将下列命题符号化。

（1）如果苹果甜且是红的，那么我买苹果。

（2）苹果不是甜的。

（3）我没有买苹果，因为苹果不红也不甜。

5. 设 p 表示"该地区曾经出现过灰熊"，q 表示"在路上远足很安全"，r 表示"沿途苹果成熟了"，给出描述下列命题公式的语句。

（1）$\neg p$

（2）$p \vee q$

（3）$p \rightarrow \neg q$

（4）$p \wedge \neg q$

（5）$\neg (\neg p \wedge \neg q)$

（6）$\neg p \leftrightarrow (r \rightarrow q)$

6. 构造下列公式的真值表，请写出成真赋值和成假赋值。

（1）$p \vee \neg q$

（2）$(p \vee \neg q) \rightarrow q$

（3）$(p \vee q) \rightarrow (p \wedge q)$

（4）$(p \rightarrow q) \leftrightarrow (\neg q \rightarrow \neg p)$

（5）$q \wedge (p \rightarrow q) \rightarrow p$

（6）$\neg (p \vee q \vee r) \leftrightarrow (p \vee q) \wedge (p \vee r)$

7. 设 p、q 的真值为 0，r、s 的真值为 1，求下列命题的真值。

（1）$(p \wedge q) \rightarrow r$

（2）$(p \vee \neg q) \rightarrow (r \wedge s)$

（3）$(r \vee s) \rightarrow (p \wedge q)$

（4）$(r \rightarrow s) \wedge (\neg q \rightarrow \neg p)$

（5）$(s \vee (r \rightarrow q)) \wedge \neg p$

8. 通过真值表法判断下列命题公式的类型。

（1）$p \rightarrow \neg p$

（2）$(p \wedge q) \vee r$

（3）$p \oplus (p \vee q)$

（4）$(p \wedge q) \to (p \vee q)$

（5）$(p \to q) \wedge (q \to r) \to (p \to r)$

（6）$(p \leftrightarrow q) \oplus (p \leftrightarrow \neg q)$

9. 写出与下面给出的公式等价并且仅含有联结词 $\wedge$ 与 $\neg$ 的最简公式。

（1）$\neg (p \leftrightarrow (q \to (r \vee p)))$

（2）$((p \vee q) \to r) \to (p \vee r)$

（3）$p \vee q \vee \neg r$

（4）$p \vee (\neg q \wedge r \to p)$

（5）$p \to (q \to p)$

10. 写出与下面的公式等价并且仅含联结词 $\vee$ 和 $\neg$ 的最简公式。

（1）$(p \wedge q) \wedge \neg r$

（2）$p \to (\neg p \wedge q)$

（3）$\neg p \wedge \neg q \wedge (\neg r \to q)$

11. 用等值演算法判断下列命题公式的类型。

（1）$(p \wedge q) \to (p \to q)$

（2）$\neg (p \to q) \to \neg q$

（3）$(\neg p \wedge (p \to q)) \to \neg q$

12. 用真值表法和等值演算法证明下列等值式。

（1）$\neg (p \oplus q) \Leftrightarrow (p \leftrightarrow q)$

（2）$(q \to p) \wedge (r \to p) \Leftrightarrow (q \vee r) \to p$

（3）$((q \wedge a) \to c) \wedge (a \to (p \vee c)) \Leftrightarrow (a \wedge (p \to q)) \to c$

（4）$\neg (p \wedge q) \wedge (\neg p \vee q) \Leftrightarrow \neg p$

（5）$\neg (p \vee \neg q) \vee \neg (p \vee q) \vee (p \wedge q) \Leftrightarrow (\neg p \vee q)$

（6）$\neg (\neg p \vee \neg q) \vee \neg (\neg p \vee q) \Leftrightarrow p$

（7）$(p \vee \neg q) \wedge (p \vee q) \wedge (\neg p \vee \neg q) \Leftrightarrow \neg (\neg p \vee q)$

13. 化简下列公式。

（1）$(\neg p \vee \neg q) \to (p \wedge \neg q)$

（2）$(p \leftrightarrow r) \vee (q \to s)$

（3）$((\neg p \vee r) \wedge (p \to q)) \leftrightarrow \neg r$

（4）$\neg (p \to q) \to (\neg s \to r)$

（5）$p \vee (\neg p \to (s \vee (\neg q \to r)))$

14. 用真值表法分别求下列各式的主析取范式和主合取范式。

（1）$(p \to q) \to (r \to s)$

（2）$(p \to r) \to (q \to s)$

15. 用等值演算法分别求下列各式的主析取范式和主合取范式。

（1）$(\neg p \wedge (p \to q)) \to \neg r$

（2）$\neg (p \to q) \vee (q \wedge (\neg p \to r))$

（3）$(p \to q) \wedge (q \to r)$

16. 用主析取范式判断下列各组命题公式是否等值。

（1）$(p \lor \neg q) \land (p \lor q) \land (\neg p \lor \neg q)$；$\neg (\neg p \lor q)$

（2）$(p \to (q \lor \neg q)) \land \neg p \land q$；$\neg p \land q$

（3）$p \lor (\neg q \land r \to p)$；$\neg (\neg p \land \neg q \land r)$

17. 证明下列蕴含式成立。

（1）$\neg (p \lor (\neg p \land r \to p)) \Rightarrow \neg p \land r$

（2）$\neg (p \lor q) \Rightarrow p \to q$

（3）$(p \lor \neg q) \to r \Rightarrow (p \to r) \land (\neg q \to r)$

18. 证明 $\neg (p \oplus q)$ 和 $p \leftrightarrow q$ 是逻辑等价的。

19. 化简逻辑式 $p \downarrow q \downarrow r$，并设计该逻辑式的电路图。

20. 使用非门、或门和与门构建组合电路，该组合电路输入位为 p、q 和 r，产生的输出为 $(p \land \neg r) \lor (\neg q \land r)$。

第 2 章　一阶逻辑

在第 1 章中介绍的命题逻辑无法充分表达数学和自然语言中所有陈述的含义。例如：所有人都会死的，苏格拉底是人，所以苏格拉底是会死的。

苏格拉底三段论是正确的推理，在命题逻辑中分别将上述 3 句话符号化为 p、q 和 r，苏格拉底三段论可符号化为

$$p \wedge q \to r$$

二维码 2-1 视频
命题逻辑局限性

由于上述命题公式不是重言式，因此在命题逻辑中无法判断它的正确性。为了克服命题逻辑的局限性，需要一种语言来描述个体对象如苏格拉底，研究它们的属性以及它们之间的关系。这就是一阶逻辑所要研究的内容。本章会介绍如何使用一阶逻辑来表达数学和计算机科学中各种语句的含义，从而推理和探索个体对象之间的关系。

2.1　一阶逻辑基本概念

一阶逻辑（FOL）也称为谓词逻辑。在谓词逻辑中，一个简单的句子分为对象和命题函数。当变量在特定范围内有不同的值时，命题函数值也会随之变化。本节主要讨论谓词逻辑的三个基本要素：个体词、谓词和量词。

2.1.1　个体词、谓词

> **定义 2-1**：个体词指研究对象中可以独立存在的具体或抽象的对象。

例如，假设 x 是一个整数，在"x 被 2 整除"的这个逻辑陈述中，2 和 x 都是个体词。其中像"2"一样能够表示具体或特定对象的个体词称为个体常项，通常用 $a,b,c,\cdots$ 来表示。而像"x"一样表示抽象或泛指的个体词称为个体变项，通常用 $x,y,z,\cdots$ 来表示。而这里的整数集合是"2"和"x"的取值范围，称为个体域。当个体域包含宇宙万物时，称其为全总个体域。

> **定义 2-2**：谓词指描述个体的性质及个体间相互关系的词。

二维码 2-2 视频
谓词

在上例"x 被 2 整除"中有两部分，一部分是主语"x"，另一部分是谓词"被 2 整除"，表明了主语具有某种性质。通常可用 $P(x),M(x),\cdots$ 表示谓词逻辑。当 $P(x)$ 表示"x 被 2 整除"时，P 表示谓词"被 2 整除"，x 可代表个体域中的任意变量。$P(x)$ 也可以理解为命题函数 P 在 x 处的取值。当 x 有确定值时，$P(x)$ 就变成命题，且有真值，此时谓词可称为命题。示

例如下。

例 2-1 令 $P(x)$ 表示"$x < 2$",则 $P(1)$ 和 $P(5)$ 的真值分别是什么？

解：$P(x)$ 表示"$x < 2$",则 $P(1)$ 和 $P(5)$ 分别表示"$1 < 2$"和"$5 < 2$",故 $P(1)$ 为真, $P(5)$ 为假。

在例 2-1 中, $P(1)$ 和 $P(5)$ 为命题且具有真值。这里的谓词表示的是个体词的性质。而谓词 $P(x,y)$ 表示 x 与 y 间的关系,例如,当 $P(x,y)$ 表示"x 与 y 是好朋友"时, P 表示谓词"是好朋友", x 与 y 代表个体域中任意变量。像 $P(x,y)$ 这样含有两个个体词的谓词称为 2 元谓词；当谓词含有 n 个个体词时称为 n 元谓词。

例 2-2 给出下列命题的谓词表达式。

（1）张华和李强是同学。

（2）张华和李强是大学生。

（3）如果 $x > 0$,则有 $x = x - 3$。

（4）武汉位于杭州和广州之间。

解：（1）设 $P(x,y)$： x 和 y 是同学。 a：张华, b：李强,则命题符号化为

$$P(a,b)$$

（2）设 $F(x)$： x 是大学生。 a：张华, b：李强,则命题符号化为

$$F(a) \wedge F(b)$$

（3）设 $M(x)$： $x > 0$, $N(x)$： $x = x - 3$,则命题符号化为

$$M(x) \rightarrow N(x)$$

（4）设 $Q(x,y,z)$： y 位于 x 和 z 之间。 a：杭州, b：广州, c：武汉。则命题符号化为

$$Q(a,c,b)$$

2.1.2 量词

> **定义 2-3**：量词是描述个体常项与个体变项之间数量关系的词。量词有以下两种。
> （1）全称量词,表示"所有的""每一个",记为 $\forall$。
> （2）存在量词,表示"有一些""某一个",记为 $\exists$。

$\forall x P(x)$ 表示个体域中所有的个体词都具有 P 性质。 $\exists x P(x)$ 表示个体域中存在个体词具有 P 性质,也可以描述为个体域中部分个体词具有 P 性质。

例 2-3 设 $P(x)$ 表示"x 教过离散数学", x 的个体域是计算机系的老师,将下列命题的符号化。

（1）计算机系老师都教过离散数学。

（2）计算机系有些老师教过离散数学。

解：（1） $\forall x P(x)$

（2） $\exists x P(x)$

例 2-4 将下列命题符号化。

（1）有些人喜欢听歌。

（2）所有人喜欢听歌。

解：令谓词 $P(x)$ 表示 "x 喜欢听歌"。

（1）当个体域为人的集合时，原命题可以符号化为 $\exists xP(x)$；当个体域为全总个体域时，需增加 $M(x)$ 表示 "x 是人"，则原命题符号化为 $\exists x(M(x) \wedge P(x))$。

（2）当个体域为人的集合时，原命题可以符号化为 $\forall xP(x)$；当个体域为全总个体域时，符号化为 $\forall x(M(x) \rightarrow P(x))$。

二维码 2-3 视频
一阶逻辑符号化

例 2-4 中的 $M(x)$ 是表示个体的取值范围。称这个表示个体范围的谓词为特性谓词。

例 2-5 将下列命题符号化。

（1）这个班里的学生都爱看书。

（2）有些人喜欢上网。

（3）所有的人都爱美。

（4）一些猫没有毛。

（5）有些人去过我国每个省会城市。

（6）有些人喜欢某些舞蹈。

解：（1）令谓词 $P(x)$ 表示 "x 是这个班的学生"，$Q(x)$ 表示 "人喜欢看书"。则原命题可以符号化为

$$\forall x(P(x) \rightarrow Q(x))$$

（2）令谓词 $A(x)$ 表示 "x 是人"，$B(x)$ 表示 "人喜欢上网"。则原命题可以符号化为

$$\exists x(A(x) \wedge B(x))$$

（3）令谓词 $M(x)$ 表示 "x 是人"，$N(y)$ 表示 "y 爱美"。则原命题可以符号化为

$$\forall x(M(x) \rightarrow N(x))$$

（4）令谓词 $M(x)$ 表示 "x 是猫"，$N(y)$ 表示 "y 有毛"。则原命题可以符号化为

$$\exists x(M(x) \wedge \neg N(x))$$

（5）令谓词 $M(x)$ 表示 "x 是人"，$N(y)$ 表示 "y 是我国省会城市"。$L(x,y)$ 表示 "x 去过 y"。则原命题可以符号化为

$$\exists x(M(x) \rightarrow \forall y(N(y) \wedge L(x,y)))$$

（6）令谓词 $M(x)$ 表示 "x 是人"，$N(y)$ 表示 "y 是舞蹈"。$L(x,y)$ 表示 "x 喜欢 y"。则原命题可以符号化为

$$\exists x(M(x) \wedge \exists y(N(y) \wedge L(x,y)))$$

根据上面的例子，在使用量词时特别需要注意以下几点。

（1）在不同的个体域中，同一谓词公式真值有可能不同。

谓词 $P(x)$ 表示 "$x > 0$"，当个体域为整数集合时，$\forall xP(x)$ 的真值为假；而当个体域为正整数时，$\forall xP(x)$ 的真值为真。

（2）在不同的个体域中，命题符号化的形式可能不同，见例 2-4。

（3）在使用全称量词时，特性谓词和命题谓词是蕴含关系；而使用存在量词时，特性谓词和命题谓词之间是合取关系。

（4）在没有特殊指明个体域时，以全总个体域为个体域。

（5）当个体域中元素的个数有限时，例如，个体域包含 n 个元素 $\{a_1, a_2, a_3, \cdots, a_n\}$ 时，有

$$\forall x P(x) = P(a_1) \wedge P(a_2) \wedge \cdots \wedge P(a_n)$$
$$\exists x P(x) = P(a_1) \vee P(a_2) \vee \cdots \vee P(a_n)$$

2.1.3　嵌套量词

在一阶逻辑中，将谓词前有多个量词的情况称为嵌套量词。例如，每个实数都有一个相反数，其符号化为

$$\forall x \exists y (x + y = 0)$$

这里 x 和 y 是实数。

上述命题 $\forall x \exists y (x + y = 0)$ 可以表示为 $\forall x Q(x)$，这里的 $Q(x)$ 是 $\exists y P(x, y)$，$P(x, y)$ 表示 $x + y = 0$。

在考虑嵌套量词时，对于每个 x，谓词公式 $\forall x \exists y P(x, y)$ 有以下几种情况。

（1）在考虑 $\exists y P(x, y)$ 时，存在一个 y 使 $P(x, y)$ 为真，则谓词公式 $\forall x \exists y P(x, y)$ 为真。

（2）不存在一个 y 使 $P(x, y)$ 为真时，则谓词公式 $\forall x \exists y P(x, y)$ 为假。

而对于每个 x，谓词公式 $\forall x \forall y P(x, y)$ 有以下几种情况。

（1）在考虑 $\forall y P(x, y)$ 时，对于每个 y 都有 $P(x, y)$ 为真，则谓词公式 $\forall x \forall y P(x, y)$ 为真。

（2）若存在一个 y 使得 $P(x, y)$ 为假，则谓词公式 $\forall x \forall y P(x, y)$ 为假。

例 2-6　设 $P(x, y)$ 表示 "$x - y > 0$"。取个体域为整数，则 $\forall x \exists y P(x, y)$ 和 $\exists y \forall x P(x, y)$ 的真值分别是什么？

解：$\forall x \exists y P(x, y)$ 表示命题 "对每一个整数 x，都存在整数 y，使得 $x - y > 0$ 成立"，这是真命题。

$\exists y \forall x P(x, y)$ 表示命题 "存在整数 y，对每一个整数 x，都有 $x - y > 0$ 成立"，这是假命题。

例 2-7

（1）设 $P(x, y)$ 表示 "$x + y = y + x$"。取个体域为实数，则 $\forall x \forall y P(x, y)$ 和 $\forall y \forall x P(x, y)$ 的真值是什么？

（2）设 $Q(x, y)$ 表示 "$x + y = 0$"。取个体域为实数，则 $\forall x \exists y Q(x, y)$ 和 $\exists y \forall x Q(x, y)$ 的真值是什么？

解：（1）$\forall x \forall y P(x, y)$ 表示命题 "对于每一个实数 x，每个实数 y，都有 $x + y = y + x$"，这是真命题。

$\forall y \forall x P(x, y)$ 表示命题 "对于每一个实数 y，每个实数 x，都有 $y + x = x + y$"，这是真命题。

（2）$\forall x \exists y Q(x, y)$ 表示命题 "对于每一个实数 x，存在一个实数 y，使得 $x + y = 0$ 成立"，这是真命题。

$\exists y \forall x Q(x,y)$ 表示命题"存在一个实数 y，对于每一个实数 x，使得 $x+y=0$ 成立"，这是假命题。

由例 2-7 可知，当多个量词同时出现且量词不同时，不能随意调换量词的顺序，否则可能会改变谓词公式的真值。而当多个量词是相同时，调换量词的顺序将不影响谓词公式的真值。

和命题逻辑联结词相比，全称量词 $\forall$ 和存在量词 $\exists$ 有更高的优先级。例如，$\forall x P(x) \vee Q(x)$ 和 $\forall x(P(x) \vee Q(x))$ 的运算顺序是不同的，$\forall x P(x) \vee Q(x)$ 的运算顺序为 $(\forall x P(x)) \vee Q(x)$。

2.2　一阶逻辑公式分类及解释

2.2.1　谓词公式解释

定义 2-4： 一阶逻辑公式是由量词、n 元谓词和命题逻辑联结词组成的有限长度符号串，也称为谓词公式。

例 2-2~例 2-5 中，各命题的符号化结果都是谓词公式。

定义 2-5： 在谓词公式 $\forall x P(x)$ 和 $\exists x P(x)$ 中出现在量词后的变量 x 被称为相应量词的指导变元。将每个量词的最小作用范围称为相应量词的辖域。在量词的辖域中，x 的所有出现为约束出现。辖域内除约束出现 x 以外的其他变元均为自由出现。

例 2-8　请给出下列公式中各量词的辖域及个体变元的约束情况。
(1) $\exists x(P(x) \wedge \neg R(x))$
(2) $\forall x C(x) \vee \exists y(C(y) \wedge F(x,y))$
(3) $\exists x \forall y(P(x,f) \wedge Q(f,y))$

二维码2-4视频
个体变项自由
出现和约束出现

解：在公式 (1) 中，x 是量词 $\exists$ 的指导变元，量词 $\exists$ 的辖域是 $P(x) \wedge \neg R(x)$，x 是约束出现。

在公式 (2) 中，x 是量词 $\forall$ 的指导变元，量词 $\forall$ 的辖域是 $C(x)$，在辖域内 x 是约束出现；y 是量词 $\exists$ 的指导变元，量词 $\exists$ 的辖域是 $C(y) \wedge F(x,y)$，在辖域内 y 是约束出现，x 是自由出现。

在公式 (3) 中，x 是量词 $\exists$ 的指导变元，量词 $\exists$ 的辖域是 $P(x,f) \wedge Q(f,y)$，x 是约束出现；y 是量词 $\forall$ 的指导变元，量词 $\forall$ 的辖域是 $P(x,f) \wedge Q(f,y)$，y 是约束出现。f 是自由出现。

在例 2-8 公式 (2) 中，公式 $C(x)$ 和 $C(y) \wedge F(x,y)$ 中的变元 x 出现情况不同：一个是约束出现，一个是自由出现。在这种情况下为了避免混淆，可以对自由出现变元或约束出现变元更改名称，使得一个变元在一个公式中只有一种出现形式。

约束变元换名规则：将谓词公式中的指导变元和与之对应的约束出现的

所有变元统一替换成谓词中未出现的变元名称，公式的其余部分不变。

自由变元代入规则：在谓词公式中所有个体变元自由出现处代入原公式未出现的变元名称。

例 2-9 利用约束变元换名规则或自由变元代入规则对下列谓词公式中的变元进行更名，使得变元只存在一种出现形式。

（1）$\exists x M(x) \rightarrow \exists y(N(x) \wedge L(x,y))$

（2）$\forall x(C(x) \vee C(y)) \wedge \exists y F(x,y)$

（3）$\exists x M(x) \wedge \exists y(N(x) \wedge L(x,y))$

解：（1）在公式（1）中，变元 x 既是自由出现，又是约束出现。用约束变元换名规则时，原谓词公式可变为

$$\exists z M(z) \rightarrow \exists y(N(x) \wedge L(x,y))$$

而用自由变元代入规则时，原谓词公式变为

$$\exists x M(x) \rightarrow \exists y(N(z) \wedge L(z,y))$$

（2）在公式（2）中，变元 x 是量词 $\forall$ 的指导变元，辖域为 $C(x)$，在谓词 $F(x,y)$ 中的 x 是自由出现，y 是量词 $\exists$ 的指导变元，辖域为 $F(x,y)$，在谓词 $C(y)$ 中的 y 又是自由出现。用约束变元换名规则时，原谓词公式可变为

$$\forall s(C(s) \vee C(y)) \wedge \exists t F(x,t)$$

而用自由变元代入规则时，原谓词公式变为

$$\forall x(C(x) \vee C(t)) \wedge \exists y F(s,y)$$

（3）在公式（3）中，变元 x 既是自由出现，又是约束出现。用约束变元换名规则时，原谓词公式可变为

$$\exists z M(z) \wedge \exists y(N(x) \wedge L(x,y))$$

而用自由变元代入规则时，原谓词公式变为

$$\exists x M(x) \wedge \exists y(N(z) \wedge L(z,y))$$

由例 2-9 可知，无论用约束变元换名规则还是自由变元代入规则对谓词公式中的变元进行更名，都可以得到变元只有一种出现形式的谓词公式。因此，在谓词演算中可以自行决定使用约束变元换名规则或自由变元代入规则。

定义 2-6：一阶逻辑中谓词公式 A 的所有个体变元都是约束出现，称谓词公式 A 为封闭的谓词公式，简称闭式。

在谓词公式中，存在量词、谓词变元和个体变元等变化量，故在确定谓词公式真值即对谓词公式解释时，需要事先指定个体域，确定谓词变元和个体变元等变化量。下面给出谓词公式解释的概念。

定义 2-7：一阶逻辑中谓词公式 A 的一个解释（或赋值）I 由下面四个部分组成。

（1）非空个体域集合 D。

（2）给谓词公式 A 中的每个个体常项指定在个体域 D 中的特定元素。

（3）给谓词公式 A 中的每个 n 元函数指定在个体域 D 上的函数。

（4）给谓词公式 A 中的每个 n 元谓词指定个体域 D 上的谓词。

二维码2-5 视频
一阶逻辑解释及
赋值

例 2-10　给定解释 I 如下。

（1）个体域为整数集合 **Z**。

（2）个体域中 **Z** 的特定元素 $a = 0$。

（3）**Z** 上的函数 $f(x,y) = x + y, g(x) = x + 2$。

（4）**Z** 上的谓词 $F(x,y)$ 为 $x = y$。

在解释 I 下，求下列公式的真值。

（1）$\forall x F(x, f(x,y))$

（2）$\forall x \forall y (F(x, f(y,a)) \rightarrow F(y, f(x,a)))$

（3）$\forall y (F(f(y,a), g(y)))$

（4）$\forall x (F(f(y,a), x)) \rightarrow F(x,y)$

解：（1）$\forall x F(x, f(x,y)) \Leftrightarrow \forall x(x = x + y)$，不是命题，真值不确定。

（2）$\forall x \forall y (F(x, f(y,a)) \rightarrow F(y, f(x,a))) \Leftrightarrow \forall x \forall y (x = y + 0 \rightarrow y = x + 0)$，是真命题。

（3）$\forall y (F(f(y,a), g(y))) \Leftrightarrow \forall y (y + 0 = y + 2)$，是假命题。

（4）$\forall x (F(f(y,a), x)) \rightarrow F(x,y) \Leftrightarrow \forall x (y + 0 = x \rightarrow x = y)$，是真命题。

从例 2-10 中公式（2）和（3）可知，闭式在任何解释下都变成命题。不是闭式的谓词公式在某些解释下也可能变成命题，如例 2-10 中公式（4），而有些不是闭式的谓词公式在某些解释下就不是命题，如例 2-10 中公式（1）。

2.2.2　谓词公式分类

> **定义 2-8**：一阶逻辑中谓词公式 A，若公式 A 在任何解释（或赋值）I 下的真值都为真，则公式 A 为永真式（逻辑有效式）；若公式 A 在任何解释（或赋值）I 下的真值都为假，则公式 A 为永假式（矛盾式）；如果至少存在一个解释使 A 的真值为真，则称 A 为可满足式。

例 2-11　判断谓词公式 $\exists x \forall y A(x,y) \rightarrow \forall y \exists x B(x,y)$ 的类型。

解：设个体域为自然数集合，令 $A(x,y)$ 表示 $xy = y$。因为存在自然数 x，对任何自然数 y，使得 $xy = y$，所以 $\exists x \forall y A(x,y)$ 在该解释下的真值为 1。令 $B(x,y)$ 表示 $x \cdot y = 2$。$\forall y \exists x B(x,y)$ 表示对所有自然数 y，存在自然数 x，使得 $x \cdot y = 2$，所以 $\forall y \exists x B(x,y)$ 在该解释下的真值为 1。故 $\exists x \forall y A(x,y) \rightarrow \forall y \exists x B(x,y)$ 在此解释下真值为 1。而当 $B(x,y)$ 表示 $x > y$ 时，$\forall y \exists x B(x,y)$ 表示对所有自然数 y，存在自然数 x，使得 $x > y$，所以 $\forall y \exists x B(x,y)$ 在该解释下的真值为 0。故 $\exists x \forall y A(x,y) \rightarrow \forall y \exists x B(x,y)$ 在此解释下真值为 0。

因此，谓词公式 $\exists x \forall y A(x,y) \rightarrow \forall y \exists x B(x,y)$ 不是永真式，是可满足式。

如例 2-11 当谓词公式是可满足式时，只要给出某个解释使得谓词公式有时为真，有时为假即可。但当谓词公式是矛盾式或永真式时，则无法一一列举出谓词公式永真或永假的所有解释，且谓词公式不像命题公式有与之对应的真值表。因此，目前不存在判定一个谓词公式类型的可行算法，只能对一些特殊的谓词公式进行判定。

定义 2-9：命题公式 F_0 含有 n 个命题变项 p_1，p_2，$\cdots$，p_n，A_1，A_2，$\cdots$，A_n 是 n 个谓词公式，用 A_i 代替 F_0 中所有 $p_i (1 \leqslant i \leqslant n)$，得到的谓词公式 F 称为命题公式 F_0 的代入实例。

例如，$A(x,y) \vee B(x,y)$、$\forall x \exists y A(x,y) \vee \exists x \exists y B(x,y)$ 等都是命题公式 $p \vee q$ 的代入实例。

定理 2-1：命题公式中永真式的代入实例还是永真式，矛盾式的代入实例还是矛盾式。

例 2-12　判断下列谓词公式的类型。

(1) $\neg \forall x F(x) \vee \exists x F(x)$

(2) $\neg \forall x F(x) \wedge \forall x F(x)$

(3) $\forall x \forall y F(x,y) \rightarrow (\exists x B(x) \rightarrow \forall x \forall y F(x,y))$

二维码 2-6 视频
一阶逻辑公式分类
及代入实例

解：(1) 设 I 为任意解释。如果 $\forall x F(x)$ 在 I 下为真，则对于任意一个个体 a 都有 $F(a)$ 为真，则 $\exists x F(x)$ 也为真，所以 $\neg \forall x F(x) \vee \exists x F(x)$ 为真。如果 $\forall x F(x)$ 在 I 下为假，则对于任意一个个体 a 都有 $F(a)$ 为假，则 $\exists x F(x)$ 也为假，所以 $\neg \forall x F(x) \vee \exists x F(x)$ 为真。故 $\neg \forall x F(x) \vee \exists x F(x)$ 为永真式。

(2) 显而易见，$\neg \forall x F(x) \wedge \forall x F(x)$ 是 $\neg p \wedge p$ 的代入实例，因为 $\neg p \wedge p$ 是矛盾式，故 $\neg \forall x F(x) \wedge \forall x F(x)$ 是矛盾式。

(3) $\forall x \forall y F(x,y) \rightarrow (\exists x B(x) \rightarrow \forall x \forall y F(x,y))$ 是 $p \rightarrow (q \rightarrow p)$ 的代入实例，因为 $p \rightarrow (q \rightarrow p)$ 为永真式，故 $\forall x \forall y F(x,y) \rightarrow (\exists x B(x) \rightarrow \forall x \forall y F(x,y))$ 也是永真式。

2.3　一阶逻辑等值式和前束范式

2.3.1　一阶逻辑等值式

定义 2-10：设 P、Q 是一阶逻辑中的两个谓词公式，若 $P \leftrightarrow Q$ 是永真式，则称 P 与 Q 是等值的，记作 $P \Leftrightarrow Q$，称 $P \Leftrightarrow Q$ 为等值式。

2.2.2 节的定理 2-1 给出命题公式中永真式的代入实例还是永真式，所以命题逻辑中的等值式的代入实例还是等值式。例如，等值式 $\neg \neg p \Leftrightarrow p$ 的代入实例是 $\neg \neg \forall x A(x) \Leftrightarrow \forall x A(x)$，$p \rightarrow q \Leftrightarrow \neg p \vee q$ 的代入实例是 $\forall x A(x) \rightarrow \exists x B(x) \Leftrightarrow \neg \forall x A(x) \vee \exists x B(x)$，这些代入实例都是一阶逻辑中的等值式。

在一阶逻辑中，除了命题逻辑中的等值式的代入实例是等值式外，由于一阶逻辑中存在量词，因此在一阶逻辑中还有许多关于量词的特定等值式。下面介绍关于量词的基本等值式。

定理 2-2：量词否定等值式

(1) $\neg\,\forall xP(x) \Leftrightarrow \exists x\neg\,P(x)$

(2) $\neg\,\exists xP(x) \Leftrightarrow \forall x\neg\,P(x)$

其中，$P(x)$ 是任意的谓词公式。

定理 2-3：量词辖域收缩与扩展等值式

(1) $\forall x(P(x) \wedge Q) \Leftrightarrow \forall xP(x) \wedge Q$

(2) $\forall x(P(x) \vee Q) \Leftrightarrow \forall xP(x) \vee Q$

(3) $\exists x(P(x) \wedge Q) \Leftrightarrow \exists xP(x) \wedge Q$

(4) $\exists x(P(x) \vee Q) \Leftrightarrow \exists xP(x) \vee Q$

(5) $\forall xP(x) \rightarrow Q \Leftrightarrow \exists x(P(x) \rightarrow Q)$

(6) $\exists xP(x) \rightarrow Q \Leftrightarrow \forall x(P(x) \rightarrow Q)$

(7) $Q \rightarrow \exists xP(x) \Leftrightarrow \exists x(Q \rightarrow P(x))$

(8) $Q \rightarrow \forall xP(x) \Leftrightarrow \forall x(Q \rightarrow P(x))$

其中，$P(x)$ 是包含自由变元 x 的谓词公式，Q 是不包含 x 的谓词公式。

二维码 2-7 视频
量词辖域扩展
与收缩

下面以公式（1）为例，验证公式（1）是等值式。设个体域 $D = \{a_1, a_2, \cdots, a_n\}$，由于 $P(x)$ 是包含自由变元 x 的谓词公式，Q 是不包含 x 的谓词公式，故在对 $\forall$ 的指导变元 x 消去时可得

$$\forall x(P(x) \wedge Q) \Leftrightarrow (P(a_1) \wedge Q) \wedge (P(a_2) \wedge Q) \wedge \cdots \wedge (P(a_n) \wedge Q)$$
$$\Leftrightarrow P(a_1) \wedge P(a_2) \wedge \cdots \wedge P(a_n) \wedge Q$$
$$\Leftrightarrow \forall xP(x) \wedge Q$$

公式（2）~公式（4）都可以用类似的方法来证明。

下面以公式（5）为例，验证公式（5）是等值式。由于 $\forall xP(x) \rightarrow Q$ 是公式 $p \rightarrow q$ 的代入实例，故左式可以转换为

$$\forall xP(x) \rightarrow Q \Leftrightarrow \neg\,\forall xP(x) \vee Q$$
$$\Leftrightarrow \exists x\neg\,P(x) \vee Q$$
$$\Leftrightarrow \exists x(\neg\,P(x) \vee Q)$$
$$\Leftrightarrow \exists x(P(x) \rightarrow Q)$$

证明的第三步用到了定理 2-3 中的公式（4），又由于 $\neg\,P(x) \vee Q \Leftrightarrow P(x) \rightarrow Q$ 是命题等值式 $\neg\,p \vee q \Leftrightarrow p \rightarrow q$ 的代入实例，故可以得到证明中的第四步。

定理 2-4：量词分配律

设 $P(x)$ 和 $Q(x)$ 是包含自由变元 x 的谓词公式，则有

(1) $\forall x(P(x) \wedge Q(x)) \Leftrightarrow \forall xP(x) \wedge \forall xQ(x)$

(2) $\exists x(P(x) \vee Q(x)) \Leftrightarrow \exists xP(x) \vee \exists xQ(x)$

二维码 2-8 视频
量词分配等值式

注意根据定理 2-4 可知，$\forall$ 仅对 $\wedge$ 有分配律，$\exists$ 仅对 $\vee$ 有分配律。而 $\forall$ 对 $\vee$ 没有分配律，$\exists$ 对 $\wedge$ 也没有分配律。

> **定理 2-5**：设 $P(x,y)$ 是包含自由变元 x，y 的二元谓词公式，则有
> (1) $\forall x \forall y P(x,y) \Leftrightarrow \forall y \forall x P(x,y)$
> (2) $\exists x \exists y P(x,y) \Leftrightarrow \exists y \exists x P(x,y)$

根据定理 2-5 可知，当多个量词相同时，量词的顺序可以调换，而当多个量词不同时，不能随意调换量词的顺序，调换量词的顺序可能会影响谓词公式的结果。

例 2-13 证明 $\exists x \forall y P(x,y)$ 与 $\forall y \exists x P(x,y)$ 不是等值的。

证明：设个体域为自然数集合，令 $P(x,y)$ 表示 $x > y$。因为对任何自然数 y，均存在自然数 x，使得 $x > y$，所以 $\forall y \exists x P(x,y)$ 在该解释下的真值为 1，而此时 $\exists x \forall y P(x,y)$ 的真值为 0，因为不存在一个自然数 x，使得对所有的自然数 y，都有 $x > y$。因而在此解释下 $\exists x \forall y P(x,y)$ 与 $\forall y \exists x P(x,y)$ 不是等值的。

2.3.2　前束范式

一个谓词公式可以演算成与之等值的标准形式，这个标准形式的谓词公式称为前束范式。下面给出前束范式的定义。

> **定义 2-11**：设 P 是一阶逻辑中的谓词公式，若 P 的形式为 $Q_1 x_1 Q_2 x_2 \cdots Q_n x_n R$，其中 Q_i 是量词 $\forall$ 或 $\exists$，R 是不含任何量词的谓词公式，则称谓词公式 P 是前束范式。若谓词公式 R 是析取范式，则称该前束范式为前束析取范式；若谓词公式 R 是合取范式，则称该前束范式为前束合取范式。

例如，$(\forall x)(\forall y)(\neg P(x,y) \lor Q(x,y))$ 和 $(\forall x)(\exists y)(\neg P(x) \land Q(y))$ 都是前束范式，且 $(\forall x)(\forall y)(\neg P(x,y) \lor Q(x,y))$ 是前束析取范式，$(\forall x)(\exists y)(\neg P(x) \land Q(y))$ 是前束合取范式。而 $(\forall x)(P(x) \rightarrow (\exists y)Q(y))$ 和 $(\forall x)(P(x) \land (\exists y)Q(y))$ 都不是前束范式。

在一阶逻辑中，任一谓词公式都存在与之等值的前束范式。当求一谓词公式的前束范式时，可以利用 2.2.1 节中介绍的约束变元换名规则和自由变元代入规则与定理 2-3 来得到对应的前束范式。

例 2-14 求解下列谓词公式的前束范式。

(1) $\neg (\forall x)(P(x) \land (\exists y)Q(y))$

(2) $\neg (\forall x)(P(x) \lor (\exists y)Q(y))$

(3) $(\forall x)(P(x) \rightarrow (\exists y)Q(y))$

(4) $(\exists x)(P(x) \rightarrow (\forall y)Q(y))$

解：(1) 原式的前束范式为

$$\neg (\forall x)(P(x) \land (\exists y)Q(y))$$
$$\Leftrightarrow (\exists x)\neg (P(x) \land (\exists y)Q(y)) \qquad \text{量词否定等值式}$$
$$\Leftrightarrow (\exists x)(\neg P(x) \lor \neg (\exists y)Q(y)) \qquad \text{否定等值式}$$
$$\Leftrightarrow (\exists x)(\neg P(x) \lor (\forall y)\neg Q(y)) \qquad \text{量词否定等值式}$$
$$\Leftrightarrow (\exists x)(\forall y)(\neg P(x) \lor \neg Q(y)) \qquad \text{定理 2-3}$$

二维码 2-9 视频
前束范式

(2) 原式的前束范式为

$$\neg(\forall x)(P(x) \vee (\exists y)Q(y))$$

$\Leftrightarrow(\exists x)\neg(P(x) \vee (\exists y)Q(y))$ 量词否定等值式

$\Leftrightarrow(\exists x)(\neg P(x) \wedge \neg(\exists y)Q(y))$ 否定等值式

$\Leftrightarrow(\exists x)(\neg P(x) \wedge (\forall y)\neg Q(y))$ 量词否定等值式

$\Leftrightarrow(\exists x)(\forall y)(\neg P(x) \wedge \neg Q(y))$ 定理 2-3

(3) 原式的前束范式为

$$(\forall x)(P(x) \to (\exists y)Q(y))$$

$\Leftrightarrow(\forall x)(\exists y)(P(x) \to Q(y))$ 定理 2-3

(4) 原式的前束范式为

$$(\exists x)(P(x) \to (\forall y)Q(y))$$

$\Leftrightarrow(\exists x)(\forall y)(P(x) \to Q(y))$ 定理 2-3

例 2-15 求解下面谓词公式的前束析取范式。

$$(\forall x)P(x) \to (\exists y)Q(y)$$

解：原式的前束范式为

$$(\forall x)P(x) \to (\exists y)Q(y)$$

$\Leftrightarrow\neg(\forall x)P(x) \vee (\exists y)Q(y)$ 蕴含等值式

$\Leftrightarrow(\exists x)\neg P(x) \vee (\exists y)Q(y)$ 量词否定等值式

$\Leftrightarrow(\exists x)(\exists y)(\neg P(x) \vee Q(y))$ 定理 2-3

在一阶逻辑中，求谓词公式的前束范式的结果可能不唯一。例如，在例 2-15 中第三步使用定理 2-3 量词辖域的扩张，得到含有两个量词的前束范式；还可以在第三步利用约束变元换名规则和存在量词的分配律得到只含有一个量词的前束范式，过程如下：

$$(\forall x)P(x) \to (\exists y)Q(y)$$

$\Leftrightarrow\neg(\forall x)P(x) \vee (\exists y)Q(y)$ 蕴含等值式

$\Leftrightarrow(\exists x)\neg P(x) \vee (\exists y)Q(y)$ 量词否定等值式

$\Leftrightarrow(\exists x)\neg P(x) \vee (\exists x)Q(x)$ 约束变元换名规则

$\Leftrightarrow(\exists x)(\neg P(x) \vee Q(x))$ 定理 2-4

2.4 逻辑推理

回顾苏格拉底三段论，前提条件为："所有人都会死""苏格拉底是人"，结论为："苏格拉底会死"。

从条件得到结论的过程称为**逻辑推理**。设 $Man(x)$ 表示 x 是人，$Mortal(x)$ 表示 x 会死。则可以构造以下逻辑推理形式：

$$\forall x(Man(x) \to Mortal(x)) \wedge Man(\text{Socrate}) \to Mortal(\text{Socrate})$$

其中，$\forall x(Man(x) \to Mortal(x))$ 和 $Man(\text{Socrate})$ 是条件，$Mortal(\text{Socrate})$ 是结论。一般推理形式为

$$(A_1 \wedge A_2 \wedge \cdots \wedge A_n) \to B$$

即 $(A_1 \wedge A_2 \wedge \cdots \wedge A_n) \to B$ 是永真式，其中，A_1，A_2，$\cdots$，A_n 为前提。

蕴含符号左边的谓词公式为条件，蕴含符号右边的谓词为结论。逻辑推理包括命题逻辑推理和一阶逻辑推理。在本节中，将从命题逻辑和一阶逻辑分别介绍逻辑推理规则和逻辑推理方法。

2.4.1　命题逻辑推理

命题逻辑中的推理是由一系列命题组成的。除最后的命题外的所有命题都称为前提，最后的命题是结论。

> **定义 2-12**：n 个命题公式 $S_1,S_2,\cdots,S_n$（$1 \leqslant i \leqslant n$），经过一系列推理得到结论 B，称 B 是 $S_1,S_2,\cdots,S_n$ 的有效结论，记为 $(S_1 \wedge S_2 \wedge \cdots \wedge S_n) \Rightarrow B$。

命题逻辑的推理包括两类方法。第一类方法是证明由前提和结论组成的蕴含式为真，即 $A_1 \wedge A_2 \wedge \cdots \wedge A_n \to B$ 是永真式。由 1.1.5 节可知，证明 $A_1 \wedge A_2 \wedge \cdots \wedge A_n \to B$ 是永真式有两种方法，即真值表法和等值演算法，该类方法为第一类方法。第二类方法是用已有的推理规则从条件推导出结论，称为构造证明法。故命题逻辑推理证明共有三种方法，下面分别介绍。

1. 真值表法

例 2-16　H_1 为前提，试确定结论 C 是否有效。

（1）$H_1:p \to q$

　　　$C:p \to (p \wedge q)$

解：真值表见表 2-1。

表 2-1　"$(p \to q) \to (p \to (p \wedge q))$" 真值表

p	q	$p \to q$	$p \to (p \wedge q)$	$(p \to q) \to (p \to (p \wedge q))$
0	0	1	1	1
0	1	1	1	1
1	0	0	0	1
1	1	1	1	1

由真值表可得 $(p \to q) \to (p \to (p \wedge q))$ 为永真式，故结论 C 是有效的。

（2）$H_1:p \to q,q \to r$

　　　$C:p \to r$

解：真值表见表 2-2。

表 2-2　"$(p \to q) \wedge (q \to r) \to (p \to r)$" 真值表

p	q	r	$p \to q$	$q \to r$	$(p \to q) \wedge (q \to r)$	$p \to r$	$(p \to q) \wedge (q \to r) \to (p \to r)$
0	0	0	1	1	1	1	1
0	0	1	1	1	1	1	1
0	1	0	1	0	0	1	1
0	1	1	1	1	1	1	1
1	0	0	0	1	0	0	1
1	0	1	0	1	0	1	1
1	1	0	1	0	0	0	1
1	1	1	1	1	1	1	1

由真值表可得 $(p \rightarrow q) \wedge (q \rightarrow r) \rightarrow (p \rightarrow r)$ 为永真式，故结论 C 是有效的。

2. 等值演算法

例 2-17 H_1 为前提，试确定结论 C 是否有效。

（1）$H_1 : p \rightarrow q$

$\qquad C : p \rightarrow (p \wedge q)$

解： 等值演算过程如下。

$$
\begin{aligned}
& (p \rightarrow q) \rightarrow (p \rightarrow (p \wedge q)) \\
\Leftrightarrow & \neg (p \rightarrow q) \vee (p \rightarrow (p \wedge q)) \\
\Leftrightarrow & \neg (\neg p \vee q) \vee (\neg p \vee (p \wedge q)) \\
\Leftrightarrow & (\neg \neg p \wedge \neg q) \vee (\neg p \vee (p \wedge q)) \\
\Leftrightarrow & (p \wedge \neg q) \vee \neg p \vee q \\
\Leftrightarrow & \neg p \vee \neg q \vee q \\
\Leftrightarrow & 1
\end{aligned}
$$

由等值演算可得 $(p \rightarrow q) \rightarrow (p \rightarrow (p \wedge q))$ 为永真式，故结论 C 是有效的。

（2）$H_1 : p \rightarrow q, q \rightarrow r$

$\qquad C : p \rightarrow r$

解： 等值演算过程如下。

$$
\begin{aligned}
& (p \rightarrow q) \wedge (q \rightarrow r) \rightarrow (p \rightarrow r) \\
\Leftrightarrow & \neg ((p \rightarrow q) \wedge (q \rightarrow r)) \vee (p \rightarrow r) \\
\Leftrightarrow & \neg ((\neg p \vee q) \wedge (\neg q \vee r)) \vee (\neg p \vee r) \\
\Leftrightarrow & \neg (\neg p \vee q) \vee \neg (\neg q \vee r) \vee \neg p \vee r \\
\Leftrightarrow & (p \wedge \neg q) \vee (q \wedge \neg r) \vee \neg p \vee r \\
\Leftrightarrow & \neg p \vee \neg q \vee q \vee r \\
\Leftrightarrow & 1
\end{aligned}
$$

由等值演算可得 $(p \rightarrow q) \wedge (q \rightarrow r) \rightarrow (p \rightarrow r)$ 为永真式，故结论 C 是有效的。

由于真值表法和等值演算法在第1章已经详细讲解，这里直接给出两种方法的计算过程。下面详细介绍构造证明法。

3. 构造证明法

构造证明法是利用推理定律和推理规则，从前提得到有效结论的一系列推理过程。除最后公式外的其他公式或者是前提，或者是由某些前提得到的中间结论。而其中的有些推理规则建立在推理定律的基础之上，下面给出重要的推理定律如下。

（1）$p \Rightarrow p \vee q$ 附加

（2）$p \wedge q \Rightarrow p$ 化简

（3）$(p \wedge (p \rightarrow q)) \Rightarrow q$ 假言推理

（4）$((p \rightarrow q) \wedge \neg q) \Rightarrow \neg p$ 拒取式

（5）$((p \vee q) \wedge \neg q) \Rightarrow p$ 析取三段论

（6）$((p \rightarrow q) \wedge (q \rightarrow r)) \Rightarrow p \rightarrow r$ 假言三段论

（7）$((p \leftrightarrow q) \wedge (q \leftrightarrow r)) \Rightarrow p \leftrightarrow r$ 等价三段论

(8) $((p \to r) \wedge (q \to t) \wedge (p \vee q)) \Rightarrow r \vee t$　构造性二难

在构造推理证明的过程中还需要引入以下的推理规则。

（1）前提引入规则：在推理证明的每一步都可以引入前提中的任一命题公式。

（2）结论引入规则：由推理证明中间步骤得到的结论可以作为后续推理证明的前提。

（3）置换规则：在推理证明的过程中可以用相应等值式代替命题公式中的任何子命题公式。

构造证明过程可表示为

$$(1) \qquad S_1$$
$$(2) \qquad S_2$$
$$\vdots$$
$$(n) \qquad S_n$$
$$(n+1) \quad C$$

上述书写形式给出了构造证明法的推理证明步骤。其中前 n 步 S_1，$S_2, \cdots, S_n (1 \le i \le n)$ 为前提、利用推理定律由中间步骤得到的结论，或者是利用置换规则得到的等值式，C 则是最终的结论。由此可得此推理是正确的，C 是由条件 $S_1, S_2, \cdots, S_n$ 得到的有效结论，记为 $S_1 \wedge S_2 \wedge \cdots \wedge S_n \Rightarrow C$。

例 2-18　用构造证明法构造下面的推理。

前提：$p \wedge (p \to q)$

结论：q

解：步骤　　　　　　　原因

  (1) $p \wedge (p \to q)$　前提引入

  (2) p　　　　　　　(1) 式化简

  (3) $p \to q$　　　　(1) 式化简

  (4) q　　　　　　　(2) 和 (3) 假言推理

因此，称 q 是有效结论。

二维码 2-11 视频
直接证明法

例 2-19　构造下面的推理。

今天下午不晴朗，且今天比昨天冷。我们只会在晴天时才去游泳。如果我们不去游泳，那么我们将乘独木舟旅行。如果我们乘独木舟旅行，那么我们将在日落时回到家中。所以我们将在日落时回到家。

 解：设 p：今天下午天晴。

r：我们将去游泳。

t：太阳下山前我们回家。

q：今天比昨天冷。

s：我们将乘独木舟旅行。

故得前提：$\neg p \wedge q, r \to p, \neg r \to s, s \to t$

结论：t

推理证明过程可表示为

步骤	原因
(1) $\neg p \wedge q$	前提引入
(2) $\neg p$	(1) 化简
(3) $r \to p$	前提引入
(4) $\neg r$	(2) 和 (3) 拒取式
(5) $\neg r \to s$	前提引入
(6) s	(4) 和 (5) 假言推理
(7) $s \to t$	前提引入
(8) t	(6) 和 (7) 假言推理

因此，上述推理过程是正确的。

下面介绍另外两种证明方法。

1. 附加前提证明法

当上述推理证明的结论 C 是蕴含式，即为 $A \to B$ 时，则推理的蕴含式的形式结构为 $(S_1 \wedge S_2 \wedge \cdots \wedge S_n) \to (A \to B)$。

对上式等值演算可得

$$(S_1 \wedge S_2 \wedge \cdots \wedge S_n) \to (A \to B)$$
$$\Leftrightarrow \neg (S_1 \wedge S_2 \wedge \cdots \wedge S_n) \vee (\neg A \vee B)$$
$$\Leftrightarrow \neg (S_1 \wedge S_2 \wedge \cdots \wedge S_n \wedge A) \vee B$$
$$\Leftrightarrow (S_1 \wedge S_2 \wedge \cdots \wedge S_n \wedge A) \to B$$

二维码2-12视频
附加前提证明法

故当推理证明的结论是蕴含式时，可以将蕴含式的前件 A 变成前提，称 A 为附加前提。若 $(S_1 \wedge S_2 \wedge \cdots \wedge S_n \wedge A) \to B$ 是永真式，根据上述等值演算过程可知，$(S_1 \wedge S_2 \wedge \cdots \wedge S_n) \to (A \to B)$ 也是永真式。这种把结论蕴含式的前件作为前提，结论蕴含式的后件作为结论的证明方法称为附加前提证明法。

例 2-20　构造下面的推理。

前提：$p \to q$, $q \to r$

结论：$p \to r$

解：

步骤	原因
(1) p	附加前提
(2) $p \to q$	前提引入
(3) q	(1) 和 (2) 假言推理
(4) $q \to r$	前提引入
(5) r	(3) 和 (4) 假言推理

因此，上述推理过程是正确的。

由附加前提证明法可知，推理是正确的。当然这个例子也可以直接利用假言三段论推理规则直接证明得到。

2. 归谬法（间接证明法）

定义 2-13：n 个命题公式 $S_1, S_2, \cdots, S_n$（$1 \leq i \leq n$），若 $S_1 \wedge S_2 \wedge \cdots \wedge S_n$ 是矛盾式，则 $S_1, S_2, \cdots, S_n$ 是不相容的，否则 $S_1, S_2, \cdots, S_n$ 是相容的。

归谬法是把要证结论的否定式与原前提组成新的前提，从新的前提推出矛盾的证明方法。假设 $S_1 \wedge S_2 \wedge \cdots \wedge S_n$ 为前提，C 为结论，则推理的蕴含式的形式结构为 $(S_1 \wedge S_2 \wedge \cdots \wedge S_n) \rightarrow C$。

当把要证结论的否定式与原前提组成新的前提时，其形式为 $S_1 \wedge S_2 \wedge \cdots \wedge S_n \wedge \neg C$。若 $S_1 \wedge S_2 \wedge \cdots \wedge S_n \wedge \neg C$ 是不相容的，即为矛盾式时，则 $\neg(S_1 \wedge S_2 \wedge \cdots \wedge S_n \wedge \neg C)$ 为永真式，由于

$$\neg(S_1 \wedge S_2 \wedge \cdots \wedge S_n \wedge \neg C)$$
$$\Leftrightarrow \neg(S_1 \wedge S_2 \wedge \cdots \wedge S_n) \vee C$$
$$\Leftrightarrow (S_1 \wedge S_2 \wedge \cdots \wedge S_n) \rightarrow C$$

二维码 2-13 视频
归谬法

成立，故当 $S_1 \wedge S_2 \wedge \cdots \wedge S_n \wedge \neg C$ 为矛盾式时，则 $\neg(S_1 \wedge S_2 \wedge \cdots \wedge S_n \wedge \neg C)$ 为永真式，推理 $(S_1 \wedge S_2 \wedge \cdots \wedge S_n) \rightarrow C$ 也为永真式，由此可得 C 是有效结论。这种将原结论的否定式作为附加前提，推出与原前提存在矛盾的证明方法称为归谬法（间接证明法）。

例 2-21 用归谬法构造下面的推理。

前提：$r \rightarrow \neg q, r \vee s, s \rightarrow \neg q, p \rightarrow q$

结论：$\neg p$

解：

步骤	原因
（1）$\neg \neg p$	结论否定引入
（2）p	（1）双重否定
（3）$p \rightarrow q$	前提引入
（4）q	（2）和（3）假言推理
（5）$s \rightarrow \neg q$	前提引入
（6）$\neg s$	（4）和（5）拒取式
（7）$r \vee s$	前提引入
（8）r	（6）和（7）析取三段论
（9）$r \rightarrow \neg q$	前提引入
（10）$\neg q$	（8）和（9）假言推理
（11）$q \wedge \neg q$	（4）和（10）合取

因此，上述推理过程是正确的。

2.4.2 一阶逻辑推理

一阶逻辑推理也称为谓词逻辑推理，其推理形式同命题逻辑推理一样，即证明蕴含式 $(S_1 \wedge S_2 \wedge \cdots \wedge S_n) \rightarrow C$ 为永真式，则称由前提 $S_1, S_2, \cdots, S_n$ 推出结论 C，即 $(S_1 \wedge S_2 \wedge \cdots \wedge S_n) \Rightarrow C$。由于一阶逻辑中不仅包括谓词，还包括量词，故其推理证明规则包括用于命题逻辑中的推理规则和关于量词的规则。

在谓词演算中有关量词的规则如下。

二维码 2-14 视频
量词消去和引用

1. 全称量词消去规则（UI）

$$\frac{\forall xP(x)}{\therefore P(c)}$$

这里 $\forall xP(x)$ 是条件，$P(c)$ 是结论。

成立条件如下：

（1）x 是 $\forall xP(x)$ 中约束出现的个体变元。

（2）c 是个体域中任意的个体常项，且不在 $\forall xP(x)$ 中出现。

例如，个体域是狗且 Fido 是一条狗，当"所有狗都很可爱"成立时，Fido 也是可爱的。

2. 全称量词引入规则（UG）

$$\frac{P(c)}{\therefore \forall xP(x)}$$

这里 $P(c)$ 是条件，$\forall xP(x)$ 是结论。

成立条件如下：

（1）c 是个体域中任意的个体常项，且不在 $\forall xP(x)$ 中出现，c 取个体域中的任意值时 P 都为真。

（2）取代 c 的 x 是个体域中任意的个体变项，且不在 $P(x)$ 中出现。

3. 存在量词消去规则（EI）

$$\frac{\exists xP(x)}{\therefore P(c)}$$

这里 $\exists xP(x)$ 是条件，$P(c)$ 是结论。

成立条件如下：

（1）c 是个体域中使 P 成立的特定的个体常项，且不在 $P(x)$ 中出现。

（2）在 $P(x)$ 中除 x 外还存在其他自由出现的个体常项时，不能用此规则。

例如，个体域是这个班的学生，在这个班里有个学生 c 离散数学这门课获得 A，那么可以表示为 $\exists xP(x)$ 为真。这里 $P(x)$ 表示离散数学这门课学生 x 获得 A。

4. 存在量词引入规则（EG）

$$\frac{P(c)}{\therefore \exists xP(x)}$$

这里 $P(c)$ 是条件，$\exists xP(x)$ 是结论。

成立条件如下：

（1）c 是个体域中使 P 成立的特定的个体常项。

（2）c 未在 $P(x)$ 中出现。

例如，这个班里的 Michelle 离散数学这门课获得 A，因此 $\exists xP(x)$ 为真。

在一阶逻辑中除量词外，其推理证明本质上和命题逻辑的推理证明是一致的。下面通过例子来说明一阶逻辑中如何使用以上的推理规则进行推理证明。

例 2-22　用一阶逻辑的推理规则构造下面的推理证明。

人都有两条腿，所以陈华有两条腿。个体域为全总个体域。

解：设 $M(x)$ 表示 "x 是人"，$L(x)$ 表示 "x 有两条腿"。陈华（J）是个体域中的一个个体常项。

前提：$M(J)$，$\forall x(M(x) \to L(x))$

结论：$L(J)$

推理过程如下：

步骤	原因
（1）$\forall x(M(x) \to L(x))$	前提引入
（2）$M(J) \to L(J)$	（1）UI 规则
（3）$M(J)$	前提引入
（4）$L(J)$	（2）和（3）假言推理

因此，上述推理证明是正确的。

例 2-23　用一阶逻辑的推理规则构造下面的推理证明。

这个班有的学生没有读过这本书。这个班的每个人都通过了第一次考试。所以这个班有学生通过第一次考试还没有读过这本书。

解：设 $C(x)$ 表示 "x 是这个班的学生"，$B(x)$ 表示 "x 读过这本书"，$P(x)$ 表示 "x 通过第一次考试。"

前提：$\exists x(C(x) \land \neg B(x))$，$\forall x(C(x) \to P(x))$

结论：$\exists x(P(x) \land \neg B(x) \land C(x))$

推理过程如下：

步骤	原因
（1）$\exists x(C(x) \land \neg B(x))$	前提引入
（2）$C(a) \land \neg B(a))$	（1）EI 规则
（3）$C(a)$	（2）化简
（4）$\forall x(C(x) \to P(x))$	前提引入
（5）$C(a) \to P(a)$	（4）UI 规则
（6）$P(a)$	（3）和（5）假言推理
（7）$\neg B(a)$	（2）化简
（8）$P(a) \land \neg B(a) \land C(a)$	（3）、（6）和（7）合取
（9）$\exists x(P(x) \land \neg B(x) \land C(x))$	（8）EG 规则

因此，上述推理证明是正确的。

在例 2-23 前提中存在量词和全称量词，在证明过程中是否能将步骤（1）和步骤（4）互换？答案是否定的。例题中证明过程第一步 $\exists x(C(x) \land \neg B(x))$，意味着先取这个班的某个学生 a，且这个学生没读过这本书。这个学生 a 同样可以满足第二个条件 $\forall x(C(x) \to P(x))$。反之，若 $\forall x(C(x) \to P(x))$ 在先，为第一个条件，是在全班学生里选取某个学生 a，则不一定满足 $\exists x(C(x) \land \neg B(x))$ 条件，因为存在量词指某个学生，而某个学生不一定是学生 a。

2.5　习题

1. 令 $P(x)$ 表示 "x 是偶数"，判断下列各式的真值是什么？

（1）$P(1)$　　　（2）$P(2)$　　　（3）$P(12)$

2. 令 $P(x)$ 表示 "$x = x^2$"，个体域是整数，判断下列各公式的真值是什么？

（1）$P(0)$　　　（2）$P(1)$　　　　（3）$P(2)$　　　　（4）$P(-1)$

（5）$\exists x P(x)$　　（6）$\forall x P(x)$

3. 若个体域是正整数集合，令 $P(x,y)$ 表示 $x/y = 1$，下列公式中哪些公式的值为真。

（1）$\forall x \forall y P(x,y)$　　　（2）$\exists x \forall y P(x,y)$　　　（3）$\forall x \exists y P(x,y)$

（4）$\exists x \exists y P(x,y)$　　　（5）$\forall y \forall x P(x,y)$　　　（6）$\exists y \forall x P(x,y)$

（7）$\forall y \exists x P(x,y)$　　　（8）$\exists y \exists x P(x,y)$

4. 将下列命题用谓词逻辑符号化。

（1）在这所学校中，有个能说俄语且会 Python 编程语言的学生。

（2）在这所学校中，有个能说俄语但不会 Python 编程语言的学生。

（3）在这所学校中，每个学生都会说俄语且会 Python 编程语言。

（4）在这所学校中，没有一个学生会说俄语或会 Python 编程语言。

5. 将下列命题用谓词逻辑符号化。

（1）在这个班中，有个学生家里有一只猫和一条狗。

（2）赵勋既努力又聪明。

（3）并不是所有的女人都喜欢追剧。

（4）如果你不努力，就一定不能取得成功。

（5）有些人喜欢小动物，但不是所有的人都喜欢小动物。

（6）这个班里的所有学生都选修了人工智能专业的课程。

（7）任何偶数都能被 2 整除。

（8）这个班里的男生都喜欢打篮球。

（9）如果今天是星期六，明天就是星期日。

（10）天气好我们就去郊游。

6. 将下面命题符号化。

（1）每个用户只能注册一个账号。

（2）有些女生喜欢甜食。

（3）在杭州定居的人未必都是杭州人。

（4）所有女人都爱看电视剧。

（5）班上每个学生都报考了研究生考试。

7. 设个体域 $D = \{-2, -1, 0\}$，消去下列各公式中的量词。

（1）$\exists x P(x)$

（2）$\forall x P(x)$

（3）$\exists x \neg P(x)$

（4）$\forall x \neg P(x)$

（5）$\neg \exists x P(x)$

（6）$\neg \forall x P(x)$

（7）$\forall x \exists y (F(x) \wedge G(y))$

（8）$\forall x \exists y (F(x) \wedge G(x,y))$

（9）$\exists x F(x) \wedge \forall x G(x)$

（10）$\forall x (F(x,y) \vee \forall y G(y))$

8. 设个体域 $D = \{-1, 1, 2\}$，用析取联结词和合取联结词表示下列命题。

（1）$\neg \forall x P(x) \rightarrow G(x)$

（2）$\forall x P(x) \rightarrow \forall y G(y)$

（3）$\neg \forall x P(x) \rightarrow \exists y G(y)$

（4）$\exists x P(x) \rightarrow \exists y G(y)$

（5）$(\forall x)(P(x) \rightarrow (\forall z)Q(x,z))$

9. 给定解释 I 如下。

i. 个体域为自然数集 $\mathbf{N}$。

ii. 元素 $a = 1$。

iii. $\delta(x) = 1, \delta(y) = 2, \delta(z) = 3$。

iv. $\mathbf{N}$ 中的特定谓词 $F(x,y)$ 表示 $x - y = 0$，$G(x,y)$ 表示 $x > y$。

在解释 I 下，求下列各公式的真值。

（1）$\forall x \exists y (F(x,a) \wedge G(a,y))$

（2）$\exists x \exists y (F(x,a) \vee G(y,a))$

（3）$\exists x (F(x,y) \rightarrow G(x,y))$

（4）$\forall x \exists y (F(x,y) \rightarrow G(x,y))$

10. 给定解释 I 如下。

i. 个体域为自然数集 $\mathbf{N}$。

ii. 元素 $a = 1$。

iii. $\delta(x) = 1, \delta(y) = 2, \delta(z) = 3$。

iv. $\mathbf{N}$ 中的特定函数 $f(x,y) = x + y$。

v. $\mathbf{N}$ 中的特定谓词 $F(x,y)$ 表示 $x < y$，$G(x,y)$ 表示 $x > y$。

在解释 I 下，求下列各公式的真值。

（1）$\forall x \exists y (F(x,a) \wedge G(a, f(x,y)))$

（2）$\exists x \exists y (F(x,a) \rightarrow \neg G(x,y))$

（3）$\exists x (F(f(x,a), y) \rightarrow G(x, f(x,y)))$

（4）$\forall x \exists y (F(x, f(x,a)) \rightarrow G(f(a,y), y))$

11. 指出下列各公式中每个量词的作用域，并指出个体变元是约束出现还是自由出现。

（1）$\forall x \exists y (\neg F(x,y) \vee G(x,y))$

（2）$\exists x F(x,y) \rightarrow \neg G(x,y)$

（3）$\exists x(F(x,y) \wedge G(x,y)) \rightarrow \neg\ \exists yF(x,y)$

（4）$\forall x \exists y(\neg\ F(x,y) \rightarrow G(x,y))$

12. 求下列公式的前束范式。

（1）$\neg\ \exists x(F(x) \vee \neg\ G(x)) \wedge\ \forall x \exists yH(x,y)$

（2）$\neg\ \forall xF(x) \wedge\ \forall x \exists yG(x,y)$

（3）$\forall x \exists y(\neg\ F(x,y) \vee G(x,y)) \rightarrow \forall xF(x)$

（4）$\exists x(F(x,y) \wedge G(x,y)) \rightarrow \neg\ \exists yF(x,y)$

13. 求下列公式的前束范式。

（1）$\exists xP(x) \wedge\ \forall xQ(x) \rightarrow \exists x(P(x) \wedge Q(x))$

（2）$\forall x(P(x) \vee\ \forall y(\forall zQ(x,z) \rightarrow \neg\ \forall xR(x,y)))$

（3）$\forall xP(x) \wedge\ \exists x(\forall zQ(x,z) \rightarrow \forall zR(x,y,z))$

14. 化简下列各公式。

（1）$\forall x(P(x) \wedge Q(x) \rightarrow \neg\ R(x))$

（2）$\forall x(P(x) \wedge Q(x) \wedge R(x) \rightarrow S(x))$

（3）$\forall x(P(x) \rightarrow (Q(x) \leftrightarrow R(x)))$

（4）$\forall x(P(x) \wedge Q(x) \rightarrow \neg\ R(x))$

15. 指出下列推理中的错误，并加以改正。

步骤	原因
（1）$\forall x(P(x) \rightarrow R(x))$	前提引入
（2）$P(a) \rightarrow R(a)$	（1）UI
（3）$\exists x(P(x) \wedge Q(x))$	前提引入
（4）$P(a) \wedge Q(a)$	（3）EI
（5）$P(a)$	（4）化简
（6）$R(a)$	（2）和（5）假言推理
（7）$\exists R(x)$	（6）EG

16. 构造下列推理的证明。

（1）前提：$\neg\ p, p \vee \neg\ r, \neg\ r \rightarrow q$

结论：q

（2）前提：$q, r \rightarrow (p \vee t), q \rightarrow r$

结论：$\neg\ p \rightarrow t$

（3）前提：$p \vee q, p \rightarrow r, q \rightarrow \neg\ s$

结论：$s \rightarrow r$

（4）前提：$\neg\ p \vee q, \neg\ r \rightarrow \neg\ q, r \rightarrow s$

结论：$p \rightarrow s$

（5）前提：$q, p \rightarrow (q \rightarrow s), \neg\ r \vee p, s \rightarrow \neg\ q$

结论：$r \rightarrow s$

17. 构造下列推理的证明。

（1）前提：$\exists xF(x) \rightarrow \forall y((F(y) \vee G(y)) \rightarrow R(y)), \exists xF(x)$

结论：$\exists xR(x)$

(2) 前提：$\forall x(F(x) \rightarrow (G(a) \land R(x)))$，$\exists x F(x)$

结论：$\exists x(F(x) \land R(x))$

(3) 前提：$\forall x(F(x) \lor G(x))$，$\neg \exists x G(x)$

结论：$\exists x F(x)$

(4) 前提：$\forall x(F(x) \lor G(x))$，$\forall x(\neg G(x) \lor \neg R(x))$，$\forall x R(x)$

结论：$\forall x F(x)$

(5) 前提：$\exists x F(x) \rightarrow \forall x G(x)$

结论：$\forall x(F(x) \rightarrow G(x))$

(6) 前提：$\forall x(F(x) \rightarrow G(x))$

结论：$\forall x F(x) \rightarrow \forall x G(x)$

(7) 前提：$\forall x(F(x) \lor G(x))$

结论：$\neg \forall x F(x) \rightarrow \exists x G(x)$

18. 证明前提：（1）若 A 队得第一，则 B 队或 C 队获得亚军；（2）若 C 队获得亚军，则 A 队不能获得冠军；（3）若 D 队获得亚军，则 B 队不能获得亚军；（4）A 队获得第一。

可以推出结论：D 队不是亚军。

19. 将下面的论断符号化，并给出相应的推理证明。

（1）如果今天天气晴，我们就去放风筝或划船；如果刮风，我们就不去划船。今天天气晴但有风，所以我们就去放风筝。

（2）如果期末复习肯努力，就一定能通过离散数学考试。身体不好且考试科目多。没有通过离散数学考试，所以期末复习没努力且考试科目多。

20. 将下列命题符号化，并给出相应的推理证明。

（1）如果李楠是理科生，则她必须学习微积分。如果她不是文科生，那么她必须是理科生。她没有学微积分，所以她是一个文科生。

（2）王敏学习英语或日语。如果王敏学习过英语，那么她就去了英国。如果王敏去过英国，那么她去过日本。于是王敏学习日语或者去过日本。

（3）这个班的学生都知道如何用 Java 编写程序。每个知道如何用 Java 编写程序的人都可以得到一份高薪工作。因此，这个班的学生都可以得到一份高薪工作。

（4）这个班的人都喜欢观看鲸鱼表演。每个喜欢观看鲸鱼表演的人都关心海洋污染。因此，这个班上每个人都关心海洋污染。

（5）这个班的每个学生都拥有一台个人计算机。拥有个人计算机的每个学生都可以使用文字处理程序。因此，这个班的李爽可以使用文字处理程序。

第二部分

集合论

　　集合论是处理集合、函数和关系的数学理论。集合包括最基本的数学概念，如集合、元素和成员关系。在大多数现代数学公式中，集合论提供了一种描述数学对象的语言。集合可以用来表示数及其运算，还可表示和处理非数值计算，如数据间关系的描述等。集合论、逻辑和一阶逻辑构成了数学公理化的基础。同时，函数和关系是基于集合的映射，它们是满足某些属性的特殊集合。接下来，将在两个单独的章节中介绍它们。集合和矩阵将在第 3 章中介绍，而关系和函数将在第 4 章中介绍。

第3章　集合和矩阵

3.1　集合

3.1.1　集合概念

集合没有确定的概念。一般情况下，将研究的对象统称为元素；将一些元素组成的总体叫作集合，也简称为集。

通常用大写英文字母来表示集合。例如，$\mathbf{N}$ 代表自然数集合，$\mathbf{Z}$ 代表整数集合，$\mathbf{R}$ 代表实数集合。用小写英文字母来表示集合内元素。若元素 a 是集合 A 的一个元素，则表示为 $a \in A$，读作元素 a 属于集合 A；若元素 a 不是集合 A 的一个元素，则表示为 $a \notin A$，读作 a 不属于集合 A。

集合分为有限集合和无限集合两种，下面给出定义。

> **定义 3-1**：有限个元素构成的集合称为有限集合。其中，集合包含元素的个数称为集合的基，记作 $|A|$。无限个元素构成的集合称为无限集合。

表示集合的方法有列举法和描述法两种方法，下面分别介绍。

1. 列举法

当集合是有限集合时，可以列出集合的所有元素，用逗号隔开各元素，并用花括号把所有元素括起来，这种表述方式为列举法。例如：
$$S_1 = \{a,b,c,d,e,f\}, S_2 = \{a,b,b,c,d,e,f\}, S_3 = \{d,e,a,b,c,f\}$$
上述三个集合 S_1、S_2 和 S_3 是相同的集合，尽管有重复元素，且集合元素之间没有次序关系。

一个集合可以作为另一个集合的元素。例如：
$$S_1 = \{a,b,\{c,d,e,f\}\}$$

集合 S_1 包含元素 a、b 和 $\{c,d,e,f\}$。因为 $\{c,d,e,f\}$ 是集合 S_1 中的元素，故可记为 $\{c,d,e,f\} \in A$。

以上给出的集合实例都是有限集合。当集合是无限集合时，无法列出集合的所有元素，可以先列出一部分元素，若剩余元素与已给出的元素存在一定规律，且剩余元素的一般形式很明显时可以用省略号表示。如 $\mathbf{N} = \{1,2,3,\cdots\}$，$C = \{2,4,6,2n,\cdots\}$，$\mathbf{Z}_+ = \{1,2,3,\cdots\}$。

2. 描述法

当集合中元素具有相同的性质或满足相同的条件时，可以用描述法来表示集合中的元素，不用全部列出集合中的所有元素。具有相同的性质或满足

相同的条件可用一阶逻辑中的谓词公式表示，即

$$A = \{x \mid P(x)\}$$

上式表示集合 A 是由具有某种性质 P 的元素 x 构成。例如，$A = \{x \mid x$ 是离散数学期末成绩为优秀的学生$\}$。

集合元素的特征如下。

（1）确定性：设 A 是一个给定的集合，x 是某一个具体对象，则 x 或者是 A 的元素，或者不是 A 的元素，两种情况必有一种且只有一种情况成立。

（2）互异性：一个给定集合中的元素，指属于这个集合的互不相同的个体（对象），因此，同一集合中同一元素不应重复出现。

（3）无序性：一般不考虑元素之间的顺序，但在表示数列之类的特殊集合时，通常按照由小到大的数轴顺序书写。

存在两种特殊的集合：空集合和全集。

> **定义 3-2**：集合的基为零时，该集合称为空集合，记为 $\varnothing$。

空集是客观存在的，例如，$A = \{x \mid x$ 是 $y = x$ 和 $y = x^2 + 5$ 的交点$\}$，显然函数 $y = x$ 和函数 $y = x^2 + 5$ 无交点，故集合 A 是空集，即 $A = \varnothing$。

根据空集定义，对于任一元素 x，$x \in \varnothing$ 这个命题为假，即 $x \in \varnothing \Leftrightarrow 0$。

> **定义 3-3**：所有对象构成的集合称为全集，记为 E。

全集是个相对性概念。由于所研究的问题不同，所取的全集也不同。例如，在研究平面解析几何问题时，可以把整个坐标平面取为全集。在研究自然数问题时，可以把自然数集 $\mathbf{N}$ 取为全集。

根据全集定义，对于任一元素 x，$x \in E$ 这个命题必定为真，即 $x \in E \Leftrightarrow 1$。

3.1.2　集合间关系

> **定义 3-4**：设 A 和 B 是两个集合，如果 B 中元素都是 A 中的元素，则称 B 为 A 的子集合，简称子集。此时称 B 包含于 A 中，或 A 包含 B，记为 $B \subseteq A$。如果 A 不包含 B，记为 $B \not\subseteq A$。

集合的包含关系在命题逻辑和一阶逻辑中的符号化表示为

$$B \subseteq A \Leftrightarrow \forall x(x \in B \to x \in A)$$

例如，集合 $A = \{1, 2, 3\}$，当集合 $B = \{4\}$ 时，$4 \notin A$，因此 $B \not\subseteq A$。当集合 $B = \{1\}$ 时，$1 \in A$，因此 $B \subseteq A$。

二维码3-1 视频
集合关系

> **定理 3-1**：空集是任何集合的子集。

证明：设 A 为任一集合，假设 $\varnothing$ 是集合 A 的子集，则 $\forall x(x \in \varnothing \to x \in A)$ 成立，因前件 $x \in \varnothing$ 是假，所以整个蕴含式对所有 x 都成立，所以根据子集定义可得 $\forall x(x \in \varnothing \to x \in A) \Leftrightarrow \varnothing \subseteq A$ 成立，故假设成立，即 $\varnothing$ 是集合 A 的子集。

> **定义 3-5**：设 A 和 B 是两个集合，若 $B \subseteq A$ 且 $A \subseteq B$，则称 A 与 B 相等，记为 $A = B$。
>
> 若两个集合 A 和 B 不相等，则记为 $A \neq B$。

集合的相等关系在命题逻辑和一阶逻辑中的符号化表示为

$$A = B \Leftrightarrow B \subseteq A \wedge A \subseteq B \Leftrightarrow \forall x((x \in B \to x \in A) \wedge (x \in A \to x \in B))$$

由以上定义可知，两个集合相等的充分必要条件是两个集合具有相同的元素。例如：

$$A = \{x \mid x^2 - 2x + 1 = 0\}$$
$$B = \{x \mid x = 1\}$$

因为方程 $x^2 - 2x + 1 = 0$ 的解为 1，故集合 $A = \{x \mid x = 1\}$，则 $A = B$。

> **定义 3-6**：设 A 和 B 是两个集合，若 $B \subseteq A$ 且 $A \neq B$，则称 B 是 A 的真子集，称 B 被 A 真包含，或 A 真包含 B，记为 $B \subset A$。

集合的真包含关系在命题逻辑和一阶逻辑中的符号化表示为

$$B \subset A \Leftrightarrow \forall x((x \in B \to x \in A) \wedge \exists x(x \in A \wedge x \notin B))$$

例如，$A = \{1, 2, 3\}$，$B = \{1, 2\}$，则 $B \subset A$。

例 3-1 证明下列集合性质。

(1) 对于任一集合，都有 $A \subseteq A$。

(2) 设 A、B 和 C 为集合，若 $A \subseteq B$ 且 $B \subseteq C$，则 $A \subseteq C$。

解：(1) 因为 $\forall x(x \in A \to x \in A)$，故 (1) 显然成立。

(2) 依据集合包含定义可知：

$$A \subseteq B \wedge B \subseteq C$$
$$\Leftrightarrow \forall x(x \in A \to x \in B) \wedge \forall x(x \in B \to x \in C)$$
$$\Leftrightarrow \forall x(x \in A \to x \in C)$$
$$\Leftrightarrow A \subseteq C$$

集合间的关系也可以用文氏图来表示。文氏图是英国数学家 John Venn 在 1881 年提出的。在文氏图中，用长方形表示全集，用圆形或其他封闭的几何图形表示集合。有时用点表示集合中的特定元素。

例如，集合 $A = \{1, 2, 3\}$ 是所有自然数的子集，即 $A \subseteq \mathbf{N}$，用文氏图表示如图 3-1 所示。若 $A \subseteq B$ 且 $B \subseteq \mathbf{N}$，则 $A \subseteq B$ 的文氏图如图 3-2 所示。

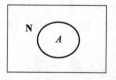
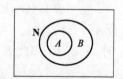

图 3-1 $A \subseteq \mathbf{N}$ 的文氏图   图 3-2 $A \subseteq B$ 的文氏图

> **定义 3-7**：集合 A 的所有子集构成的集合称为 A 的幂集，记作 $P(A)$，符号化表示为 $P(A) = \{x \mid x \subseteq A\}$。

例如，集合 $A = \{1, 2\}$，则按照定义，集合 A 的幂集 $P(A) = \{\varnothing, \{1\},$

$\{2\}$,$\{1,2\}\}$。显然，若集合 A 中有 n 个元素，则幂集 $P(A)$ 有 2^n 个元素。

例 3-2　求下列集合的幂集。

(1) $A = \varnothing$

(2) $A = \{\varnothing\}$

(3) $A = \{\{1,\{2,3\}\}\}$

解：(1) $P(A) = \{\varnothing\}$

(2) $P(A) = \{\varnothing,\{\varnothing\}\}$

(3) $P(A) = \{\varnothing,\{\{1,\{2,3\}\}\}\}$

3.1.3　集合运算

集合运算包括并（$\cup$）、交（$\cap$）、相对补（$-$）、绝对补（$\sim$）和对称差（$\oplus$）。任意两个集合经过上述运算后均可生成新集合。

> **定义 3-8**：设 A、B 为两个集合，由 A 和 B 中的所有元素组成的集合称为 A 与 B 的并集，记作 $A \cup B$，符号化表示为 $A \cup B = \{x \mid x \in A \vee x \in B\}$。

用文氏图表示集合 A 和 B 的并集，如图 3-3 所示。阴影部分为集合 A、B 并运算的结果。

n 个集合 A_1，A_2，$\cdots$，A_n 的并集为

$$\bigcup_{i=1}^{n} A = A_1 \cup A_2 \cup \cdots \cup A_n = \{x \mid \exists i(x \in A_i)\}$$

当 n 无限大时，可以记为

$$\bigcup_{i=1}^{\infty} A = A_1 \cup A_2 \cup \cdots = \{x \mid \exists i(x \in A_i)\}$$

> **定义 3-9**：设 A、B 为两个集合，由 A 和 B 的共同元素组成的集合称为 A 与 B 的交集，记作 $A \cap B$，符号化表示为 $A \cap B = \{x \mid x \in A \wedge x \in B\}$。

用文氏图表示集合 A 和 B 的交集，如图 3-4 所示。阴影部分为集合 A、B 交运算的结果。

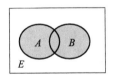

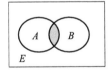

图 3-3　$A \cup B$ 的文氏图　　　　图 3-4　$A \cap B$ 的文氏图

n 个集合 A_1，A_2，$\cdots$，A_n 的交集为

$$\bigcap_{i=1}^{n} A = A_1 \cap A_2 \cap \cdots \cap A_n = \{x \mid \forall i(x \in A_i)\}$$

当 n 无限大时，可以记为

$$\bigcap_{i=1}^{\infty} A = A_1 \cap A_2 \cap \cdots = \{x \mid \forall i(x \in A_i)\}$$

> **定义 3-10**：设 A、B 为两个集合，由在集合 A 中但不在集合 B 中的元素组成的集合称为 A 与 B 的相对补集，记作 $A - B$，符号化表示为 $A - B = \{x \mid x \in A \wedge x \notin B\}$。

用文氏图表示集合 A 和 B 的相对补集，如图 3-5 所示。阴影部分为集合 A、B 相对补运算结果。

> **定义 3-11**：设 A 为集合，由在全集 E 中但不在集合 A 中的元素组成的集合，称为 A 的绝对补集，记作 $\sim A$，符号化表示为 $\sim A = E - A = \{x \mid x \in E \land x \notin A\}$。

用文氏图表示集合 A 的绝对补集，如图 3-6 所示。阴影部分为集合 A 相对全集 E 相对补运算结果。

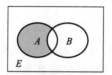 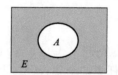

图 3-5 $A - B$ 的文氏图   图 3-6 $\sim A$ 的文氏图

> **定义 3-12**：设 A、B 为两个集合，由在集合 A 中但不在集合 B 中的元素，与在集合 B 中但不在集合 A 中的元素组成的集合，称为 A 与 B 对称差，记作 $A \oplus B$，符号化表示为 $A \oplus B = \{x \mid (x \in A \land x \notin B) \lor (x \in B \land x \notin A)\}$。

用文氏图表示集合 A 和 B 的对称差，如图 3-7 所示。阴影部分为集合 A、B 对称差运算结果。

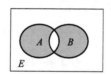

图 3-7 $A \oplus B$ 的文氏图

设 A、B 为任意集合，由对称差定义不难看出，对称差有下列性质。

(1) $A \oplus B = (A - B) \cup (B - A)$

(2) $A \oplus B = (A \cup B) - (B \cap A)$

例 3-3 已知 $A = \{1,2,7,8\}$，$B = \{1,2,3,4,5,6,7\}$，$C = \{0,3,6,9,12,15,18,21,24,27,30\}$，$D = \{1,2,4,8,16,32,64\}$。求下列集合运算。

(1) $A \cup (B \cup (C \cup D))$

(2) $A \cap (B \cap (C \cap D))$

(3) $B - (A \cup C)$

(4) $(\sim A \cup B) \cup D$

(5) $(A \oplus B) \cup D$

解：(1) $A \cup (B \cup (C \cup D)) = \{0,1,2,3,4,5,6,7,$
         $8,9,12,15,16,18,21,24,27,30,32,64\}$

(2) $A \cap (B \cap (C \cap D)) = \varnothing$

(3) $A \cup C = \{0,1,2,3,6,7,8,9,12,15,18,21,24,27,30\}$
     $B - (A \cup C) = \{4,5\}$

(4) $B - A = \{3,4,5,6\}$

　　$(B - A) \cup D = \{1,2,3,4,5,6,8,16,32,64\}$

(5) $A \oplus B = \{3,4,5,6,8\}$

　　$(A \oplus B) \cup D = \{1,2,3,4,5,6,8,16,32,64\}$

3.1.4　集合证明

集合证明是集合论中重要的集合运算，分为集合包含证明和集合恒等证明两大类。下面分别通过例子来具体说明证明方法。集合运算与集合证明都需要遵从一定的算律。下面列出集合运算的主要算律，其中设 A、B 和 C 为任意集合。

同一律	$A \cup \varnothing = A, A \cap E = A$
零律	$A \cup E = E, A \cap \varnothing = \varnothing$
幂等律	$A \cup A = A, A \cap A = A$
双重否定律	$\sim \sim A = A$
交换律	$A \cup B = B \cup A, A \cap B = B \cap A$
结合律	$A \cup (B \cup C) = (A \cup B) \cup C$ $A \cap (B \cap C) = (A \cap B) \cap C$
分配律	$A \cap (B \cup C) = (A \cap B) \cup (A \cap C)$ $A \cup (B \cap C) = (A \cup B) \cap (A \cup C)$
德摩根律	$\sim (A \cup B) = \sim A \cap \sim B \quad \sim (A \cap B) = \sim A \cup \sim B$
吸收律	$A \cup (A \cap B) = A \quad\quad A \cap (A \cup B) = A$
排中律	$A \cup \sim A = E$
矛盾律	$A \cap \sim A = \varnothing$
补交转换律	$A - B = A \cap \sim B$

关于对称差有一些特殊等式如下。

(1) 交换律：$A \oplus B = B \oplus A$

(2) 结合律：$(A \oplus B) \oplus C = A \oplus (B \oplus C)$

(3) $\cap$ 对 $\oplus$ 分配律：$A \cap (B \oplus C) = (A \cap B) \oplus (A \cap C)$

(4) $A \oplus \varnothing = A, A \oplus E = \sim A$

(5) $A \oplus A = \varnothing, A \oplus \sim A = E$

1. 集合包含证明

设 A、B 为两个集合，证明 $A \subseteq B$ 的方法有命题演算法、包含传递法、反证法和并交运算法。

(1) 命题演算法。根据集合包含定义，命题演算法的证明条件是对任意元素 x，当 $x \in A$ 时，利用集合性质或集合运算，最后可以得到 $x \in B$，因此 $A \subseteq B$。下面给出证明过程。

任取 x，有

$$x \in A \Rightarrow \cdots \Rightarrow x \in B$$

以上的省略号代表利用集合性质与集合运算等定义给出的证明步骤。

例3-4　证明 $A \subseteq B \Leftrightarrow P(A) \subseteq P(B)$。

证明：若 $A \subseteq B$ 成立，任取 x，有

$$x \in P(A) \Rightarrow \{x\} \subseteq A \Rightarrow \{x\} \subseteq B \Rightarrow x \in P(B)$$

所以 $A \subseteq B \Rightarrow P(A) \subseteq P(B)$。

若 $P(A) \subseteq P(B)$ 成立，任取 x，有

$$x \in A \Rightarrow \{x\} \subseteq A \Rightarrow \{x\} \in P(A) \Rightarrow \{x\} \in P(B)$$
$$\Rightarrow \{x\} \subseteq B \Rightarrow x \in B$$

所以，$P(A) \subseteq P(B) \Rightarrow A \subseteq B$。故 $A \subseteq B \Leftrightarrow P(A) \subseteq P(B)$。

（2）包含传递法。找到集合 T 满足 $A \subseteq T$ 且 $T \subseteq B$，从而有 $A \subseteq B$。

例3-5　证明 $(A - B) \subseteq (A \cup B)$。

证明：$(A - B) \subseteq A$ 且 $A \subseteq (A \cup B)$，

所以 $(A - B) \subseteq (A \cup B)$。

（3）反证法。欲证 $A \subseteq B$，假设命题不成立，必存在 x，使得 $x \in A$ 且 $x \notin B$，然后推出矛盾，原命题成立。

例3-6　证明 $(A \subseteq C) \wedge (B \subseteq C) \Rightarrow (A \cup B) \subseteq C$。

证明：假设 $(A \cup B) \subseteq C$ 不成立，则 $\exists x(x \in (A \cup B) \wedge x \notin C)$。

因此 $x \in A$ 或 $x \in B$，且 $x \notin C$。

若 $x \in A$，则与 $A \subseteq C$ 矛盾；

若 $x \in B$，则与 $B \subseteq C$ 矛盾。

所以 $(A \subseteq C) \wedge (B \subseteq C) \Rightarrow (A \cup B) \subseteq C$

（4）并交运算法。由已知包含式通过并、交运算产生新的包含式成立，如下：

$$A \subseteq B \Rightarrow (A \cap C) \subseteq (B \cap C)$$
$$A \subseteq B \Rightarrow (A \cup C) \subseteq (B \cup C)$$

根据集合运算的主要算律，利用新的包含式进行集合包含证明。下面通过例子来说明证明过程。

例3-7　证明 $A \cap C \subseteq (B \cap C) \wedge (A - C) \subseteq (B - C) \Rightarrow (A \subseteq B)$。

证明：$(A \cap C) \subseteq (B \cap C), (A - C) \subseteq (B - C)$

上式两边求并，得

$$(A \cap C) \cup (A - C) \subseteq (B \cap C) \cup (B - C)$$
$$\Rightarrow (A \cap C) \cup (A \cap \sim C) \subseteq (B \cap C) \cup (B \cap \sim C)$$
$$\Rightarrow A \cap (C \cup \sim C) \subseteq B \cap (C \cup \sim C)$$
$$\Rightarrow A \cap E \subseteq B \cap E$$
$$\Rightarrow A \subseteq B$$

所以 $(A \cap C) \subseteq (B \cap C), (A - C) \subseteq (B - C)$。

2. 集合恒等证明

设 A、B 为两个集合，证明 $A = B$ 同样也存在很多方法，下面具体介绍。

（1）命题演算法。根据集合包含定义，命题演算法的证明条件是对任意元素 x，当 $x \in A$ 时，利用集合性质或集合运算，最后可以得到 $x \in B$，因此 $A \subseteq B$。反之，当 $x \in B$ 时，利用集合性质或集合运算，最后可以得到 $x \in A$，因此 $B \subseteq A$。所以，$A = B$。下面给出证明过程。

任取 x，$x \in A \Rightarrow \cdots \Rightarrow x \in B$，并且 $x \in B \Rightarrow \cdots \Rightarrow x \in A$。

上述过程可以简化为

$$x \in A \Leftrightarrow \cdots \Leftrightarrow x \in B$$

以上的省略号代表利用集合性质与集合运算等定义给出的证明步骤。

例 3-8　证明 $A \cup (A \cap B) = A$（吸收律）。

证明：任取 x，有

$$x \in A \cup (A \cap B) \Leftrightarrow x \in A \bigvee x \in (A \cap B)$$
$$\Leftrightarrow x \in A \bigvee (x \in A \bigwedge x \in B) \Leftrightarrow x \in A$$

例 3-9　证明 $\sim (A \cap B) = \sim A \cup \sim B$。

证明：根据命题演算法要证 $\sim (A \cap B) \subseteq (\sim A \cup \sim B)$ 和 $(\sim A \cup \sim B) \subseteq \sim (A \cap B)$。

二维码 3-6 视频
集合相等命题演
算法

① 先证 $\sim (A \cap B) \subseteq \sim A \cup \sim B$。

任取 x，

$x \in \sim (A \cap B)$	条件
$x \notin (A \cap B)$	集合绝对补定义
$\neg ((x \in A) \bigwedge (x \in B))$	元素不属于集合定义
$\neg (x \in A) \bigvee \neg (x \in B)$	德摩根律
$(x \notin A) \bigvee (x \notin B)$	否定定义
$(x \in \bar{A}) \bigvee (x \in \bar{B})$	集合绝对补定义
$x \in (\bar{A} \cup \bar{B})$	集合并定义

② 再证 $(\sim A \cup \sim B) \subseteq \sim (A \cap B)$。

任取 x，

$x \in (\sim A \cup \sim B)$	条件
$(x \in \sim A) \bigvee (x \in \sim B)$	集合并运算定义
$(x \notin A) \bigvee (x \notin B)$	集合绝对补定义
$\neg (x \in A) \bigvee \neg (x \in B)$	否定定义
$\neg ((x \in A) \bigwedge (x \in B))$	德摩根律
$\neg (x \in (A \cap B))$	集合交运算定义
$x \in \sim (A \cap B)$	集合绝对补定义

（2）等式代入法。等式代入法是在证明的每一步不断运用上述等式进行代入化简，最终得到等式两边相等。

例3-10　证明 $(A - B) - C = (A - C) - (B - C)$。

证明：

$$
\begin{aligned}
右式 &= (A - C) - (B - C) \\
&= (A \cap \sim C) \cap \sim (B \cap \sim C) \\
&= (A \cap \sim C) \cap (\sim B \cup \sim \sim C) \\
&= (A \cap \sim C) \cap (\sim B \cup C) \\
&= (A \cap \sim C \cap \sim B) \cup (A \cap \sim C \cap C) \\
&= (A \cap \sim C \cap \sim B) \cup (A \cap \varnothing) \\
&= A \cap \sim C \cap \sim B \\
&= (A \cap \sim B) \cap \sim C \\
&= (A - B) - C
\end{aligned}
$$

例3-11　证明 $(A \cup B) \oplus (A \cup C) = (B \oplus C) - A$。

证明：

$$
\begin{aligned}
左式 &= (A \cup B) \oplus (A \cup C) \\
&= ((A \cup B) - (A \cup C)) \cup ((A \cup C) - (A \cup B)) \\
&= ((A \cup B) \cap \sim A \cap \sim C) \cup ((A \cup C) \cap \sim A \cap \sim B) \\
&= (B \cap \sim A \cap \sim C)) \cup (C \cap \sim A \cap \sim B)) \\
&= ((B \cap \sim C) \cup (C \cap \sim B)) \cap \sim A \\
&= ((B - C) \cup (C - B)) \cap \sim A \\
&= (B \oplus C) - A
\end{aligned}
$$

（3）反证法。假设 $A = B$ 不成立，则存在 x 使得 $x \in A$ 且 $x \notin B$，或者存在 x 使得 $x \in B$ 且 $x \notin A$，然后推出矛盾。

3.1.5　集合的计算机表示方法

在计算机中表示集合的方法有很多。一般集合表示方法有两种，第一种是集合中元素以无序方式表示；第二种是集合中元素以有序方式表示。为了提高集合操作的效率，通常采用第二种方法来表示集合。

假设通用集合 U 是有限的。首先，可以人为地指定集合中元素的顺序。如果 A 是集合 U 的子集，则用长度为 n 的字符串来表示。其中，如果处在第 i 位的元素属于集合 A，则此字符串中的第 i 位为1。否则，此字符串中的第 i 位为0。下面通过例子来说明。

例3-12　集合 $U = \{1,2,3,4,5,6,7,8,9,10\}$，集合 U 中元素顺序是递增的，即 $a_i = i$。

试用字符串来表示集合 U 中的所有奇数、所有偶数以及不超过 5 的整数，并求 $\{1,2,3,4,5\}$ 和 $\{1,3,5,7,9\}$ 的交、并运算。

解：集合 U 的所有奇数集合为 $\{1,3,5,7,9\}$，可以表示为

$$10\ 1010\ 1010$$

集合 U 的所有偶数集合为 $\{2,4,6,8,10\}$，可以表示为

$$01\ 0101\ 0101$$

集合 U 中不超过 5 的整数集合为 $\{1,2,3,4,5\}$，可表示为

$$11\ 1110\ 0000$$

$\{1,2,3,4,5\}$ 和 $\{1,3,5,7,9\}$ 的交、并运算如下。

并运算：

$$11\ 1110\ 0000\ \vee\ 10\ 1010\ 1010\ =\ 11\ 1110\ 1010$$

交运算：

$$11\ 1110\ 0000\ \wedge\ 10\ 1010\ 1010\ =\ 10\ 1010\ 0000$$

3.2 矩阵

矩阵是有用的离散结构，可以应用于多个领域。例如，矩阵可以表示二元关系中集合间元素的对应关系，也可以用于描述某些类型的函数，称为线性变换。在图论中矩阵也可以用来表示顶点与边的连接情况。因此在讲二元关系与图论前，在本节先介绍矩阵的基本概念及基本运算。

3.2.1 矩阵概念

> **定义 3-13**：一般而言，所谓矩阵就是一组数的全体，在方括号内排列成 m 行 n 列（横向称为行，纵向称为列）的一个数表，称为 $m \times n$ 矩阵。行数与列数相同的矩阵称为方阵。如果两个矩阵具有相同的行数和相同的列数，并且每个位置对应的值相等，则称矩阵相等。

例如，$\begin{bmatrix} 1 & 1 \\ 0 & 2 \\ 1 & 3 \end{bmatrix}$ 是一个 3×2 的矩阵。

值得注意的是，m 和 n 是正整数，矩阵 A 为

$$A = \begin{bmatrix} a_{11} & a_{12} & \cdots & a_{1n} \\ a_{21} & a_{22} & \cdots & a_{2n} \\ \vdots & \vdots & & \vdots \\ a_{m1} & a_{m2} & \cdots & a_{mn} \end{bmatrix}$$

矩阵 A 的第 i 行是一个 $1 \times n$ 矩阵，记为 $[a_{i1}, a_{i2}, \cdots, a_{in}]$，$1 \times n$ 矩阵也称为行向量。矩阵 A 的第 j 列是一个 $m \times 1$ 矩阵。记为

$$\begin{bmatrix} a_{1j} \\ a_{2j} \\ \vdots \\ a_{mj} \end{bmatrix}$$

$m \times 1$ 矩阵也称为列向量。矩阵 A 的第 i 行第 j 列的元素记为 a_{ij}，下标 i 表示第 i 行，下标 j 表示第 j 列。一般用 $A = [a_{ij}]$ 表示矩阵，且第 i 行第 j 列的元素值为 a_{ij}。

> **定义 3-14**：设 I_n 是 $n \times n$ 矩阵且 $I_n = [\delta_{ij}]$，若当 $i = j$ 时，$\delta_{ij} = 1$；当 $i \neq j$ 时，$\delta_{ij} = 0$，则称 I_n 为单位矩阵。

根据上述定义，可得下面的矩阵为单位矩阵。A 是 $m \times n$ 矩阵，则 $AI_n = I_m A = A$。

$$I_n = \begin{bmatrix} 1 & 0 & \cdots & 0 \\ 0 & 1 & \cdots & 0 \\ \vdots & \vdots & & \vdots \\ 0 & 0 & \cdots & 1 \end{bmatrix}$$

> **定义 3-15**：若矩阵元素值不是 0 就是 1，则称该矩阵为 0-1 矩阵，也称为布尔矩阵。

3.2.2 矩阵基本运算

矩阵基本运算包括加法、乘法、幂和转置等，下面分别介绍具体的计算过程。

1. 加法

> **定义 3-16**：设 A 和 B 均是 $m \times n$ 矩阵，且 $A = [a_{ij}]$，$B = [b_{ij}]$。则 A 和 B 的和也是一个 $m \times n$ 矩阵，记作 $A + B$；且 $A + B$ 矩阵第 i 行第 j 列的元素为 $a_{ij} + b_{ij}$，即 $A + B = [a_{ij} + b_{ij}]$。

由定义不难看出，能做矩阵加法运算的两个矩阵必须具有相同尺寸，否则不能做矩阵加法运算。例如：

$$\begin{bmatrix} 1 & 0 & -1 \\ 2 & 2 & -3 \\ 3 & 4 & 0 \end{bmatrix} + \begin{bmatrix} 3 & 4 & -1 \\ 1 & -3 & 0 \\ 3 & 4 & 0 \end{bmatrix} = \begin{bmatrix} 4 & 4 & -2 \\ 3 & -1 & -3 \\ 6 & 8 & 0 \end{bmatrix}$$

2. 乘法

> **定义 3-17**：设 A 是 $m \times k$ 矩阵，B 是 $k \times n$ 矩阵，且 $A = [a_{ij}]$，$B = [b_{ij}]$。A 和 B 的积是一个 $m \times n$ 矩阵，记作 $A \times B$；且 $A \times B$ 矩阵第 i 行第 j 列的元素为 A 的第 i 行和 B 的第 j 列对应元素的乘积之和，即 $AB = [c_{ij}]$ 且 $c_{ij} = a_{i1}b_{1j} + a_{i2}b_{2j} + \cdots + a_{ik}b_{kj}$。

当第一个矩阵中的列数与第二个矩阵中的行数不相同时，两个矩阵不能进行矩阵乘法运算。

下面给出矩阵相乘的具体过程。$A = [a_{ij}]$ 和 $B = [b_{ij}]$ 的矩阵如下：

$$A = \begin{bmatrix} a_{11} & a_{12} & \cdots & a_{1k} \\ a_{21} & a_{22} & \cdots & a_{2k} \\ \vdots & \vdots & & \vdots \\ a_{i1} & a_{i2} & & a_{ik} \\ \vdots & \vdots & & \vdots \\ a_{m1} & a_{m2} & \cdots & a_{mk} \end{bmatrix} \quad B = \begin{bmatrix} b_{11} & b_{12} & \cdots & b_{1j} & \cdots & b_{1n} \\ b_{21} & b_{22} & \cdots & b_{2j} & \cdots & b_{2n} \\ \vdots & \vdots & & \vdots & & \vdots \\ b_{i1} & b_{i2} & \cdots & b_{ij} & \cdots & b_{in} \\ \vdots & \vdots & & \vdots & & \vdots \\ b_{k1} & b_{k2} & \cdots & b_{kj} & \cdots & b_{kn} \end{bmatrix}$$

根据矩阵乘法运算规则得到第 i 行第 j 列位置对应的元素值为

$$c_{ij} = a_{i1}b_{1j} + a_{i2}b_{2j} + \cdots + a_{ik}b_{kj}$$

由此，可以得到矩阵 $A = [a_{ij}]$ 和矩阵 $B = [b_{ij}]$ 的乘积为

$$AB = \begin{bmatrix} c_{11} & c_{12} & \cdots & \cdots & \cdots & c_{1n} \\ c_{21} & c_{22} & \cdots & \cdots & \cdots & c_{2n} \\ \vdots & \vdots & & & & \vdots \\ c_{i1} & c_{i2} & \cdots & c_{ij} & \cdots & c_{in} \\ \vdots & \vdots & & & & \vdots \\ c_{m1} & c_{m2} & \cdots & \cdots & \cdots & c_{mk} \end{bmatrix}$$

这里需要注意的是，矩阵乘法不满足交换律。例如，若 $A = \begin{bmatrix} 1 & 1 \\ 2 & 1 \end{bmatrix}$，$B = \begin{bmatrix} 2 & 1 \\ 1 & 1 \end{bmatrix}$，则 $AB = \begin{bmatrix} 3 & 2 \\ 5 & 3 \end{bmatrix}$，而 $BA = \begin{bmatrix} 4 & 3 \\ 3 & 2 \end{bmatrix}$，显然 $AB \neq BA$，因此矩阵乘法不满足交换律。

3. 幂

当两个矩阵相同时，矩阵的乘法运算就变成求矩阵的 2 次幂。因此，若 A 是 $m \times m$ 矩阵，矩阵 A 的 n 次幂为

$$A^n = AAA \cdots A$$

这里 n 代表矩阵 A 进行 n 次相乘，当 n 为 0 时，$A^0 = I_m$。

4. 转置

定义 3-18：设 A 是 $m \times n$ 矩阵，且 $A = [a_{ij}]$。则 A 的转置是一个 $n \times m$ 矩阵，记作 A^T，且 $A^T = [a_{ji}]$。其中，$i = 1, 2, \cdots, m$；$j = 1, 2, \cdots, n$。

例如，矩阵 $\begin{bmatrix} 1 & 4 \\ 2 & 5 \\ 3 & 6 \end{bmatrix}$ 的转置是 $\begin{bmatrix} 1 & 2 & 3 \\ 4 & 5 & 6 \end{bmatrix}$。

定义 3-19：设 A 是 $m \times m$ 方阵，当 $A = A^T$ 时，即 $a_{ij} = a_{ji}$（$1 \leq i \leq m$；$1 \leq j \leq m$），则称 A 为对称矩阵。

例如，矩阵 $\begin{bmatrix} 1 & 1 & 0 \\ 1 & 0 & 1 \\ 0 & 1 & 0 \end{bmatrix}$ 是方阵，且是对称矩阵。

3.2.3 布尔矩阵运算

0-1 矩阵的运算是基于以下两种元素间的布尔运算定义的，运算规则如下：

$$b_1 \wedge b_2 = \begin{cases} 1 & b_1 = b_2 = 1 \\ 0 & 其他取值 \end{cases}$$

$$b_1 \vee b_2 = \begin{cases} 1 & b_1 = 1 \text{ 或 } b_2 = 1 \\ 0 & 其他取值 \end{cases}$$

定义 3-20：设 A 和 B 都是 $m \times n$ 阶的 0-1 矩阵，矩阵 A 和 B 的逻辑或运算定义为第 i 行与第 j 列元素的值做或运算 $a_{ij} \vee b_{ij}$，记为 $A \vee B$。矩阵 A 和 B 的逻辑与运算定义为第 i 行与第 j 列元素的值做与运算 $a_{ij} \wedge b_{ij}$，记为 $A \wedge B$。

例 3-13 求矩阵 A 和 B 的逻辑与和逻辑或。

$$A = \begin{bmatrix} 1 & 0 & 1 \\ 0 & 1 & 0 \end{bmatrix}, B = \begin{bmatrix} 0 & 1 & 0 \\ 1 & 1 & 0 \end{bmatrix}$$

解：A 和 B 的逻辑或：$A \vee B = \begin{bmatrix} 1 \vee 0 & 0 \vee 1 & 1 \vee 0 \\ 0 \vee 1 & 1 \vee 1 & 0 \vee 0 \end{bmatrix} = \begin{bmatrix} 1 & 1 & 1 \\ 1 & 1 & 0 \end{bmatrix}$

A 和 B 的逻辑与：$A \wedge B = \begin{bmatrix} 1 \wedge 0 & 0 \wedge 1 & 1 \wedge 0 \\ 0 \wedge 1 & 1 \wedge 1 & 0 \wedge 0 \end{bmatrix} = \begin{bmatrix} 0 & 0 & 0 \\ 0 & 1 & 0 \end{bmatrix}$

定义 3-21：设 A 是 $m \times k$ 阶的 0-1 矩阵，B 是 $k \times n$ 阶的 0-1 矩阵。矩阵 A 和 B 的布尔积记为 $A \odot B$。$A \odot B$ 第 i 行第 j 列元素为 c_{ij}，其值为 $c_{ij} = (a_{i1} \wedge b_{1j}) \vee (a_{i2} \wedge b_{2j}) \vee \cdots \vee (a_{ik} \wedge b_{kj})$。

例如，有两个矩阵 $A = \begin{bmatrix} 1 & 0 \\ 0 & 1 \\ 1 & 0 \end{bmatrix}, B = \begin{bmatrix} 1 & 1 & 0 \\ 0 & 1 & 1 \end{bmatrix}$，矩阵 A 和矩阵 B 的布尔积计算过程如下。

$$A \odot B = \begin{bmatrix} (1 \wedge 1) \vee (0 \wedge 0) & (1 \wedge 1) \vee (0 \wedge 1) & (1 \wedge 0) \vee (0 \wedge 1) \\ (0 \wedge 1) \vee (1 \wedge 0) & (0 \wedge 1) \vee (1 \wedge 1) & (0 \wedge 0) \vee (1 \wedge 1) \\ (1 \wedge 1) \vee (0 \wedge 0) & (1 \wedge 1) \vee (0 \wedge 1) & (1 \wedge 0) \vee (0 \wedge 1) \end{bmatrix}$$

$$= \begin{bmatrix} 1 \vee 0 & 1 \vee 0 & 0 \vee 0 \\ 0 \vee 0 & 0 \vee 1 & 0 \vee 1 \\ 1 \vee 0 & 1 \vee 0 & 0 \vee 0 \end{bmatrix}$$

$$= \begin{bmatrix} 1 & 1 & 0 \\ 0 & 1 & 1 \\ 1 & 1 & 0 \end{bmatrix}$$

故矩阵 A 是 3×2 矩阵，矩阵 B 是 2×3 矩阵，它们的布尔积计算结果是一个 3×3 矩阵，记为 $\begin{bmatrix} 1 & 1 & 0 \\ 0 & 1 & 1 \\ 1 & 1 & 0 \end{bmatrix}$。

定义 3-22：设 A 是 $m \times m$ 阶的 0-1 方阵，r 是一个正整数。A 的 r 次布尔积为 $A^{[r]} = A \odot A \odot \cdots \odot A$，记为 $A^{[r]}$，其中 $A^{[0]}$ 为 I_n。

例 3-14　矩阵 $A = \begin{bmatrix} 0 & 0 & 1 \\ 1 & 0 & 0 \\ 1 & 1 & 0 \end{bmatrix}$，计算 A^n，n 为正整数。

解：$A^{[2]} = A \odot A = \begin{bmatrix} 1 & 1 & 0 \\ 0 & 0 & 1 \\ 1 & 0 & 1 \end{bmatrix}$，$A^{[3]} = A^{[2]} \odot A = \begin{bmatrix} 1 & 0 & 1 \\ 1 & 1 & 0 \\ 1 & 1 & 1 \end{bmatrix}$

$A^{[4]} = A^{[3]} \odot A = \begin{bmatrix} 1 & 1 & 1 \\ 1 & 0 & 1 \\ 1 & 1 & 1 \end{bmatrix}$，$A^{[5]} = \begin{bmatrix} 1 & 1 & 1 \\ 1 & 1 & 1 \\ 1 & 1 & 1 \end{bmatrix}$

当 $n \geqslant 5$ 时，通过计算可知：$A^{[n]} = A^{[5]}$。

3.3　习题

1. 判断下列集合是否相等。

（1）$\{1,2,3\}$ 和 $\{1,1,3,2,2\}$。

（2）$\{\varnothing\}$ 和 $\varnothing$。

（3）$\{\varnothing\}$ 和 $\{\{\varnothing\},\varnothing\}$。

2. 设集合 $A = \{1,2,3,4,5,6\}$，集合 $B = \{0,3,6\}$，试计算下列各式。

（1）$A \cup B$

（2）$A \cap \sim B$

（3）$A - B$

（4）$(B \cup C) - A$

（5）$A \oplus B$

（6）$B \oplus \sim A$

3. 判断下列各式是否正确。

（1）$x \in \{x,y\}$

（2）$\{x\} \in \{x,y\}$

（3）$\{x\} \subseteq \{x,y\}$

（4）$\varnothing \in \{\varnothing\}$

（5）$\varnothing \subseteq \{\varnothing\}$

（6）$\varnothing \subseteq \varnothing$

（7）$\varnothing \in \varnothing$

（8）$\{x,y\} \subseteq \{x,y,z,\{x,y\}\}$

（9）$\{x,y\} \in \{x,y,z,\{x,y\}\}$

（10）$\{x,y\} \in \{x,y,z,\{\{x,y\}\}\}$

4. 求下列集合的幂集。

(1) $\varnothing$

(2) $\{1,\{a,b\}\}$

(3) $\{\varnothing,\{\varnothing\}\}$

(4) $\{2,2,2,3\}$

5. 设 $A = \{\varnothing\}$，$B = \{1,2\}$，试计算 $P(A) \oplus P(B)$。

6. 请用文氏图表示以下集合。

(1) $(A \cup B) \cap \sim B$

(2) $C - (A \oplus B)$

(3) $(A \cap \sim B) \cup (B \oplus C)$

(4) $A \oplus (B \cup C)$

(5) $A \cap (B - C)$

7. 设 A 和 B 是任意集合，证明下列恒等式。

(1) $A \oplus B = (A \cup B) - (A \cap B)$

(2) $A \oplus B = (A - B) \cup (B - A)$

(3) $A \oplus A = \varnothing$

(4) $A \oplus \varnothing = A$

(5) $A \cap (B - A) = \varnothing$

(6) $(A \cap B) \cup (A - B) = A$

8. 已知 A、B、C 是三个集合，证明下列公式。

(1) $P(A) \cap P(B) = P(A \cap B)$

(2) $P(A) \cup P(B) \subseteq P(A \cup B)$

(3) $A \cap (B \cup C) = (A \cap B) \cup (A \cap C)$

9. 已知 A、B、C 是三个集合，证明下列公式。

(1) $(A \cap C) \subseteq (B \cap C) \wedge (A - C) \subseteq (B - C) \Rightarrow A \subseteq B$

(2) $(A \cup B) = (A \cup C) \wedge (A \cap B) = (A \cap C) \Rightarrow B = C$

10. 假设全集 $E = \{1,2,3,4,5,6,7,8,9,10\}$。如果 i 在集合中，则字符串中第 i 位为 1，否则为 0。请按上述规则的位字符串表示下列集合。

(1) $\{3,4,5\}$

(2) $\{1,3,6,10\}$

(3) $\{2,3,4,7,8,9\}$

11. 设矩阵 $A = \begin{bmatrix} 1 & 4 \\ 2 & 1 \end{bmatrix}$，计算下列各式。

(1) A^T (2) $(A^T)^2$ (3) $(A^T)^3$

12. 设矩阵 $A = \begin{bmatrix} 2 & 1 \\ 1 & 3 \end{bmatrix}$，计算下列各式。

(1) A^2 (2) A^3

13. 设矩阵 $A = \begin{bmatrix} 1 & 1 & 0 \\ 0 & 1 & 0 \\ 0 & 0 & 1 \end{bmatrix}$，$B = \begin{bmatrix} 0 & 1 & 0 \\ 1 & 1 & 0 \\ 1 & 0 & 1 \end{bmatrix}$，计算下列各式。

（1）$A + B$　　（2）A^{T}　　（3）B^{T}

14. 设矩阵 $A = \begin{bmatrix} 1 & 1 & 1 \\ 0 & 1 & 1 \\ 1 & 0 & 1 \end{bmatrix}$，$B = \begin{bmatrix} 2 & 1 & 0 \\ 1 & 1 & 0 \\ 1 & 2 & 1 \end{bmatrix}$，计算下列各式。

（1）AB　　（2）$A^{\mathrm{T}}B$　　（3）$A^{\mathrm{T}}B^{\mathrm{T}}$

15. 设矩阵 $A = \begin{bmatrix} 1 & 1 & 0 \\ 0 & 1 & 0 \\ 0 & 0 & 1 \end{bmatrix}$，$B = \begin{bmatrix} 0 & 1 & 0 \\ 1 & 1 & 0 \\ 1 & 0 & 1 \end{bmatrix}$，计算下列各式。

（1）$A \vee B$　　（2）$A \wedge B$　　（3）$A \odot B$

第4章 关系和函数

集合元素之间的关系在许多情况下都存在。例如，每天都要处理的客户与其电话号码、雇员与其工资之间的关系等；在数学中，研究的正整数的整除关系、正整数模 5 运算的关系等。

集合元素之间的关系称为关系的结构表示，它是集合笛卡儿积的子集。关系可以用于解决以下问题，例如，确定航空公司通过航班连接了哪些城市，为复杂项目的不同阶段找到可行顺序，或者提供一种在计算机数据库中存储信息的有用方法等。

4.1 关系

4.1.1 关系概念

> **定义 4-1**：由元素 a 和 b 按一定的顺序排列成的二元组叫作有序对（或有序偶），记作 $< a,b >$。a 称为二元组的第一个元素，b 称为二元组的第二个元素。

$< a,b >$ 也可以表示为 (a,b)，有序对表示有一定次序的两个元素间的关系。例如，平面坐标系下的点坐标 $(2,-1)$ 和 $(-1,2)$ 表示两个不同的点。由此，可得有序对具有以下性质。

（1）当 $a \neq b$ 时，$< a,b > \neq < b,a >$。

（2）两个有序对相等的充分必要条件是两个有序对的第一个元素和第二个元素分别相等，即 $< a,b > = < c,d > \Leftrightarrow (a = c) \wedge (b = d)$。

> **定义 4-2**：由 n 个元素 a_1，a_2，$\cdots$，a_n 按一定的顺序排列成一个序列 $< a_1, a_2, \cdots, a_n >$，称为有序 n 元组。其中，a_1 称为 n 元组的第一个元素，a_2 称为 n 元组的第二个元素，$\cdots$，a_n 称为 n 元组的第 n 个元素。

有序 n 元组 $< a_1, a_2, \cdots, a_n >$ 可以表示为 $(a_1, a_2, \cdots, a_n)$，$(a_1, a_2, \cdots, a_n)$ 也称为 n 维向量。n 元组表示有一定次序的多元素间的关系。例如，在 n 维空间中，点坐标或 n 维向量都是有序 n 元组，$(2,1,-3)$ 是三维空间直角坐标系中的点坐标，向量 $(1,3,1,1,2)$ 就是一个 5 维向量。

两个有序 n 元组相等的充分必要条件是两个有序 n 元组对应的元素分别相等，即 $< a_1, a_2, \cdots, a_n > = < b_1, b_2, \cdots, b_n > \Leftrightarrow (a_1 = b_1) \wedge (a_2 = b_2) \wedge \cdots \wedge (a_n = b_n)$。

定义 4-3：设 A、B 为集合，有序对 $<a，b>$ 的第一个元素 a 为 A 中元素，第二个元素 b 为 B 中元素，所有像 $<a，b>$ 这样的有序对组成的集合，称为 A 和 B 的笛卡儿积，记为 $A \times B$。笛卡儿积表示为 $A \times B = \{<a,b> | a \in A \wedge b \in B\}$。

例 4-1 已知 $A = \{1,2,4\}$，$B = \{a,b\}$，求 $A \times B$、$B \times A$、$\varnothing \times A$ 和 $B \times \varnothing$。

解：$A \times B = \{<1,a>，<1,b>，<2,a>，<2,b>，<4,a>，<4,b>\}$

$B \times A = \{<a,1>，<a,2>，<a,4>，<b,1>，<b,2>，<b,4>\}$

$\varnothing \times A = \varnothing$

$B \times \varnothing = \varnothing$

例 4-2 已知 $A = \{1,2,4\}$，$B = \{a,b\}$ 和 $C = \{4\}$，求 $(A \times B) \times C$、$A \times (B \times C)$、$A \times (B \cup C)$、$(A \times B) \cup (A \times C)$、$A \times (B \cap C)$ 和 $(A \times B) \cap (A \times C)$。

解：$(A \times B) \times C = \{<<1,a>,4>，<<1,b>,4>，<<2,a>,4>，<<2,b>,4>，<<4,a>,4>，<<4,b>,4>\}$

$A \times (B \times C) = \{<1，<a,4>>，<1，<b,4>>，<2，<a,4>>，<2，<b,4>>，<4，<a,4>>，<4，<b,4>>\}$

$A \times (B \cup C) = \{<1,a>，<1,b>，<1,4>，<2,a>，<2,b>，<2,4>，<4,a>，<4,b>，<4,4>\}$

$(A \times B) \cup (A \times C) = \{<1,a>，<1,b>，<1,4>，<2,a>，<2,b>，<2,4>，<4,a>，<4,b>，<4,4>\}$

$A \times (B \cap C) = \varnothing$

$(A \times B) \cap (A \times C) = \varnothing$

由上面两个例子可得笛卡儿积具有以下性质：

（1）当集合 A、B 不为空集且 $A \neq B$ 时，笛卡儿积不满足交换律，即
$$A \times B \neq B \times A$$

（2）$A \times B = \varnothing$，当且仅当 $A = \varnothing$ 或 $B = \varnothing$。

（3）当集合 A、B 和 C 均不为空集时，笛卡儿积不满足结合律，即
$$(A \times B) \times C \neq A \times (B \times C)$$

（4）当 A、B 和 C 为任意集合时，则
$$A \times (B \cup C) = (A \times B) \cup (A \times C)$$
$$A \times (B \cap C) = (A \times B) \cap (A \times C)$$
$$(A \cup B) \times C = (A \times C) \cup (B \times C)$$
$$(A \cap B) \times C = (A \times C) \cap (B \times C)$$

下面给出性质（4）中第三个等式的证明过程，其他等式请自行证明。

证明：任取有序对 $<x,y>$，有

$<x,y> \in (A \cup B) \times C$

$\Leftrightarrow x \in (A \cup B) \wedge y \in C$ 笛卡儿积定义

二维码 4-1 视频
笛卡儿积分配率
证明

$$\Leftrightarrow (x \in A \lor x \in B) \land y \in C \qquad\qquad 集合并定义$$
$$\Leftrightarrow (x \in A \land y \in C) \lor (x \in B \land y \in C) \qquad \land 对 \lor 的分配律$$
$$\Leftrightarrow <x,y> \in A \times C \lor <x,y> \in B \times C \qquad 笛卡儿积定义$$
$$\Leftrightarrow <x,y> \in (A \times C) \cup (B \times C) \qquad\qquad 集合并定义$$

定义 4-4：设 A_1，A_2，$\cdots$，A_n 为任意 n 个集合，这 n 个集合的笛卡儿积记为 $A_1 \times A_2 \times \cdots \times A_n$。笛卡儿积表示为 $A_1 \times A_2 \times \cdots \times A_n = \{ <x_1, x_2, \cdots, x_n> | x_1 \in A_1 \land x_2 \in A_2 \land \cdots \land x_n \in A_n\}$。

例 4-3　证明 $A \times (B - C) = (A \times B) - (A \times C)$。

解：任取有序对 $<x, y>$，有

$$<x,y> \in A \times (B - C)$$
$$\Leftrightarrow x \in A \land y \in (B - C) \qquad\qquad 笛卡儿积定义$$
$$\Leftrightarrow x \in A \land (y \in B \land y \notin C) \qquad\qquad 相对补定义$$
$$\Leftrightarrow (x \subset A \land y \in B) \land (x \in A \land y \notin C) \qquad 化简$$
$$\Leftrightarrow <x,y> \in A \times B \land <x,y> \notin A \times C \qquad 笛卡儿积定义$$
$$\Leftrightarrow <x,y> \in (A \times B) - (A \times C) \qquad\qquad 相对补定义$$

　　下面介绍和笛卡儿积密切相关的一个重要概念——关系。关系是在日常生活和数学上很重要的概念。比如日常生活中父亲、母亲和孩子之间构成家人关系，而父亲与孩子之间为父子或父女关系。像家人这类表示三个或三个以上对象间的关系称为多元关系，而像父子这类表示两个元素或对象间的关系称为二元关系，它表示集合中的两个元素之间的某种相关性。本书主要讨论二元关系。

二维码 4-2 视频
二元关系

定义 4-5：若一个集合是空集或它的元素都是有序对，则称这个集合为二元关系，记为 R，若 $<x,y> \in R$，则称 x 与 y 有 R 关系，记作 xRy。若 $<x,y> \notin R$，则称 x 与 y 没有 R 关系，记作 $x\bar{R}y$。

　　例如，$R = \{ <1,2>, <a,b> \}$，$S = \{ <1,2>, a, b \}$。根据定义可知 R 是二元关系，当 a、b 不是有序对时，S 不是二元关系。对于关系 R 而言，因为 $<1,2> \in R \land <a,b> \in R$，根据上面的记法，可以写 $1R2$、aRb、$a\bar{R}2$ 等。

定义 4-6：设 A、B 为集合，$A \times B$ 的任意一个子集是集合 A 到集合 B 的一个二元关系，当 A 等于 B 时，称 R 为 A 上的二元关系。

　　例如，$A = \{0,1\}$，$B = \{1,2,3\}$，$R_1 = \{ <0,2> \}$，$R_2 = A \times B$，$R_3 = \varnothing$，$R_4 = \{ <0,1> \}$。那么 R_1 和 R_2 是集合 A 到集合 B 的二元关系，而 R_3 和 R_4 既是集合 A 到集合 B 的二元关系，又是集合 A 上的二元关系。其中 $R_3 = \varnothing$，称 $\varnothing$ 为集合 A 到集合 B 或集合 A 上的空关系，表示集合 A 到集合 B 不存在某种关系。$A \times B$ 称为集合 A 到集合 B 的全域关系，表示集合 A 中的每个元素和集合 B 中的每个元素都存在某种关系。$A \times A$ 称为集合 A 上的全域关系，记为 E_A。$I_A = \{ <x,x> | x \in A \}$，称为 A 上的恒等关系。例如，上述集合 A

上的恒等关系 $I_A = \{ <0,0>, <1,1> \}$。

对于集合 A、B，若 $|A| = n$，$|B| = m$，则 $|A \times B| = nm$，$A \times B$ 的子集有 2^{nm} 个，故集合 A 到集合 B 有 2^{nm} 种不同的二元关系。如果 $A = B$，则 $|A \times A| = n^2$，$A \times A$ 的子集有 2^{n^2} 个，故集合 A 上有 2^{n^2} 种不同的二元关系。

例 4-4　集合 $A = \{0,1\}$，$B = \{a,b\}$，给出集合 A 到集合 B 所有的二元关系。

解：$A \times B = \{ <0,a>, <0,b>, <1,a>, <1,b> \}$，故 $A \times B$ 的所有子集如下。

$R_1 = \varnothing$，$R_2 = \{ <0,a> \}$，$R_3 = \{ <0,b> \}$，$R_4 = \{ <1,a> \}$，$R_5 = \{ <1,b> \}$，$R_6 = \{ <0,a>, <0,b> \}$，$R_7 = \{ <0,a>, <1,a> \}$，$R_8 = \{ <0,a>, <1,b> \}$，$R_9 = \{ <0,b>, <1,a> \}$，$R_{10} = \{ <0,b>, <1,b> \}$，$R_{11} = \{ <1,a>, <1,b> \}$，$R_{12} = \{ <0,a>, <0,b>, <1,a> \}$，$R_{13} = \{ <0,a>, <0,b>, <1,b> \}$，$R_{14} = \{ <0,a>, <1,a>, <1,b> \}$，$R_{15} = \{ <0,b>, <1,a>, <1,b> \}$，$R_{16} = \{ <0,a>, <0,b>, <1,a>, <1,b> \}$。

其中，R_1 是空关系，R_{16} 是全域关系。

例 4-5　集合 $A = \{0,1\}$，给出集合 A 上的全域关系和恒等关系。

解：全域关系 $E_A = \{ <0,0>, <0,1>, <1,0>, <1,1> \}$

恒等关系 $I_A = \{ <0,0>, <1,1> \}$

例 4-6　集合 $A = \{1,2,3,4\}$，给出集合 A 上的整除关系和小于或等于关系。

解：整除关系 $D_A = \{ <1,1>, <1,2>, <1,3>, <1,4>, <2,2>, <2,4>, <3,3>, <4,4> \}$。

小于或等于关系 $L_A = \{ <1,1>, <1,2>, <1,3>, <1,4>, <2,2>, <2,3>, <2,4>, <3,3>, <3,4>, <4,4> \}$。

> **定义 4-7**：设 A_1，A_2，$\cdots$，A_n 为 n 个集合。$A_1 \times A_2 \times \cdots \times A_n$ 的任意一个子集，称为 A_1，A_2，$\cdots$，A_n 之间的一个 n 元关系。

在计算机领域，存在很多类型的关系，如数据结构中的线性关系和非线性关系、关系数据库中的对象等。在关系数据库中，对象以二维表的形式存在，这个二维表称为关系，如表 4-1 所示的教师信息二维表。

一个二维表有 m 行 n 列，二维表的每一行称为元组，代表一个对象的完整数据。一个元组有 n 个分量，因此这个元组又称为 n 元元组。二维表的每一列表示数据的分量。这种二维表称为 n 元关系。表 4-1 表示教师实体，其表示工号、姓名及该教师所授课程、学时和考试性质间的关系。这个表还可以用以下有序三元组的集合来表示：$\{$ <20031291, 李霖, 离散数学, 48, 必修考试>，<20031292, 赵一凡, 操作系统, 48, 必修考试>，<20031293, 马傅, Python 编程, 32, 选修考查> $\}$。其中元组 <20031291, 李霖, 离散数学, 48, 必修考试> 表示工号为 20031291 的李霖老师教授离散数学课程，该课程为 48 学时的必修考试课。

表 4-1　教师信息二维表

工　号	姓　名	课　程	学　时	考试性质
20031291	李霖	离散数学	48	必修考试
20031292	赵一凡	操作系统	48	必修考试
20031293	马傅	Python 编程	32	选修考查

4.1.2　关系表示方法

二维码 4-3 视频
关系表示法

对于关系的表示除在 4.1.1 节中介绍的集合表示方法，还可以通过关系图和矩阵的形式对关系进行表示。下面系统地介绍这三种表示方法。

1. 集合表示方法

由定义 4-5 可知，关系是笛卡儿积集合的一个子集，故关系也是一个集合。因此，可以用列出集合中的所有元素的列举法或描述集合元素特性的描述法来表示关系。

例 4-7　已知关系 $R = \{(x,y,z)|x,y,z$ 是 $0 \sim 5$ 的整数且 $x = y + z\}$，用列举法表示这个关系。

解：由于该集合仅包含有限个元素，故可以用列举法表示该关系：

$R = \{<2,1,1>, <3,2,1>, <3,1,2>, <4,1,3>, <4,3,1>,$
$<4,2,2>, <5,1,4>, <5,4,1>, <5,2,3>, <5,3,2>\}$

例 4-8　用描述法给出正整数集合 $\mathbf{Z}_+$ 上的 "$\geq$" 关系。

解：由于该集合包含无限个元素，故不适合用列举法表示该关系，而应该用描述法来表示：

$$R = \{<x,y>|x,y \in \mathbf{Z}_+ \wedge x \geq y\}$$

2. 关系图表示方法

有向图中的有向边是用箭头表示方向的一条从起点到终点的边。有向边可以形象地表示关系的有序对，有向边的起点和终点分别对应有序对中的第一个元素和第二个元素。下面先给出关系图的定义。

> **定义 4-8**：设集合 $A = \{x_1, x_2, x_3, \cdots, x_n\}$，$B = \{y_1, y_2, y_3, \cdots, y_n\}$。$R$ 是从 A 到 B 的二元关系。把集合 A 和 B 的每个元素表示成一个结点，关系 R 的每个有序对表示成一条有向边，有向边从第一个元素指向第二个元素。这样得到的图就是表示关系 R 的关系图。

在关系 R 中，有序对 $<x,y>$ 对应一条有向边，结点 x 是这条有向边的起点，结点 y 是这条有向边的终点。有序对 $<x,x>$ 对应一条从结点 x 到结点 x 的有向边，这条有向边也被称为环。

例 4-9　集合 $A = \{0,1,2\}$，集合 $B = \{a,b\}$，关系 $R = \{<0,a>, <0,b>, <1,a>, <2,b>\}$，请给出 R 的关系图。

解：关系 R 的关系图如图 4-1 所示。

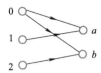

图 4-1 例 4-9 关系 R 的关系图

例 4-10 集合 $A = \{1,2,3,4\}$，$R = \{<1,1>, <1,2>, <1,3>,$ $<2,1>, <2,3>, <3,4>, <4,4>\}$，请给出 R 的关系图。

解：关系 R 的关系图如图 4-2 所示。

图 4-2 例 4-10 关系 R 的关系图

关系图可以表示结点之间的邻接关系，是一种简单直观的关系表示方法。这里说明一点，关系图只能表示 A 上关系，如果要表示 A 到 B 的关系可用集合表达式和矩阵。下面介绍如何用矩阵表示关系。

3. 矩阵表示方法

> **定义 4-9**：设集合 $A = \{x_1, x_2, \cdots, x_m\}$，$B = \{y_1, y_2, \cdots, y_n\}$。$R$ 是从 A 到 B 的二元关系。关系 R 可以用一个 $m \times n$ 矩阵 $\boldsymbol{M}_R = [m_{ij}]$ 表示，其中
> $$m_{ij} = \begin{cases} 1 & <x_i, y_j> \in R \\ 0 & <x_i, y_j> \notin R \end{cases}$$
> 称 $\boldsymbol{M}_R$ 为关系 R 的关系矩阵。

由定义可知，$m \times n$ 矩阵 $\boldsymbol{M}_R$ 的 m 行对应集合 A 的元素个数，n 列对应集合 B 的元素个数，故元素的排列顺序不同时，所得关系矩阵也不同，但都表示同一个关系。为了矩阵表述简便，规定矩阵的行和列的排列顺序分别对应集合 A 和集合 B 中元素的书写顺序。

例 4-11 集合 $A = \{0,1,2\}$，集合 $B = \{a,b\}$，关系 $R = \{<0,a>,$ $<0,b>, <1,a>, <2,b>\}$，请给出 R 的关系矩阵。

解：关系 R 的关系矩阵如下：

$$\boldsymbol{M}_R = \begin{bmatrix} 1 & 1 \\ 1 & 0 \\ 0 & 1 \end{bmatrix}$$

例 4-12 集合 $A = \{1,2,3,4\}$，$R = \{<1,1>, <1,2>, <2,1>,$ $<2,3>, <3,4>, <4,4>\}$，请给出 R 的关系矩阵。

解：关系 R 的关系矩阵如下：

$$\boldsymbol{M}_R = \begin{bmatrix} 1 & 1 & 0 & 0 \\ 1 & 0 & 1 & 0 \\ 0 & 0 & 0 & 1 \\ 0 & 0 & 0 & 1 \end{bmatrix}$$

例4-11的关系矩阵表示关系 R 是集合 A 到集合 B 的二元关系，例4-12的关系矩阵表示关系 R 是集合 A 上的二元关系。当关系矩阵表示的是集合 A 上的二元关系时，此关系矩阵为方阵。

4.1.3　关系运算

作为一个集合，二元关系可以用于进行集合并、交、相对补和对称差等运算。下面介绍关系的其他基本操作。

定义4-10： 设 R 是一个二元关系。由 R 的所有有序对的第一个元素构成的集合称为 R 的定义域，记为 dom R。由 R 的所有有序对的第二个元素构成的集合称为 R 的值域 ran R。同一关系的定义域和值域的并集称为 R 的域，记为 fld R。

R 的定义域、值域和域也可以分别表示为

$$\text{dom } R = \{x \mid \exists y(<x,y> \in R)\}$$
$$\text{ran } R = \{y \mid \exists x(<x,y> \in R)\}$$
$$\text{fld } R = \text{dom } R \cup \text{ran } R$$

定义4-11： 设 R 是一个集合 A 到集合 B 二元关系。由 R 的所有有序对中的元素顺序交换得到的有序对构成的集合是集合 B 到集合 A 二元关系，该关系为 R 的逆运算，记为

$$R^{-1} = \{<y,x> \mid <x,y> \in R)\}$$

关系实际为一个包含多元组的集合，故对关系也可进行并、交与补等运算。设 R 是一个以三元组为组成元素的三元关系，即 $R = \{<a,b,c>, <d, a,f>, <c,b,d>\}$，可以令第一个元素对应字段的名称为名字，第二个元素对应字段的名称为生日，第三个元素对应字段的名称为地址，故关系 R 可以表示为二维表见表4-2。

表4-2　关系 R 二维表

名　字	生　日	地　址
a	b	c
d	a	f
c	b	d

同理，当关系 $S = \{<b,g,a>, <d,a,f>\}$ 时，其对应二维表见表4-3。

表4-3　关系 S 二维表

名　字	生　日	地　址
b	g	a
d	a	f

两个关系能够进行并、交与补等相关运算，要求参与运算的两个关系必须具有相同的属性个数，且对应列所表示的属性应具有相同的值域，如表4-2和表4-3对应的关系都是包含三元组，且每个字段的属性和值域都相同，故关系 R 和关系 S 可以进行相应的集合运算，否则将不能进行相应的集合运算。

例 4-13　集合 $A = \{1,2,3\}$，集合 $B = \{1,2,3,4\}$。二元关系 $R_1 = \{<1,1>, <2,2>, <3,3>\}$ 和 $R_2 = \{<1,1>, <1,2>, <1,3>, <1,4>\}$。求下列关系运算结果。

(1) $R_1 \cup R_2$

(2) $R_1 \cap R_2$

(3) $R_1 - R_2$

(4) $R_2 - R_1$

(5) dom R_1，ran R_1，fld R_1

(6) R_2^{-1}

解：(1) $R_1 \cup R_2 = \{<1,1>, <1,2>, <1,3>, <1,4>, <2,2>, <3,3>\}$

(2) $R_1 \cap R_2 = \{<1,1>\}$

(3) $R_1 - R_2 = \{<2,2>, <3,3>\}$

(4) $R_2 - R_1 = \{<1,2>, <1,3>, <1,4>\}$

(5) dom $R_1 = \{1,2,3\}$，ran $R_1 = \{1,2,3\}$，fld $R_1 = \{1,2,3\}$

(6) $R_2^{-1} = \{<1,1>, <2,1>, <3,1>, <4,1>\}$

定理 4-1：设 R 和 S 是任意关系。则有：

(1) $(R^{-1})^{-1} = R$

(2) $(R \cup S)^{-1} = R^{-1} \cup S^{-1}$

(3) $(R \cap S)^{-1} = R^{-1} \cap S^{-1}$

(4) $(R - S)^{-1} = R^{-1} - S^{-1}$

证明：(1) 任取有序对 $<x,y>$，有

$<x,y> \in (R^{-1})^{-1}$

$\Leftrightarrow <y,x> \in R^{-1}$

$\Leftrightarrow <x,y> \in R$

(2) 任取有序对 $<x,y>$，有

$<x,y> \in (R \cup S)^{-1}$

$\Leftrightarrow <y,x> \in R \cup S$

$\Leftrightarrow <y,x> \in R \vee <y,x> \in S$

$\Leftrightarrow <x,y> \in R^{-1} \vee <x,y> \in S^{-1}$

$\Leftrightarrow <x,y> \in R^{-1} \cup S^{-1}$

定理 (3) 的证明过程同定理 (2) 的证明，请读者自行证明。

（4）任取有序对 $<x,y>$，有

$$<x,y>\in (R-S)^{-1}$$
$$\Leftrightarrow <y,x>\in R-S$$
$$\Leftrightarrow <y,x>\in R \wedge <y,x>\notin S$$
$$\Leftrightarrow <x,y>\in R^{-1} \wedge <x,y>\notin S^{-1}$$
$$\Leftrightarrow <x,y>\in R^{-1}-S^{-1}$$

> **定义 4-12：** 设 R_2 是一个集合 A 到集合 B 的二元关系，R_1 是一个集合 B 到集合 C 的二元关系，则 R_1 和 R_2 的复合关系 $R_1 \circ R_2$ 是集合 A 到集合 C 的二元关系。定义为
>
> $$R_1 \circ R_2 = \{<x,z> \mid x\in A \wedge y\in B \wedge z\in C \wedge <x,y>\in R_2 \wedge <y,z>\in R_1\}$$

注意，复合运算分为左复合和右复合两种运算，本书中使用的都是左复合运算，与后面函数的复合运算一致。

二维码 4-4 视频
关系复合与逆
运算证明法

例 4-14　关系 $R = \{<1,2>,<2,3>,<1,4>,<2,2>\}$，关系 $S = \{<1,1>,<1,3>,<2,3>,<3,2>,<3,3>\}$。试分别计算 $R\circ S$ 和 $S\circ R$。

解： $R\circ S = \{<1,2>,<1,4>,<3,2>,<3,3>\}$
$\qquad\ S\circ R = \{<1,3>,<2,2>,<2,3>\}$

由例 4-14 可知，复合运算不满足交换律。例 4-14 是按照复合运算定义计算得到的结果，下面介绍二元关系的复合运算的另外两种方法。

第一种方法是用关系图进行二元关系的复合运算。下面通过一个例子来说明用关系图进行二元关系的复合运算。设关系 R_2 是集合 $\{a,b,c\}$ 到集合 $\{m,n,o,p\}$ 的二元关系，且 $R_2 = \{<a,o>,<a,p>,<b,m>\}$。关系 R_1 是集合 $\{m,n\}$ 到集合 $\{w,x,y,z\}$ 的二元关系，且 $R_1 = \{<m,x>,<m,z>,<n,w>\}$。为了计算 R_1 和 R_2 的复合关系 $R_1\circ R_2$，先画 R_2 的关系图，画出集合 $\{a,b,c\}$ 的结点，然后将 R_2 的集合 $\{m,n,o,p\}$ 中元素和集合 $\{m,n\}$ 中元素画在一列。如果 R_1 和 R_2 具有相同的元素，则此元素只能用同一结点，不能绘制两个结点，如图 4-3 第二列所示。然后再画出集合 $\{w,x,y,z\}$ 的结点，先看关系 R_2，从第一列结点到第二列结点画出相应有序对对应的边。再看关系 R_1，从第二列结点到第三列结点画出相应有序对对应的边。由此可得图 4-3。

二维码 4-5 视频
关系复合运算
图示法

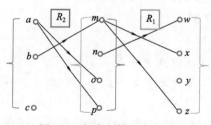

图 4-3　复合运算图表示法

在图 4-3 中，左边的一对大括号包含的图为关系 R_2 的关系图，有序对 $<a,o>$、$<a,p>$、$<b,m>$ 分别对应关系图中的三条边 ao、ap 和 bm。右边的一对大括号包含的图为关系 R_1 的关系图，有序对 $<m,x>$、$<m,z>$、$<n,w>$ 分别对应关系图中的三条边 mx、mz 和 nw。在关系 R_2 的关系图中，边 bm 以 b 为始点、以 m 为终点。在关系 R_1 的关系图中，边 mx 以 m 为始点、以 x 为终点。两条边有相同的端点 m，故 R_1 和 R_2 的复合包含有序对 $<b,x>$。同理可以得到复合运算的结果包含有序对 $<b,z>$。因此，$R_1 \circ R_2 = \{<b,x>, <b,z>\}$。

二维码 4-6 视频
关系复合运算
矩阵法

第二种方法是用关系矩阵乘法来求解复合运算的结果。对于上述例子，先将 R_2 和 R_1 表示为从一个集合到另一个集合的关系。由于 R_2 的定义域 $\mathrm{dom}\, R_2 = \{a,b\}$，$R_2$ 的值域 $\mathrm{ran}\, R_2 = \{m,o,p\}$，$R_1$ 的定义域 $\mathrm{dom}\, R_1 = \{m,n\}$，$R_1$ 的值域 $\mathrm{ran}\, R_1 = \{w,x,z\}$。那么 R_2 的值域和 R_1 的定义域的并集 $\mathrm{ran}\, R_2 \cup \mathrm{dom}\, R_1$ 结果为 $\{m,n,o,p\}$。因此 R_2 可以看作是 $\mathrm{dom}\, R_2$ 到 $\mathrm{ran}\, R_2 \cup \mathrm{dom}\, R_1$ 的二元关系，R_1 可以看作是 $\mathrm{ran}\, R_2 \cup \mathrm{dom}\, R_1$ 到 $\mathrm{ran}\, R_1$ 的二元关系。因此，$R_1 \circ R_2$ 是 $\mathrm{dom}\, R_2$ 到 $\mathrm{ran}\, R_1$ 的二元关系。分别给出 R_1 和 R_2 的二元矩阵。那么，R_1 和 R_2 的矩阵布尔乘积计算过程如下。

$$\boldsymbol{M}_{R_2} \times \boldsymbol{M}_{R_1} = \begin{bmatrix} 0 & 0 & 1 & 1 \\ 1 & 0 & 0 & 0 \\ 0 & 0 & 0 & 0 \end{bmatrix} \begin{bmatrix} 0 & 1 & 0 & 1 \\ 1 & 0 & 0 & 0 \\ 0 & 0 & 0 & 0 \\ 0 & 0 & 0 & 0 \end{bmatrix} = \begin{bmatrix} 0 & 0 & 0 & 0 \\ 0 & 1 & 0 & 1 \\ 0 & 0 & 0 & 0 \end{bmatrix}$$

关系矩阵 $\begin{bmatrix} 0 & 0 & 0 & 0 \\ 0 & 1 & 0 & 1 \\ 0 & 0 & 0 & 0 \end{bmatrix}$ 的行分别对应关系 R_2 的三个元素 a、b 和 c，关系矩阵的列分别对应关系 R_1 的四个元素 w、x、y 和 z。该矩阵的第二行第二列的 "1" 对应有序对 $<b,x>$，该矩阵的第二行第四列的 "1" 对应有序对 $<b,z>$。因此，$R_1 \circ R_2 = \{<b,x>, <b,z>\}$。这个结果与关系图方法得到的结果一致。

> **定理 4-2：** 设 R、S 和 T 是任意的二元关系，则有：
>
> (1) $(R \cup S) \circ T = (R \circ T) \cup (S \circ T)$
>
> (2) $R \circ (S \cup T) = (R \circ S) \cup (R \circ T)$
>
> (3) $(R \cap S) \circ T \subseteq (R \circ T) \cap (S \circ T)$
>
> (4) $R \circ (S \cap T) \subseteq (R \circ S) \cap (R \circ T)$

证明：(1) 任取有序对 $<x,y>$，有

$<x,y> \in (R \cup S) \circ T$

$\Leftrightarrow \exists z(<x,z> \in T \land <z,y> \in R \cup S)$

$\Leftrightarrow \exists z(<x,z> \in T \land (<z,y> \in R \lor <z,y> \in S))$

$\Leftrightarrow \exists z((<x,z> \in T \land <z,y> \in R) \cup (<x,z> \in T \land <z,y> \in S))$

$\Leftrightarrow <x,y> \in (R \circ T) \cup <x,y> \in (S \circ T)$

$\Leftrightarrow <x,y> \in (R \circ T) \cup (S \circ T)$

公式（2）和公式（1）的证明方法相同，请读者自行证明。

（3）任取有序对 $<x,y>$，有

$<x,y> \in (R \cap S) \circ T$

$\Leftrightarrow \exists z(<x,z> \in T \wedge <z,y> \in R \cap S)$

$\Leftrightarrow \exists z(<x,z> \in T \wedge (<z,y> \in R \wedge <z,y> \in S))$

$\Rightarrow \exists z(<x,z> \in T \wedge <z,y> \in R \cap (<x,z> \in T \wedge <z,y> \in S))$

$\Rightarrow <x,y> \in R \circ T \cap <x,y> \in S \circ T$

$\Rightarrow <x,y> \in R \circ T \cap \in S \circ T$

公式（4）和公式（3）的证明方法相同，请读者自行证明。

由定理4-2可知，复合运算对并运算是可分配的，对交运算分配后是包含关系式。一般地说，$R \circ S \cap R \circ T \not\subset R \circ (S \cap T)$。下面举个反例说明。设集合 $A = \{1,2,3,4,5\}$，R、S、T 分别是 A 上的关系，定义如下：

$R = \{<4,1>, <4,2>\}$

$S = \{<1,5>, <3,5>\}$

$T = \{<1,5>, <3,5>\}$

$R \circ S \cap R \circ T = \{<4,5>>\}$

$R \circ (S \cap T) = \varnothing$

所以，$R \circ S \cap R \circ T \not\subset R \circ (S \cap T)$

定义 4-13：设 R 是一个集合 A 上二元关系，关系 R 幂集 R^n 定义为

（1）$R^0 = \{<x,x> \mid x \in A\} = \boldsymbol{I}_A$

（2）$R^{n+1} = R^n \circ R$

根据关系的三种表示方法，计算关系的幂集也同样存在以下三种方法。

（1）用集合表示关系时，关系 R 的幂集为 $R^n = R \circ R \circ \cdots \circ R$。

（2）用矩阵表示关系时，关系 R 的幂集可以通过关系矩阵乘法得到，且关系矩阵乘法为布尔乘，即其中的相加是逻辑加。

（3）用关系图表示关系时，在幂集 R^n 关系图中的任一有序对 $<x,y>$，与关系图中从结点 x 到结点 y 的一条长度为 n 的路径相对应。

例4-15 集合 $A = \{a,b,c,d\}$，关系 $R = \{<a,b>, <b,a>, <b,c>, <c,d>\}$，试用关系矩阵和关系图两种方法计算关系 R 的幂集。

解：方法1 $R^0 = \boldsymbol{I}_A$ 的关系矩阵如下：

$$\boldsymbol{M}^0 = \begin{bmatrix} 1 & 0 & 0 & 0 \\ 0 & 1 & 0 & 0 \\ 0 & 0 & 1 & 0 \\ 0 & 0 & 0 & 1 \end{bmatrix}$$

R^1 和 R^2 的关系矩阵计算如下：

$$\boldsymbol{M} = \begin{bmatrix} 0 & 1 & 0 & 0 \\ 1 & 0 & 1 & 0 \\ 0 & 0 & 0 & 1 \\ 0 & 0 & 0 & 0 \end{bmatrix} \quad \boldsymbol{M}^2 = \begin{bmatrix} 0 & 1 & 0 & 0 \\ 1 & 0 & 1 & 0 \\ 0 & 0 & 0 & 1 \\ 0 & 0 & 0 & 0 \end{bmatrix}\begin{bmatrix} 0 & 1 & 0 & 0 \\ 1 & 0 & 1 & 0 \\ 0 & 0 & 0 & 1 \\ 0 & 0 & 0 & 0 \end{bmatrix} = \begin{bmatrix} 1 & 0 & 1 & 0 \\ 0 & 1 & 0 & 1 \\ 0 & 0 & 0 & 0 \\ 0 & 0 & 0 & 0 \end{bmatrix}$$

类似，R^3 和 R^4 关系矩阵计算如下：

$$M^3 = \begin{bmatrix} 0 & 1 & 0 & 1 \\ 1 & 0 & 1 & 0 \\ 0 & 0 & 0 & 0 \\ 0 & 0 & 0 & 0 \end{bmatrix} \quad M^4 = \begin{bmatrix} 1 & 0 & 1 & 0 \\ 0 & 1 & 0 & 1 \\ 0 & 0 & 0 & 0 \\ 0 & 0 & 0 & 0 \end{bmatrix}$$

由此，$R^2 = R^4 = R^6 = \{<a,a>, <a,c>, <b,b>, <b,d>\}$，$R^3 = R^5 = R^7 = \{<a,b>, <a,d>, <b,a>, <b,c>\}$。

方法 2　R^0、R^1、R^2 和 R^3 的关系图如图 4-4 所示。在 R 的关系图中，有一条路径是从 a 到 b 的路径，另外两条路径是从 b 到 b 和从 b 到 c。因此，在 R^2 的关系图中存在从 a 到 a 的直接路径和从 a 到 c 的直接路径。在 R 的关系图中，有一条从 b 到 a 的路径，另两条路径是从 a 到 b 和从 c 到 d。因此，在 R^2 中存在从 b 到 b 的直接路径和从 b 到 d 的直接路径。而以 c 和 d 为起点没有长度是 2 的路径。因此，可以得到 R^2 的关系图。类似，可以用相同的方式得到 R^3 的关系图。

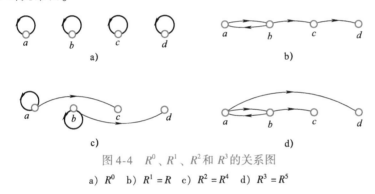

图 4-4　R^0、R^1、R^2 和 R^3 的关系图

a）R^0　b）$R^1 = R$　c）$R^2 = R^4$　d）$R^3 = R^5$

4.1.4　关系性质

一个集合上可以定义很多不同的关系，有实际意义的关系一般都有某些性质。下面介绍几种具有重要性质的关系。

1. 自反关系

> **定义 4-14**：设 R 是 A 上的二元关系，若对于 $\forall x \in A$，有 $<x,x> \in R$，则称 R 是自反关系。即：
> $$R \text{ 是自反的} \Leftrightarrow \forall x (x \in A \to <x,x> \in R)$$

如果 $A = \varnothing$，那么集合 A 上的空关系显然是自反关系。

> **定义 4-15**：设 R 是 A 上的二元关系，若对于 $\forall x \in A$，有 $<x,x> \notin R$，则称 R 是反自反关系。即：
> $$R \text{ 是反自反的} \Leftrightarrow \forall x (x \in A \to <x,x> \notin R)$$

例 4-16　判断下列整数集合上的关系哪些是自反关系，哪些是反自反关系。

$R_1 = \{<a,b> \mid a \leqslant b\}$

$R_2 = \{ <a,b> \mid a > b \}$（注意3不大于3）

$R_3 = \{ <a,b> \mid a = b \text{ 或者 } a = -b \}$

$R_4 = \{ <a,b> \mid a = b \}$

$R_5 = \{ <a,b> \mid a = b + 1 \}$（注意$3 \neq 3 + 1$）

$R_6 = \{ <a,b> \mid a + b \leq 3 \}$

解：R_1、R_3和R_4为自反关系，R_2、R_5和R_6是反自反关系。

例4-17 集合$A = \{1,2,3\}$，关系$R = \{ <1,1>$，$<2,2>$，$<3,3>$，$<2,1>$，$<1,3> \}$，判断关系R是否是自反关系，试给出关系矩阵和关系图。

解：根据定义，关系R是自反关系，对应的关系矩阵为

$$M = \begin{bmatrix} 1 & 0 & 1 \\ 1 & 1 & 0 \\ 0 & 0 & 1 \end{bmatrix}$$

对应的关系图如图4-5所示。

图4-5 例4-17关系R的关系图

由例4-17可以看出：

（1）关系R是自反的，当且仅当关系矩阵M_R的对角线元素全为1；关系R是反自反的，当且仅当关系矩阵M_R的对角线元素全为0。

（2）关系R是自反的，当且仅当关系图中的每个结点都有环；关系R是反自反的，当且仅当关系图中的每个结点都没有环。

（3）如果关系R是自反的，则关系R一定不是反自反的，反之亦然。

下面给出自反关系的证明过程。

对于任意的x，有

$$x \in A \Rightarrow \cdots \Rightarrow <x,x> \in R$$

在上述的证明过程中，$x \in A$是条件。省略号代表推理过程，该推理过程中可以使用前面介绍的关系定义及关系运算性质等，得到$<x,x> \in R$结论，由此可得R是自反的。

例4-18 假设$I_A \subseteq R$，试证明R是集合A上的自反关系。

解：任取元素$x \in A$，有

$$x \in A \Rightarrow <x,x> \in I_A \Rightarrow <x,x> \in R$$

由定义可知，R是自反关系。

2. 对称关系

二维码4-8视频
自反性证明

二维码4-9视频
对称性与反对称性

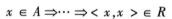

定义4-16：设R是A上的二元关系，若对于集合A中的任意元素x、y，有$<x,y> \in R$时，则有$<y,x> \in R$，称R是对称关系。即：

$$R \text{ 是对称的} \Leftrightarrow \forall x \forall y(<x,y> \in R \rightarrow <y,x> \in R)$$

定义 4-17：设 R 是 A 上的二元关系，若对于集合 A 中的任意元素 x、y，有 $<x,y> \in R$ 且 $<y,x> \in R$ 时，有 $x = y$，称 R 是反对称关系。即：

$$R \text{ 是反对称的} \Leftrightarrow \forall x \forall y(<x,y> \in R \land <y,x> \in R \to x = y)$$

例 4-19 判断下列整数集合上的关系哪些是对称关系，哪些是反对称关系。

$R_1 = \{<a,b> \mid a \leqslant b\}$（注意对于任意整数 $a \leqslant b$ 且 $b \leqslant a$，则有 $a = b$）

$R_2 = \{<a,b> \mid a > b\}$

$R_3 = \{<a,b> \mid a = b \text{ 或 } a = -b\}$

$R_4 = \{<a,b> \mid a = b\}$

$R_5 = \{<a,b> \mid a = b + 1\}$（注意 $4 = 3 + 1$，但是 $3 \neq 4 + 1$）

$R_6 = \{<a,b> \mid a + b \leqslant 3\}$

解：R_3、R_4 和 R_6 为对称关系，R_1、R_2、R_4 和 R_5 是反对称关系。

例 4-20 $A = \{a,b,c\}$，判断关系 $R_1 = \{<a,a>, <a,b>, <b,a>\}$ 是否为对称的或反对称的，$R_2 = \{<a,a>, <b,b>\}$ 是否为对称的或反对称的，并分别给出关系矩阵和关系图。

解：根据定义，关系 R_1 是对称关系，对应的关系矩阵为

$$\boldsymbol{M} = \begin{bmatrix} 1 & 1 & 0 \\ 1 & 0 & 0 \\ 0 & 0 & 0 \end{bmatrix}$$

对应的关系图如图 4-6 所示。

图 4-6 例 4-20 关系 R_1 的关系图

根据定义，关系 R_2 是既是对称的又是反对称的，对应的关系矩阵为

$$\boldsymbol{M} = \begin{bmatrix} 1 & 0 & 0 \\ 0 & 1 & 0 \\ 0 & 0 & 0 \end{bmatrix}$$

对应的关系图如图 4-7 所示。

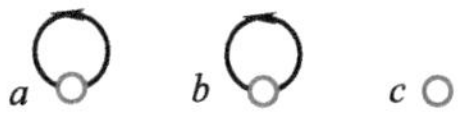

图 4-7 例 4-20 关系 R_2 的关系图

由例 4-20 可以看出：

（1）关系 R 是对称的，当且仅当关系矩阵 $\boldsymbol{M}_R$ 中 $m_{ij} = m_{ji}$，如图 4-8a 所示。

（2）关系 R 是反对称的，当且仅当关系矩阵 $\boldsymbol{M}_R$ 中 $m_{ij} \neq m_{ji}$（$i \neq j$），如图 4-8b 所示。

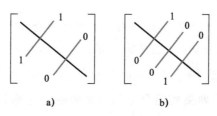

图 4-8　关系矩阵表示示意图

a) 对称矩阵　b) 非对称矩阵

（3）自反关系 I_A 既是对称关系又是反对称关系。

下面给出对称关系的证明过程。

对于任意的 $<x,y>$，有

$$<x,y> \in R \Rightarrow \cdots \Rightarrow <y,x> \in R$$

二维码 4-10 视频
对称性证明

在上述的证明过程中，$<x,y> \in R$ 是条件。省略号代表推理过程，该推理过程中可以使用前面介绍的关系定义及关系运算性质等，得到 $<y,x> \in R$ 结论，由此可得 R 是对称的。

例 4-21　设 $R = R^{-1}$，证明 R 是集合 A 上的对称关系。

证明：对于任意的有序对 $<x,y>$，有

$$<x,y> \in R \Rightarrow <y,x> \in R^{-1} \Rightarrow <y,x> \in R$$

因此，R 是对称关系。

下面给出反对称关系的证明过程。

对于任意的 $<x,y>$，有

$$<x,y> \in R \land <y,x> \in R \Rightarrow \cdots \Rightarrow x = y$$

二维码 4-11 视频
反对称性证明

在上述的证明过程中，$<x,y> \in R$ 和 $<y,x> \in R$ 是条件。省略号代表推理过程，该推理过程中可以使用前面介绍的关系定义及关系运算性质等，得到 $x = y$ 结论，由此可得 R 是反对称的。

例 4-22　设 $R \cap R^{-1} \subseteq I_A$，证明 R 是集合 A 上的反对称关系。

证明：对于任意的有序对 $<x,y>$，有

$$<x,y> \in R \land <y,x> \in R \Rightarrow <x,y> \in R \land <x,y> \in R^{-1} \Rightarrow <x,y> \in R \cap R^{-1} \Rightarrow <x,y> \in I_A \Rightarrow x = y$$

因此，R 是反对称关系。

3. 传递关系

二维码 4-12 视频
传递性概念

> **定义 4-18**：设 R 是 A 上的二元关系，对于集合 A 中任意元素 x、y 和 z，有 $<x,y> \in R$ 和 $<y,z> \in R$ 同时成立时，则有 $<x,z> \in R$，称 R 是传递关系。即：
> R 是传递的 $\Leftrightarrow \forall x \forall y \forall z(<x,y> \in R \land <y,z> \in R \rightarrow <x,z> \in R)$

例 4-23　判断下列整数集合上的关系哪些是传递关系，哪些不是传递关系。

$R_1 = \{<a,b> \mid a \leqslant b\}$

$R_2 = \{<a,b> \mid a > b\}$

$R_3 = \{<a,b> \mid a=b \text{ 或 } a=-b\}$

$R_4 = \{<a,b> \mid a=b\}$

$R_5 = \{<a,b> \mid a=b+1\}$

$R_6 = \{<a,b> \mid a+b \leqslant 3\}$

解：R_1、R_2、R_3 和 R_4 为传递关系，R_5 和 R_6 不是传递关系。

因为 $R_5 = \{<a,b> \mid a=b+1\}$，其中，两个有序对 $<3,2>$ 和 $<4,3>$ 属于 R_5，但是有序对 $<4,2>$ 不属于 R_5；$R_6 = \{<a,b> \mid a+b \leqslant 3\}$，其中，两个有序对 $<2,1>$ 和 $<1,2>$ 属于 R_6，但是有序对 $<2,2>$ 不属于 R_6，故 R_5 和 R_6 不是传递关系。

例 4-24 R_1、R_2 和 R_3 是集合 A 上的二元关系，试判断下列的关系哪些是传递关系？

$R_1 = \{<a,a>, <b,b>\}$

$R_2 = \{<a,b>, <b,c>\}$

$R_3 = \{<a,c>\}$

二维码 4-13 视频
传递性证明

解：R_1 和 R_3 是传递关系。

下面给出传递关系的证明过程。

对于任意有序对 $<x,y>$ 和 $<y,z>$，有

$$<x,y> \in R \land <y,z> \in R \Rightarrow \cdots \Rightarrow <x,z> \in R$$

在上面的证明过程中，$<x,y> \in R$ 和 $<y,z> \in R$ 是条件。省略号代表推理过程，该推理过程中可以使用前面介绍的关系定义及关系运算性质等，得到 $<x,z> \in R$ 结论，由此可得 R 是传递关系。

例 4-25 假设 $R \circ R \subseteq R$，试证明 R 是集合 A 的传递关系。

解：对于任意有序对 $<x,y>$ 和 $<y,z>$，有

$<x,y> \in R \land <y,z> \in R \Rightarrow <x,z> \in R \circ R \Rightarrow <x,z> \in R$

因此，R 是传递关系。

当关系是传递关系时，有下面定理存在。

定理 4-3：设 R 是 A 上二元关系。对于任一自然数 $n=1,2,3,\cdots$ 有 $R^n \subseteq R$ 成立，则 R 是传递的。

例 4-26 设集合 A 上关系 R 的关系矩阵表示如下。

$$\boldsymbol{M}_R = \begin{bmatrix} 1 & 1 & 0 \\ 1 & 1 & 1 \\ 0 & 1 & 1 \end{bmatrix}$$

试判断 R 是否是自反的、对称的或反对称的？

解：根据定义可知，关系 R 是自反的和对称的。

例 4-27 设集合 A 上关系 R 的关系图如图 4-9 所示，试判断关系 R 的性质。

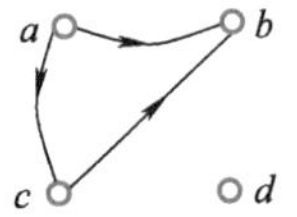

图 4-9 例 4-27 关系 R 的关系图

解：

(1) 关系 R 是否是自反的？

不是，在图 4-9 中无环。

（2）关系 R 是否是对称的？

不是，例如图4-9中有边 ac，但没有结点 c 到结点 a 的边。

（3）关系 R 是否是反对称的？

是，图4-9中存在从一个结点到另一个结点的边，不存在回去的边。

（4）关系 R 是否是传递关系？

是，图4-9中存在边 ac、ab 和边 cb。

例4-28　设集合 A 上关系 R 的关系图如图4-10所示，试判断关系 R 的性质。

解：（1）关系 R 是否是自反的？

不是，在图4-10中无环。

（2）关系 R 是否是对称的？

不是，例如图4-10中有边 ad，但没有结点 d 到结

点 a 的边。

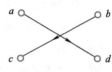

图4-10　例4-28 关系 R 的关系图

（3）关系 R 是否是反对称的？

是，图4-10中存在从一个结点到另一个结点的边，不存在回去的边。

（4）关系 R 是否是传递关系？

是，图中不存在两条边，第一条边的终点是第二条边的始点。

4.1.5　关系闭包

在本节重点讨论自反闭包、对称闭包和传递闭包。令 R 为集合 A 上的一个关系，如果 R 不具有某些属性（如对称性），则可以通过添加最小数量的有序对来扩展 R，使扩展的 R 具有对称性。扩展后的 R 称为 R 的对称闭包。类似，可以构造 R 的自反闭包和传递闭包。闭包定义如下。

二维码4-14视频
闭包定义

> **定义4-19：**设 R 是非空集合 A 上的二元关系，R 的自反闭包（对称闭包或传递闭包）是 A 上 R'，且 R' 满足以下条件：
>
> （1）R' 是自反的（对称的或传递的）。
>
> （2）$R \subseteq R'$。
>
> （3）对 A 上任何包含 R 的自反关系（对称关系或传递关系）R''，都有 $R' \subseteq R''$。

一般，将自反闭包表示为 $r(R)$，对称闭包表示为 $s(R)$，传递闭包表示为 $t(R)$。

下面给出构造关系 R 的自反闭包、对称闭包和传递闭包的方法。

> **定理4-4：**设 R 是非空集合 A 上的二元关系，则有：
>
> （1）$r(R) = R \cup I$
>
> （2）$s(R) = R \cup R^{-1}$
>
> （3）$t(R) = \bigcup_{i=1}^{n} R^i = R \cup R^1 \cup R^2 \cup R^3 \cup \cdots, n = |A|$

在4.1.2节中已经介绍了关系的三种表示方法：集合表示方法、矩阵表

示方法和关系图表示方法。根据定理 4-4，求解关系的自反闭包、对称闭包和传递闭包也有对应的三种方法：集合表示法、矩阵表示法和关系图表示法。下面通过一个例子来说明这三种方法的求解过程。

例 4-29 假设集合 $A = \{a,b,c,d\}$，R 是 A 上的二元关系，且 $R = \{<a,b>,<a,c>,<b,c>,<c,d>,<d,c>\}$，试用集合表示方法、矩阵表示方法和关系图表示方法求 $R, r(R), s(R)$ 和 $t(R)$。

解：（1）集合表示法

$R = \{<a,b>,<a,c>,<b,c>,<c,d>,<d,c>\}$

$r(R) = R \cup I = \{<a,a>,<b,b>,<c,c>,<d,d>,<a,b>,<a,c>,<b,c>,<c,d>,<d,c>\}$

$s(R) = R \cup R^{-1} = \{<a,b>,<b,a>,<a,c>,<c,a>,<b,c>,<c,b>,<c,d>,<d,c>\}$

$t(R) = \bigcup_{i=1}^{n} R^i = R \cup R^1 \cup R^2 \cup R^3 \cup \cdots = \{<a,b>,<a,c>,<b,c>,<c,d>,<d,c>,<a,d>,<b,d>,<c,c>,<d,d>\}$

（2）矩阵表示法

关系 R 的关系矩阵为

$$M_R = \begin{bmatrix} 0&1&1&0 \\ 0&0&1&0 \\ 0&0&0&1 \\ 0&0&1&0 \end{bmatrix}$$

二维码 4-15 视频
传递闭包集合求解
方法

因此，$M_{r(R)} = M_R + I = \begin{bmatrix} 0&1&1&0 \\ 0&0&1&0 \\ 0&0&0&1 \\ 0&0&1&0 \end{bmatrix} + \begin{bmatrix} 1&0&0&0 \\ 0&1&0&0 \\ 0&0&1&0 \\ 0&0&0&1 \end{bmatrix} = \begin{bmatrix} 1&1&1&0 \\ 0&1&1&0 \\ 0&0&1&1 \\ 0&0&1&1 \end{bmatrix}$

$M_{s(R)} = M_R + M_R' = \begin{bmatrix} 0&1&1&0 \\ 0&0&1&0 \\ 0&0&0&1 \\ 0&0&1&0 \end{bmatrix} + \begin{bmatrix} 0&0&0&0 \\ 1&0&0&0 \\ 1&1&0&1 \\ 0&0&1&0 \end{bmatrix} = \begin{bmatrix} 0&1&1&0 \\ 1&0&1&0 \\ 1&1&0&1 \\ 0&0&1&0 \end{bmatrix}$

二维码 4-16 视频
传递闭包矩阵求解
方法

$M_R^2 = \begin{bmatrix} 0&1&1&0 \\ 0&0&1&0 \\ 0&0&0&1 \\ 0&0&1&0 \end{bmatrix}\begin{bmatrix} 0&1&1&0 \\ 0&0&1&0 \\ 0&0&0&1 \\ 0&0&1&0 \end{bmatrix} = \begin{bmatrix} 0&0&1&1 \\ 0&0&0&1 \\ 0&0&1&0 \\ 0&0&0&1 \end{bmatrix}$

所以，$M_{t(R)} = M_R + M_R^2 = \begin{bmatrix} 0&1&1&0 \\ 0&0&1&0 \\ 0&0&0&1 \\ 0&0&1&0 \end{bmatrix} + \begin{bmatrix} 0&0&1&1 \\ 0&0&0&1 \\ 0&0&1&0 \\ 0&0&0&1 \end{bmatrix} = \begin{bmatrix} 0&1&1&1 \\ 0&0&1&1 \\ 0&0&1&1 \\ 0&0&1&1 \end{bmatrix}$

（3）关系图表示法

关系 R 的关系图如图 4-11 所示。

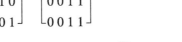

图 4-11 例 4-29 关系 R 的关系图

关系 R 的自反闭包在关系 R 的关系图中加入环，得自反闭包关系图，如图 4-12 所示。

图 4-12   自反闭包的关系图

关系 R 的对称闭包在关系 R 的关系图中加入存在边的反向边，得对称闭包关系图如图 4-13 所示。

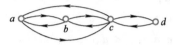

图 4-13   对称闭包的关系图

关系 R 的传递闭包，在关系 R 的关系图中如果存在两条边，若第一条边的终点是第二条边的始点，那么就加入一条边，该边以第一条边的始点为始点，以第二条边的终点为终点，例如，在图 4-11 中存在边 (a,b) 和边 (b,c)，在传递闭包关系图中应加入边 (a,c)，对于其他边也做相应操作，得传递闭包的关系图如图 4-14 所示。

二维码 4-17 视频
传递闭包图示求解
方法

图 4-14   传递闭包的关系图

4.1.6 等价关系

二维码 4-18 视频
等价关系

关系的操作和性质在前面进行了介绍。下面主要介绍两种具有良好性能的关系：等价关系和偏序关系，它们在实践中具有广泛的应用。

> **定义 4-20**：设 R 是非空集合 A 上的二元关系，若 R 是自反的、对称的和传递的，则 R 是等价关系。对任何元素 $x,y \in A$，若 $<x,y> \in R$，则记为 $x \sim y$，称作 x 和 y 等价。

例 4-30   二元关系模 m 运算的定义如下：

$R = \{ <a,b> \mid a,b \in R \wedge a \equiv b \pmod m \}$ （m 是整数，且 $m > 1$）

试证明关系 R 是整数集上的等价关系。

这里的 $a \equiv b \pmod m$ 代表实数 a 和实数 b 除以 m 的余数相等。

证明：模 m 运算 $a \equiv b \pmod m$，即 $a-b$ 可以被整数 m 整除。

根据等价关系定义可知：

自反性：因为 $a-a=0$，0 能被任何整数整除，可表示为 $0 = 0 \cdot m$，故 $a \equiv a \pmod m$，该关系是自反的。

对称性：假设 $a \equiv b \pmod m$ 成立，那么 $a-b$ 能被 m 整除，故有 $a-b = km$，这里 k 是整数。由 $a-b = km$ 可得 $b-a = (-k) m$ 成立，因此，$b \equiv a \pmod m$，该关系是对称的。

传递性：假设 $a \equiv b \pmod m$ 和 $b \equiv c \pmod m$ 成立，那么 $a-b$ 和

$b-c$ 都能被 m 整除。因此，存在整数 k 和 l 使得 $a-b=km$ 和 $b-c=lm$ 成立。故有 $a-c=(a-b)+(b-c)=km+lm=(k+l)m$ 成立。因此，$a \equiv c \pmod{m}$，该关系是传递的。

综上所述，模 m 关系是整数集上的等价关系。

例如，整数集合 $A=\{1,2,3,4,5,6,7,8\}$，$m=3$ 时，则模 3 等价关系对应的关系图如图 4-15 所示。

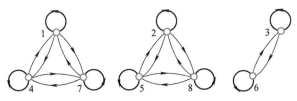

图 4-15　模 3 等价关系对应的关系图

例 4-31　试证明正整数集合上的整除"丨"不是等价关系。

证明：整除关系是自反的和传递的，但它不是对称的。因此，"丨"不是等价关系。下面给出证明。

自反性：所有正整数能被本身整除，记为 $a|a$，所以整除关系是自反的。

不对称：例如，$2|4$，但是 $4\nmid2$。因此，整除关系不是对称的。

传递性：假设 a 能整除 b，b 能整除 c。存在正整数 k 和 l，使得 $b=ak$ 和 $c=bl$。故有，$c=a(kl)$，a 能整除 c。因此，整除关系是传递的。

综上所述，该关系不是等价关系。

集合 A 的元素被等价关系划分为几个子集，彼此等效的元素被划分到相同的子集中。在模 3 关系中，1、4 和 7 除以 3 的余数都是 1，它们在同一子集中；2、5 和 8 除以 3 的余数都是 2，它们也在同一子集中；最后一个子集是 3 和 6 的子集。这些子集称为通过该等价关系生成的等价类。下面给出等价类的定义。

> **定义 4-21**：设 R 是非空集合 A 上的等价关系，对任意的 $a \in A$，若 $[a]_R=\{b|b \in A \land aRb\}$，则称 $[a]_R$ 为 a 关于 R 的等价类，简称为 a 的等价类，简记为 $[a]$。

在模 3 运算的例子中有下列等价类：
$$[1]=[4]=[7]=\{1,4,7\}$$
$$[2]=[5]=[8]=\{2,5,8\}$$
$$[3]=[6]=\{3,6\}$$

不难发现，上述子集无交集，并集为集合 A。A 中任何一个元素一定在它自身的等价类中。若 $b \in [a]_R$，那么 b 是这个等价类的代表元素。等价类中的任意元素都是这个等价类的代表元素。若集合 A 中的两个元素有 R 关系，则这两个元素的等价类相等。例如，3 和 6 的模 3 运算余数均为零，有等价关系，所以可记为 $[3]=[6]$。

在例 4-30 中，整数集 $\mathbf{Z}$ 上的模 m 运算的等价类为

二维码 4-19 视频
等价类

$$[0]_m = \{\cdots, -3m, -2m, -m, 0, m, 2m, 3m, \cdots\}$$
$$[1]_m = \{\cdots, -3m+1, -2m+1, -m+1, 1, m+1, 2m+1, 3m+1, \cdots\}$$
$$[2]_m = \{\cdots, -3m+2, -2m+2, -m+2, 2, m+2, 2m+2, 3m+2, \cdots\}$$
$$\vdots$$
$$[m-1]_m = \{\cdots, -3m+m-1, -2m+m-1, -m+m-1, m-1, m+m-1, 2m+m-1, 3m+m-1, \cdots\}$$

例如，模4运算的等价类如下：
$$[0]_4 = \{\cdots, -8, -4, 0, 4, 8, \cdots\}$$
$$[1]_4 = \{\cdots, -7, -3, 1, 5, 9, \cdots\}$$
$$[2]_4 = \{\cdots, -6, -2, 2, 6, 10, \cdots\}$$
$$[3]_4 = \{\cdots, -5, -1, 3, 7, 11, \cdots\}$$

> **定理4-5**：设 R 是非空集合 A 上的等价关系，对任意的 $a, b \in A$，有：
>
> (1) $[a] \neq \varnothing$，且 $[a] \subseteq A$。
>
> (2) 若 aRb，则 $[a]_R = [b]_R$。
>
> (3) 若 $a \not{R} b$，则 $[a]_R \cap [b]_R = \varnothing$。
>
> (4) $\bigcup\limits_{a \in A} [a]_R = A$。

证明：(1) 因为对 $\forall a \in A$，R 是等价关系，故有 aRa，所以 $a \in [a]_R$，则 $[a]_R \neq \varnothing$。由等价类定义可知，$\forall a \in A$，有 $[a]_R \subseteq A$。

(2) 任取 $c \in [a]_R$，则有 $<a, c> \in R$，因为 R 是对称关系，所以 $<c, a> \in R$，有 $<a, b> \in R$，由于 R 是传递关系，有 $<c, b> \in R$，故 $<b, c> \in R$，则 $c \in [b]_R$，即 $[a]_R \subseteq [b]_R$。同理可证 $[b]_R \subseteq [a]_R$，所以 $[a]_R = [b]_R$。

(3) 假设 $[a]_R \cap [b]_R \neq \varnothing$，则存在 $c \in [a]_R \cap [b]_R$，从而 $c \in [a]_R \wedge c \in [b]_R$，即 $<c, a> \in R \wedge <c, b> \in R$，根据 R 的对称性和传递性，必有 $<a, b> \in R$，与条件 $<a, b> \notin R$ 矛盾，所以假设不成立，原命题成立。

(4) 先证 $\bigcup\limits_{a \in A} [a]_R \subseteq A$：

任取 $b \in \bigcup\limits_{a \in A} [a]_R$，则有 $\exists a (b \in [a]_R)$，而 $[a]_R \subseteq A$，则有 $b \in A$，从而有 $\bigcup\limits_{a \in A} [a]_R \subseteq A$。

再证 $A \subseteq \bigcup\limits_{a \in A} [a]_R$：

任取 $b \in A$，则有 $b \in [b]_R$，而 $[b]_R \subseteq \bigcup\limits_{a \in A} [a]_R$，则有 $b \in \bigcup\limits_{a \in A} [a]_R$，所以 $A \subseteq \bigcup\limits_{a \in A} [a]_R$。

综上所述，得 $\bigcup\limits_{a \in A} [a]_R = A$。

> **定义4-22**：设 R 是非空集合 A 上的等价关系，以 R 的所有等价类为元素的集合，称为集合 A 在关系 R 下的商集，记为 A/R，即
> $$A/R = \{[a]_R \mid a \in A\}$$

在模 3 运算中，集合 $A = \{1,2,3,4,5,6,7,8\}$ 在关系 R 下的商集 $A/R = \{\{1,4,7\},\{2,5,8\},\{3,6\}\}$。而模 m 运算的商集为 $A/R = \{[0]_m,[1]_m,[2]_m,\cdots,[m-1]_m\}$。

> **定义 4-23**：非空集合 S 的一簇子集 A_1，A_2，$\cdots$，A_m，满足以下条件：
>
> (1) $A_i \neq \varnothing \ (i = 1,2,\cdots,m)$
>
> (2) $A_i \cap A_j = \varnothing \ (i \neq j)$
>
> (3) $\overset{m}{\underset{i=1}{\cup}} A_i = S$
>
> 子集 A_1，A_2，$\cdots$，A_m 构成的集合称为 A 的一个划分，且 A_i（$i = 1$，2，$\cdots$，m）为 A 的一个类或者划分的一个块。

集合 A 的一簇非空子集如图 4-16 所示。根据划分的定义，图 4-16 所示的非空子集为集合 A 的划分。

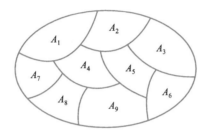

图 4-16　集合 A 的划分

假设 R 是非空集合 A 上的等价关系。由定理 4-5 可知由等价关系 R 生成的等价类的并集记为

$$\underset{a \in A}{\cup} [a]_R = A$$

且等价类 $[a]_R \neq [b]_R$ 时，$[a]_R$ 和 $[b]_R$ 的交集为 $\varnothing$。因此，等价关系 R 生成的等价类就是集合 A 的划分。

由此可见，等价类和划分存在一一对应关系。R 是集合 A 上的等价关系，由等价关系 R 生成的等价类是集合 A 的一个划分。同样，给定集合 A 的一个划分 $\{A_i \mid i \in N\}$，可以确定唯一的等价关系 R，这个等价关系的等价类就是划分块。关系 R 的定义如下：当 x 和 y 属于同一个划分块 A_i 时，则 xRy 成立。因此，关系 R 是由划分 $\{A_i \mid i \in N\}$ 导出的等价关系。下面证明 R 是等价关系。

自反性：对于 $\forall a \in A$，元素 a 自身在同一个划分块 A_i 内，故 $<a,a> \in R$ 成立。

对称性：若 $<a,b> \in R$，那么元素 b 和元素 a 在同一个划分块 A_i 内，所以 $<b,a> \in R$ 成立。

传递性：若 $<a,b> \in R$ 和 $<b,c> \in R$，那么 a 和 b 在同一个划分块内，b 和 c 也在同一个划分块内。因为有相同元素 b，所以这两个划分块为同一个划分块。因此，元素 a 和元素 c 属于同一个划分块，故 $<a,c> \in R$ 成立。

二维码 4-20 视频
等价关系与划分
关系

例 4-32　设集合 $A = \{1,2,3\}$，求集合 A 的所有等价关系及其对应商集。

解：先给出集合 A 上的所有划分，如图 4-17 所示。这些划分分别被标记为 π_1、π_2、π_3、π_4、π_5。由划分与等价关系的一一对应关系可知：

（1）π_1 对应的等价关系为 E_A，对应的商集为 $A/E_A = \{\{1,2,3\}\}$。

（2）π_2 对应的等价关系为 I_A，对应的商集为 $A/I_A = \{\{1\},\{2\},\{3\}\}$。

（3）π_3、π_4 和 π_5 对应的等价关系为 R_3、R_4 和 R_5：

$$R_3 = \{(2,3),(3,2)\} \cup I_A$$

对应的商集为 $A/R_3 = \{\{1\},\{2,3\}\}$。

$$R_4 = \{(1,3),(3,1)\} \cup I_A$$

对应的商集为 $A/R_4 = \{\{2\},\{1,3\}\}$。

$$R_5 = \{(1,2),(2,1)\} \cup I_A$$

对应的商集为 $A/R_5 = \{\{3\},\{1,2\}\}$。

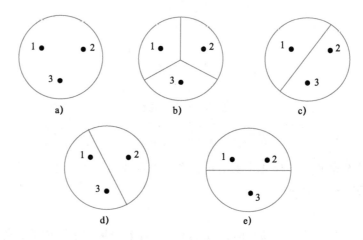

图 4-17　商集示意图

a) π_1　b) π_2　c) π_3　d) π_4　e) π_5

4.1.7　偏序关系

集合上的另一种重要关系是偏序关系，它是集合上部分元素之间的顺序关系，这种关系在实际应用中广泛存在。例如，数字之间的"大于或等于"（$\geqslant$）和集合之间的"包含"关系都是偏序关系。

> **定义 4-24：**如果集合 S 上的关系 R 是自反的、反对称的和传递的，则称其为偏序关系。集合 S 与偏序关系 R 一起被称为偏序集，记为 $<S,R>$。

例 4-33　试证明"大于或等于"（$\geqslant$）是整数集上的偏序关系。

解：自反性：对于任意整数 a，有 $a \geqslant a$。

反对称性：若 $a \geqslant b$ 和 $b \geqslant a$ 同时成立，则有 $a = b$。

传递性：如果 $a \geqslant b$ 和 $b \geqslant c$ 同时成立，则有 $a \geqslant c$。

因此，"≥"是整数集上的偏序关系，<**Z**, ≥>是偏序集。

例 4-34　试证明"整除"（｜）是正整数集上的偏序关系。

解：自反性：对于任意整数 a，有 $a|a$。

反对称性：若 a 和 b 是正整数，且 $a \mid b$ 和 $b \mid a$ 同时成立，则有 $a = b$。

传递性：假设 a 整除 b，b 又整除 c。那么存在整数 k 和 l，使得 $b = ak$ 和 $c = bl$ 成立。因此，$c = a\,(kl)$ 成立。故 a 整除 c。

因此，"｜"是整数集上的偏序关系，<**Z**, ｜>是偏序集。

> **定义 4-25**：设 <S, R> 为偏序集，对于任意元素 a 和 b，若 $a \leqslant b$ 或 $b \leqslant a$ 成立，则称 a 和 b 是可比的；若 $a \leqslant b$ 或 $b \leqslant a$ 不成立，则称 a 和 b 是不可比的。不存在元素 $c \in S$ 使得 $a < c < b$ 成立，则称 b 覆盖 a。

二维码 4-21 视频
偏序关系

对于一个偏序关系，如果按照以下规则画图：

（1）按照偏序次序自底向上排列结点顺序，若 $a \leqslant b$，则结点 a 在结点 b 下方；然后画偏序关系 "≤" 的关系图。

（2）在关系图中移除所有结点的环。

（3）在关系图中移除所有表示传递关系的边和代表方向的箭头。

这样得到的表示偏序关系的图称为哈斯图。在哈斯图中，可以按照位置关系来判断元素在偏序关系上的逻辑大小，即哈斯图下方的元素小于上方的元素。

例 4-35　设 $A = \{1,2,4,8\}$。整除关系 R（｜）是集合 A 上的偏序关系，试画出哈斯图。

解：（1）先画出关系 R 的关系图，如图 4-18 所示。

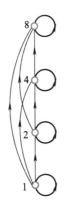

图 4-18　例 4-35 关系 R 的关系图

（2）移除关系图中的环，如图 4-19 所示。

图 4-19 关系 R 移除环的示意图

（3）移除图 4-19 中代表传递关系的边和边方向，如图 4-20 所示。

图 4-20 关系 R 的哈斯图

由此，通过上述过程得到整除关系（|）的哈斯图。

例 4-36 画出偏序集 $<\{1,2,3,4,5,6,7,8,9\},\ |\ >$ 和偏序集 $<P(\{a,b,c\}),\ \subseteq\ >$ 的哈斯图。

解：整除关系的哈斯图如图 4-21 所示。

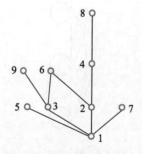

图 4-21 整除关系的哈斯图

集合包含关系的哈斯图如图 4-22 所示。

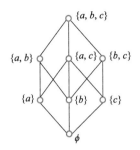

图 4-22 关系 "⊆" 的哈斯图

例 4-37 偏序集 $<A,R>$ 的哈斯图如图 4-23 所示,试给出集合 A 和关系 R。

图 4-23 例 4-37 的哈斯图

解:$A = \{a,b,c,d,e,f\}$

由于哈斯图中不存在自反性和传递性,但 R 是偏序关系,故需加入自反性和传递性。

$R = \{(b,d),(b,e),(b,f),(c,d),(c,e),(c,f),(d,f),(e,f)\} \cup I_A$

定义 4-26:设 $<S,\leqslant>$ 为偏序集,若任意的 a,$b \in S$,都有 $a \leqslant b$ 或 $b \leqslant a$ 成立,即 a 和 b 是可比的,则称 $\leqslant$ 为 S 上的全序关系,且 $<S,\leqslant>$ 为全序集。

由哈斯图定义可知,全序集的哈斯图是一条直线。所以,全序集也可以称为线序集。

定义 4-27:设 $<A,\leqslant>$ 为偏序集,$B \subseteq A$。

(1) 若 $\exists y \in B$,使得 $\forall x(x \in B \rightarrow y \leqslant x)$ 成立,则称 y 是 B 的最小元。

(2) 若 $\exists y \in B$,使得 $\forall x(x \in B \rightarrow x \leqslant y)$ 成立,则称 y 是 B 的最大元。

(3) 若 $\exists y \in B$,使得 $\exists x(x \in B \wedge x < y)$ 成立,则称 y 是 B 的极大元。

(4) 若 $\exists y \in B$,使得 $\exists x(x \in B \wedge y < x)$ 成立,则称 y 是 B 的极小元。

由定义可知,对于有限集合,极小元和极大元一定存在且可能有多个,最小元和最大元不一定存在,若存在则是唯一的。最小元一定是极小元,最大元一定是极大元,反之则不成立。当集合仅含有一个元素时,此元素既为极大元又为极小元。

> **定义4-28**：设 $<A, \leqslant>$ 为偏序集，$B \subseteq A$。
>
> （1）若 $\exists y \in A$，使得 $\forall x(x \in B \to x \leqslant y)$ 成立，则称 y 是 B 的上界。
>
> （2）若 $\exists y \in A$，使得 $\forall x(x \in B \to y \leqslant x)$ 成立，则称 y 是 B 的下界。
>
> （3）令 $C = \{y \mid y$ 为 B 的上界$\}$，则称 C 的最小元为 B 的最小上界或上确界。
>
> （4）令 $C = \{y \mid y$ 为 B 的下界$\}$，则称 C 的最大元为 B 的最大下界或下确界。

二维码4-22视频
偏序关系特定
元素

例4-38 设偏序集 $<A, \leqslant>$ 的哈斯图如图4-24所示。

（1）给出极大元和极小元。

（2）试判断最大元和最小元是否存在？若存在，请给出最大元和最小元。

（3）求集合 $\{b, c, d\}$ 的上界和下界。

（4）试判断集合 $\{b, c, d\}$ 的上确界和下确界是否存在？若存在，请给出上确界和下确界。

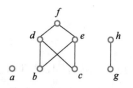

图4-24 例4-38的哈斯图

解：根据定义，可得结论：

（1）极小元为 a、b、c、g；极大元为 a、f, h。

（2）不存在最大元和最小元。

（3）下界和下确界不存在。

（4）上界为 d 和 f，上确界为 d。无下界与下确界。

4.2 函数

函数，也称为映射，是一种特殊的二元关系。函数表示将第一个集合的每个元素分配给第二个集合的特定元素。本节主要介绍函数定义、函数性质及函数运算。

4.2.1 函数定义

> **定义4-29**：设 A 和 B 是非空集合。f 是一个从 A 到 B 的二元关系，对任意 $x \in A$，都有 $\exists y[y \in B \land <x, y> \in f]$ 成立且 y 唯一，称 f 为从 A 到 B 的函数或映射，记作 $f: A \to B$。

例4-39 试判断如图4-25所示的关系是否为 A 到 B 的函数。

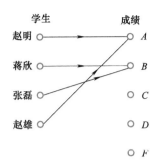

图 4-25　学生和离散数学成绩关系图

解：对 A 中的每个元素，在 B 中仅有唯一的元素与之对应，所以 f 是 A 到 B 的函数。

由例 4-39 可知，函数 f 表示从学生到离散数学课程成绩的一一映射关系，即每个学生对应一个相应的成绩等级。其中，学生成绩等级集中分布在 A 和 B 两个等级。

> **定义 4-30**：设 f 是一个从集合 A 到集合 B 的函数，则 A 是函数 f 的定义域。如果 $<x,y>\in f$，则可以写成 $y=f(x)$，称 y 为 x 的像，x 为 y 的原像。A 中所有元素的像构成的集合，称为 f 的值域。

在例 4-39 中，由定义可知若函数 f 的定义域为集合 A，即 {赵明，蒋欣，张磊，赵雄}；函数 f 的值域为 $\{A,B\}$，而不是集合 B。若用 $\mathrm{dom}\,f$ 表示 f 的定义域，$\mathrm{ran}\,f$ 表示函数 f 的值域，由例 4-39 可知 $\mathrm{dom}\,f=A$，$\mathrm{ran}\,f\subseteq B$。

> **定义 4-31**：设 f、g 是从集合 A 到集合 B 的函数，所有从 A 到 B 的函数构成 B^A，读作 "B 上 A"，即 $B^A=\{f\mid f{:}A\rightarrow B\}$。

例 4-40　集合 $A=\{a,b,c\}$，集合 $B=\{1,2\}$。写出所有从 A 到 B 的函数。

解：所有从 A 到 B 的函数为

$f_1=\{<a,1>,<b,1>,<c,1>\}$

$f_2=\{<a,1>,<b,1>,<c,2>\}$

$f_3=\{<a,1>,<b,2>,<c,1>\}$

$f_4=\{<a,1>,<b,2>,<c,2>\}$

$f_5=\{<a,2>,<b,1>,<c,1>\}$

$f_6=\{<a,2>,<b,1>,<c,2>\}$

$f_7=\{<a,2>,<b,2>,<c,1>\}$

$f_8=\{<a,2>,<b,2>,<c,2>\}$

因而，$B^A=\{f_1,f_2,f_3,f_4,f_5,f_7,f_8\}$。

若 $|A|=m$，$|B|=n$，则 $|B^A|=n^m$。

4.2.2 函数性质

> **定义 4-32**：设 f 是从集合 A 到集合 B 的函数，对于 $\forall x_1, x_2 \in A$，当 $x_1 \neq x_2$ 时，都有 $f(x_1) \neq f(x_2)$，则称 f 是单射函数。

定义中"当 $x_1 \neq x_2$ 时，都有 $f(x_1) \neq f(x_2)$"表示的是一对一的函数方式，它也可以被表示为"当 $f(x_1) = f(x_2)$ 时，有 $x_1 = x_2$"。下面通过实例来说明一对一的函数方式。

例 4-41 判断从集合 $A = \{a,b,c,d\}$ 到集合 $B = \{x,y,z,w\}$ 的函数 f 是否为一对一的，f 的定义如图 4-26 所示。

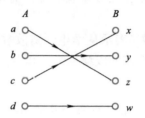

图 4-26 例 4-41 函数 f 的示意图

解：由于 $f(a) = z$，$f(b) = y$，$f(c) = x$，$f(d) = w$，f 定义域中的 4 个元素分别对应 4 个不同的值，故 f 是一对一的。

> **定义 4-33**：设 f 是从集合 A 到集合 B 的函数，若 $\operatorname{ran} f = B$ 时，则称 f 是满射函数。

例 4-42 判断从集合 $A = \{a,b,c,d\}$ 到集合 $B = \{x,y,z\}$ 的函数 f 是否为满射的，f 的定义如图 4-27 所示。

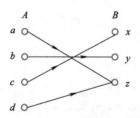

图 4-27 例 4-42 函数 f 的示意图

解：由函数 f 的示意图可知，由于函数 f 的值域等于集合 $B = \{x,y,z\}$，故函数 f 是满射的。

例 4-43 设 f 是从集合 $\{a,b,c,d\}$ 到集合 $\{1,2,3\}$ 的函数，且 $f(a) = 3$，$f(b) = 2$，$f(c) = 1$ 和 $f(d) = 3$。试判断 f 是否为满射的。

解：由于函数 f 的值域等于集合 $\{1,2,3\}$，故函数 f 是满射的。

例 4-44 判断 $f(x) = x^2$ 是否为整数集合上的满射函数。

解：由于函数 f 的值域为对应整数的平方数，不等于整个整数集合，故函数 $f(x) = x^2$ 不是整数集合上的满射函数。

定义 4-34：设 f 是从集合 A 到集合 B 的函数，若函数 f 既是单射的，又是满射的，则称 f 是双射函数。

例 4-45　判断从集合 $A = \{a,b,c,d\}$ 到集合 $B = \{x,y,z,w\}$ 的函数 f 是否为双射的，f 的定义如图 4-28 所示。

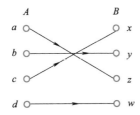

图 4-28　例 4-45 函数 f 的示意图

解：由函数 f 的示意图可知，函数 f 的定义域 $A = \{a,b,c,d\}$ 中的每个元素都有唯一对应的值，故函数 f 是单射的。函数的值域等于集合 $B = \{x, y,z,w\}$，故函数 f 是满射的，因此，函数 f 是双射的。

假设 f 是集合 A 到集合 B 的函数，根据定义可知以下几点。

（1）为了证明函数 f 是单射的，对于 $\forall\, x,y \in A$ 且 $f(x) = f(y)$ 时，能够得到 $x = y$，那么函数 f 就是单射的。

（2）为了证明函数 f 是满射的，对 $\forall\, y \in B$，都有 $f(x) = y$，则函数 f 就是满射的。

（3）如果函数 f 既是单射的，又是满射的，则函数 f 是双射的。

4.2.3　函数运算

定义 4-35：设 f 是从集合 A 到集合 B 的双射函数，函数 f 的逆函数是从集合 B 到集合 A 的函数，表示为 $f^{-1}(y) = x$，当且仅当 $f(x) = y$。

下面用图示形式展现函数 f 和逆函数 f^{-1} 间的关系，如图 4-29 所示。

由图 4-29 可知，当函数 f 是双射的，才能对应值域中的某个元素 x，在定义域中有唯一确定的元素 c 使得 $f(c) = x$ 成立。然而，如果函数 f 不是单射的，对于值域中元素 x 可能存在不唯一的元素 c 使得 $f(c) = x$ 成立。如果 f 不是满射的，对于值域中的某个元素 x，在定义域中可能不存在一个元素 c 使得 $f(c) = x$ 成立，因为对应元素 c 可能不存在。因此，只有函数 f 是双射的，才存在对应的反函数 f^{-1}。

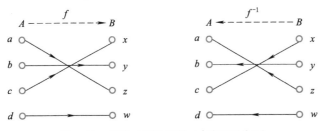

图 4-29　函数 f 和逆函数 f^{-1} 关系示意图

例4-46　设 f 是从集合 $\{a,b,c\}$ 到集合 $\{1,2,3\}$ 的函数，且 $f(a) = 2$，$f(b) = 3$ 和 $f(c) = 1$。试判断函数 f 是否为可逆函数？如果是，求可逆函数。

解：根据定义可知函数 f 是双射函数，故函数 f 是可逆的。其逆函数为 $f^{-1}(1) = c, f^{-1}(2) = a, f^{-1}(3) = b$。

例4-47　设 f 是整数集合上的函数，且 $f(x) = x + 1$。试判断函数 f 是否为可逆函数？如果是求可逆函数。

解：根据定义可知函数 f 是双射函数，故函数 f 是可逆的。其逆函数为 $f^{-1}(y) = y - 1$。

例4-48　设 f 是实数集合上的函数，且 $f(x) = x^2$。试判断函数 f 是否为可逆函数？如果是，求可逆函数。

解：根据定义可知函数 f 不是单射函数，故函数 f 是不可逆的。

> **定义4-36**：设 f 是从集合 B 到集合 C 的函数，g 是集合 A 到集合 B 的函数，f 和 g 的复合函数记作 $f \circ g$，表示为
>
> $$f \circ g = \{ <x,z> \mid x \in A \land z \in C \land \exists y(y \in B) \land <x,y> \in g \land <y,z> \in f\}$$
>
> $f \circ g$ 是从 A 到 C 的函数，称为 f 和 g 的复合函数。对 $\forall x \in A$，都有 $f \circ g(x) = f(g(x))$。

如图4-30所示，$f \circ g$ 的运算是在函数 g 的定义域 A 中的任一元素 a 求得 $g(a)$ 且 $g(a) \in B$，再求函数 f 定义域中 $g(a)$ 对应的值 $f(g(a))$。

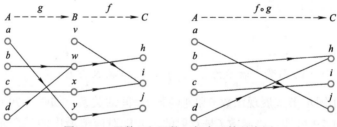

图4-30　函数 f 和函数 g 复合运算示意图

例4-49　设 g 是集合 $\{a,b,c\}$ 上的函数，且 $g(a) = b, g(b) = c$ 和 $g(c) = a$。设 f 是集合 $\{a,b,c\}$ 到集合 $\{1,2,3\}$ 的函数，且 $f(a) = 3, f(b) = 2$ 和 $f(c) = 1$。求 $f \circ g$ 和 $g \circ f$。

解：$f \circ g$ 定义为

$f \circ g(a) = f(g(a)) = f(b) = 2$。

$f \circ g(b) = f(g(b)) = f(c) = 1$。

$f \circ g(c) = f(g(c)) = f(a) = 3$。

而 $g \circ f$ 不能计算，因为函数 f 的值域不是函数 g 的定义域的子集。

注意，如果函数 g 的值域不是函数 f 的定义域的子集，就无法定义 $f \circ g$。

> **定理4-6**：设 f 是从集合 B 到集合 C 的函数，g 是 A 到集合 B 的函数，则：
>
> (1) $\mathrm{dom}\,(f \circ g) = \{ x \mid x \in \mathrm{dom}\,g \land g(x) \in \mathrm{dom}\,f\}$

（2）$x \in \mathrm{dom}\,(f \circ g)$，有 $f \circ g(x) = f(g(x))$

例 4-50　设 $f(x) = x^2$ 和 $g(x) = 2x + 1$，试求 $f \circ g(x)$ 和 $g \circ f(x)$。

解：$f \circ g(x) = f(g(x)) = (2x + 1)^2$。

$g \circ f(x) = g(f(x)) = 2x^2 + 1$。

例 4-51　设 f 和 g 是整数集合上的函数，且 $f(x) = 2x + 3$，$g(x) = 3x + 2$。试求 $f \circ g$ 及 $g \circ f$ 的结果。

解：$f \circ g(x) = f(g(x)) = f(3x + 2) = 2(3x + 2) + 3 = 6x + 7$。

$g \circ f(x) = g(f(x)) = g(2x + 3) = 3(2x + 3) + 2 = 6x + 11$。

4.3　习题

1. 设集合 $A = \{a, b, c\}$，试求 $P(A) \times A$。

2. 设关系 $R = \{<\varnothing, 1>, <2, 3>, <\varnothing, \{\varnothing\}>\}$，试求

（1）R^{-1}

（2）$\mathrm{ran}\,R$

（3）$\mathrm{dom}\,R$

3. 设 R 是集合 $A = \{1, 2, 3, 4, 5\}$ 上的二元关系，$R_1 = \{<3, 2>, <5, 3>, <3, 4>, <2, 1>\}$，$R_2 = \{<1, 2>, <1, 3>, <2, 4>, <1, 5>, <5, 2>, <5, 5>\}$，试求

（1）R_1^2

（2）R_2^3

（3）$R_1 \circ R_2$

（4）$R_2 \circ R_1$

4. 设关系 R 是人类集合上的二元关系，试判断以下关系是否是自反的、对称的、反对称的或传递的。

（1）田蕾比赵艳漂亮。

（2）田蕾和赵艳是同班同学。

（3）田蕾比赵艳高。

（4）田明和田蕾是兄妹。

5. 设 R_1 和 R_2 是关系，且矩阵表示分别为

$$\boldsymbol{M}_{R_1} = \begin{bmatrix} 0 & 1 & 1 \\ 1 & 1 & 1 \\ 0 & 1 & 0 \end{bmatrix}, \boldsymbol{M}_{R_2} = \begin{bmatrix} 1 & 1 & 1 \\ 1 & 1 & 0 \\ 1 & 1 & 0 \end{bmatrix}$$

试计算下列各式：

（1）$R_1 \cup R_2$

（2）$R_1 \cap R_2$

（3）$R_1 \circ R_2$

（4）$R_2 \circ R_1$

（5）$R_1 \oplus R_2$

（6）R_1^2

（7）R_1^3

6. 画出下面关系的关系图。

$\{ < a,a > ,\ < a,c > ,\ < b,c > ,\ < d,c > ,\ < d,b > ,\ < d,d > \}$

7. 设集合 $A = \{1,2,3,4\}$，R 是集合 A 上的二元关系。试给出关系 R 的自反闭包、对称闭包和传递闭包。

$R = \{ < 1,2 > ,\ < 1,3 > ,\ < 2,3 > ,\ < 3,3 > ,\ < 4,3 > ,\ < 2,4 > \}$

8. 设集合 $A = \{a,b,c\}$，R 是集合 A 上的二元关系，关系 R 的关系矩阵为

$$M_R = \begin{bmatrix} 1 & 0 & 0 \\ 0 & 1 & 1 \\ 0 & 1 & 1 \end{bmatrix}$$

（1）给出关系 R 的集合表示。

（2）画出关系 R 的关系图。

（3）试判断关系 R 具有哪些性质。

9. 下列子集哪些是集合 $\{1,2,3,4,5,6\}$ 的划分？

（1）$\{1,2\},\{2,3,4\},\{4,5,6\}$

（2）$\{1\},\{2,3,6\},\{4\},\{5,6\}$

（3）$\{2,4,6\},\{1,3,5\}$

（4）$\{1,4,5\},\{2,6\}$

10. 设集合 $A = \{1,2,3\}$，判断下列关系是否为等价关系，为什么？

（1）$R_1 = \{ < 1,1 > ,\ < 2,2 > ,\ < 3,3 > \}$

（2）$R_2 = \{ < 1,1 > ,\ < 2,2 > ,\ < 3,3 > ,\ < 3,2 > ,\ < 2,3 > \}$

（3）$R_3 = \{ < 1,1 > ,\ < 2,2 > ,\ < 3,3 > ,\ < 1,4 > \}$

（4）$R_4 = \{ < 1,1 > ,\ < 2,2 > ,\ < 1,2 > ,\ < 2,1 > ,\ < 1,3 > ,\ < 3,1 > ,$ $< 3,3 > ,\ < 2,3 > ,\ < 3,2 > \}$

11. 设集合 $A = \{a,b,c,d\}$，关系 R 是 A 上的二元关系，即 $R = I_A \cup \{ < a,c > ,\ < c,a > ,\ < b,d > ,\ < d,b > \}$，试给出等价关系 R 的等价类和商集 A/R。

12. 设集合 $A = \{a,b,c,d\}$，试给出下列 $0-1$ 矩阵对应的关系集合和关系图，并判断这些关系是否为等价关系。

（1）$\begin{bmatrix} 1 & 1 & 1 \\ 1 & 1 & 1 \\ 0 & 1 & 1 \end{bmatrix}$

（2）$\begin{bmatrix} 1 & 0 & 1 & 0 \\ 0 & 1 & 0 & 1 \\ 1 & 0 & 1 & 0 \\ 0 & 1 & 0 & 1 \end{bmatrix}$

$(3)\begin{bmatrix} 1 & 1 & 1 & 0 \\ 1 & 1 & 1 & 1 \\ 1 & 1 & 1 & 0 \\ 0 & 1 & 0 & 1 \end{bmatrix}$

13. 设 R 是正整数集合上的二元关系，即 $<<a,b>,<c,d>>\in R$，当且仅当 $a+b=c+d$，其中 a、b、c 和 d 是正整数。试证明二元关系 R 是等价关系。

14. 设 R 是正整数集合上的二元关系，即 $<<a,b>,<c,d>>\in R$，当且仅当 $ad=bc$，其中 a、b、c 和 d 是正整数。试证明二元关系 R 是等价关系。

15. 设集合 $A=\{1,2,3,4,6,8,12,24\}$，$<A,\leqslant>$ 是一个偏序集。这里 "$\leqslant$" 代表整除关系。请画出偏序集 $<A,\leqslant>$ 的哈斯图，并指出它的极小元、最小元、极大元和最大元。

16. 设集合 $A=\{1,2,3,4,5,6\}$，R 是集合 A 上的整除关系。请画出偏序集 $<A,R>$ 的哈斯图，并指出它的极小元、最小元、极大元和最大元。其中 A 的子集 $A_1=\{2,3,6\}$，$A_2=\{2,3,5\}$。试给出 A_1 和 A_2 的上界、下界、上确界和下确界。

17. 下列关系中哪些是从 R 到 R 的单射关系？

(1) $f(x)=2x$

(2) $f(x)=x^2-x$

(3) $f(x)=\dfrac{(2x+1)}{(x+2)}$

(4) $f(x)=x^3-x$

18. 下列关系中哪些是从 $Z\times Z$ 到 Z 的满射关系？

(1) $f(x,y)=2x-y$

(2) $f(x,y)=x^2-y^2$

(3) $f(x,y)=x+y-1$

(4) $f(x,y)=|x|-|y|$

19. 下列关系中哪些是从 $Z\times Z$ 到 Z 的双射关系？

(1) $f(x,y)=x+2y$

(2) $f(x,y)=2x^2+y^2$

(3) $f(x,y)=x+y$

(4) $f(x,y)=2|x|-|y|$

20. 设 $\mathbf{R}$ 是实数集合，并且对于 $x\in\mathbf{R}$，函数 $f(x)=x+3$，$g(x)=2x+4$ 和 $h(x)=x^2$，试判断上述函数是否有反函数？若有，请给出对应的反函数。

21. 设函数 $f:R\rightarrow R$ 是 $f(x)=\dfrac{1}{x}$；函数 $g:R\rightarrow R$ 是 $f(x)=x^2$；函数 $h:R\rightarrow R$ 是 $f(x)=\sqrt{x}$。

(1) 试求出复合函数 $f\circ f$、$h\circ g$ 和 $g\circ h$ 的代数表达式。

(2) 求出各函数的定义域，即 R 的子集。

第三部分

图论

图论是数学的一个分支，以图为研究对象。图论由若干给定的点和连接两点的线构成，借以描述某些事物之间的某种特定关系。用点代表事物，用连接两点的线表示两个事物之间具有的特定关系。

在图论中，在读者参考其他书籍时请注意，不同作者所用的术语的含义极不一致，本书尽量采用最通俗的术语。

第 5 章　图的基本概念和矩阵表示

本章主要介绍图的基本概念、定理及其矩阵表示等相关知识，先初步认识图，为以后的进一步学习和应用打下基础。

5.1　图的基本概念

现实生活中的很多现象都能用某种图形来表示，这些图形由一些点和一些两点间的连线组成。将这些图形进行数学抽象后，可以得到以下图的定义。

> 定义 5-1：图（Graph）是由顶点集合和顶点间的一元关系集合（即边的集合或弧的集合）组成的数据结构，通常可以用 $G(V, E, \varphi)$ 来表示。其中顶点集合和边的集合分别用 $V(G)$ 和 $E(G)$ 表示，φ 是从 E 到 V 中的有序对或无序对的映射。

$V(G)$ 中的元素称为顶点（Vertex），又称为结点，用 u、v 等符号表示；顶点的个数称为图的阶（Order），通常用 n 表示。$E(G)$ 中的元素称为边（Edge），用 e 等符号表示；边的个数称为图的边数（Size），通常用 m 表示。从边 e 到其相连接的两个顶点（u、v）的映射如果是无序的，则这条边可以用无序对 (u, v) 来表示，这时边 e 称为无向边，简称为边。从边 e 到其相连接的两个顶点（u、v）的映射如果是有序的，则这条边一般用有序对 $<u,v>$ 来表示，这时边 e 称为有向边或弧，u 称为弧 e 的始点，v 称为弧 e 的终点，u 和 v 统称为 e 的端点。同时称 e 关联于 u 和 v，u 和 v 是邻接点。同样，关联于同一个顶点的两条边，称为邻接边。关联于同一个顶点的一条边，称为自回路，又称为环，环的方向是不定的。无向边又称为棱，没有始点和终点。不与任何顶点邻接的顶点称为孤立顶点。

> 定义 5-2：每一条边都是有向边的图称为有向图，每一条边都是无向边的图称为无向图。如果在图中一些边是有向边，而另一些边是无向边，则称这个图是混合图。全由孤立顶点构成的图称为零图或离散图。若一个图中只含一个孤立顶点，则该图称为平凡图。顶点数为 n 的图称为 n 阶图，顶点集为空集的图称为空图。

图 5-1 展示了几种常见图。

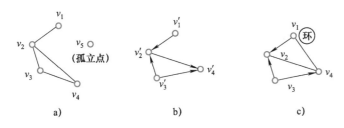

图 5-1　几种常见图

a) 无向图　b) 有向图　c) 混合图

定义 5-3：含有平行边的图称为多重图，不含平行边的称为线图，没有自回路的线图称为简单图。

在有向图中，若两个顶点间（包括顶点自身间）始点和终点均相同的边多于一条，则这几条边称为平行边，又称为多重边。类似，在无向图中，若两个顶点间（包括顶点自身间）多于一条边，则称这几条边为平行边或多重边。简单图既无多重边，又无环。e 既可以表示有向边，又可以表示无向边。两个顶点 u、v 间互相平行的边的条数称为边（u、v）的重数。仅有一条边时重数为 1，没有边时重数为 0。

例 5-1　描述如图 5-2a、b 所示的多重图。

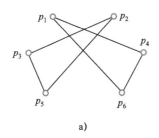 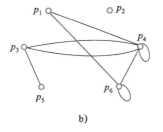

图 5-2　图和多重图

a) 图　b) 多重图

解：对于图 5-2a：有 6 个顶点，从而 $V = \{p_1, p_2, p_3, p_4, p_5, p_6\}$，有 6 条边，因此，$E = \{(p_1, p_4), (p_1, p_6), (p_4, p_6), (p_3, p_2), (p_3, p_5), (p_2, p_5)\}$。对于图 5-2b：有 6 个顶点，从而 $V = \{p_1, p_2, p_3, p_4, p_5, p_6\}$，有 8 条边（其中有两条是多重边，两条是环），且由此有 8 个顶点偶，因此，$E = \{(p_1, p_4), (p_1, p_6), (p_4, p_6), (p_3, p_4), (p_3, p_4), (p_4, p_4), (p_3, p_5), (p_6, p_6)\}$。

例 5-2　判定下列多重图 $G(V, E)$ 是否是简单图，其中，$V = \{a, b, c, d\}$，且

(1) $E = \{(a, b), (a, c), (a, d), (b, c), (c, d)\}$。

(2) $E = \{(a, b), (b, b), (a, d)\}$。

(3) $E = \{(a, b), (c, d), (a, b), (b, d)\}$。

(4) $E = \{(a, b), (b, c), (c, b), (b, b)\}$。

解：简单图没有平行边，也没有环，故（1）是简单图。

（2）不是简单图。因为边 (b,b) 是环。

（3）不是简单图。因为边 (a,b) 和 (a,b) 是多重边。

（4）不是简单图。因为边 (b,c) 和 (c,b) 是多重边，边 (b,b) 是环。

例5-3　画出下列多重图 $G(V,E)$ 的图形，其中 $V = \{p_1, p_2, p_3, p_4, p_5\}$，且

（1）$E = \{(p_2, p_4), (p_2, p_3), (p_3, p_5), (p_5, p_4)\}$。

（2）$E = \{(p_1, p_1), (p_2, p_3), (p_2, p_4), (p_3, p_2), (p_4, p_1), (p_5, p_4)\}$。

解：先根据顶点集画出顶点，再连接边。其中图5-3a是简单图，图5-3b是多重图，结果如图5-3所示。

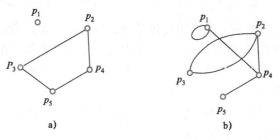

图5-3　例5-3对应图

5.2　顶点的度数与度序列

定义5-4：在无向图中，顶点 v 作为边的端点的次数之和称为 v 的度数，简称度，记作 $d(v)$。在有向图中，顶点 v 作为边的始点的次数之和称为 v 的出度，记为 $d^+(v)$；顶点 v 作为边的终点的次数之和称为 v 的入度，记为 $d^-(v)$，顶点 v 的度数则是入度和出度之和。

图中度数的最大值称为最大度，度数的最小值称为最小度。同时，有向图中入度的最大值称为最大入度，出度的最大值称为最大出度。有向图中度数为1的顶点称为悬挂顶点，它所关联的边称为悬挂边。

设图 G 的顶点集为 $V = \{v_1, v_2, \cdots, v_n\}$，则称 $(d(v_1), d(v_2), \cdots, d(v_n))$ 为 G 的度数序列。同理，有向图还有入度序列和出度序列，分别为 $(d^-(v_1), d^-(v_2), \cdots, d^-(v_n))$ 和 $(d^+(v_1), d^+(v_2), \cdots, d^+(v_n))$。

定义5-5：各顶点的度数均相同的图称为正则图，各顶点的度数均为 k 时称为 k 度正则图。

例5-4　画出一个顶点数最少的简单图，（1）使它是3-正则图，（2）使它是5-正则图。

解：所求如图5-4a和图5-4b所示。

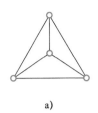
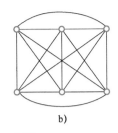

图 5-4   例 5-4 正则图

5.3   握手定理

定理 5-1（握手定理）：对任何图，每一条边都有两个端点，所有顶点的度数之和等于它们作为端点的次数之和，即等于边数的 2 倍。即 $\sum_{v \in V} \deg(v) = 2m$。

一般把度数为奇数的顶点称为奇度顶点，度数为偶数的顶点称为偶度顶点。

推论 5-1：对任何图，奇数顶点一定是偶数个。

证明：设 G 中奇数度顶点集合为 V_1，偶数度顶点集合为 V_2，则有

$\sum \deg(v_i) + \sum \deg(v_j) = \sum \deg(v_k) = 2|E|, v_i \in V_1, v_j \in V_2, v_k \in V$。

由于 $\sum \deg(v_j)$，$v_j \in V_2$ 是偶数之和必为偶数，而 $2|E|$ 也是偶数，故得 $\sum \deg(v_i)$，$v_i \in V_1$ 必是偶数。而各个 $\deg(v_i)(v_i \in V_1)$ 是奇数，所以一定是偶数个 $\deg(v_i)$ 求和的结果，即 $|V_1|$ 是偶数。

推论 5-2：对有向图，图的入度总和与出度总和相等，且等于图的边数，即

$$\sum_{v \in V} \deg^+(v) = \sum_{v \in V} \deg^-(v) = m$$

$$\sum_{v \in V} \deg(v) = \sum_{v \in V} \deg^+(v) + \sum_{v \in V} \deg^-(v) = 2m$$

握手定理及其推论解释了顶点数和边数的关系，可以根据上面的定理和推论解决很多问题，比如帮助快速判定某序列能否成为图的度数序列，需要灵活掌握。

例 5-5   考虑图 G，其中 $V(G) = \{a,b,c,d\}, E(G) = \{(a,b), (b,c), (b,d), (c,d)\}$。求 G 的每个顶点的次数和奇偶性。

解：计算每个顶点的度数，得

$\deg(a) = 1, \deg(b) = 3, \deg(c) = 2, \deg(d) = 2$

故 c 和 d 是偶度顶点，a 和 b 是奇度顶点。

例 5-6   求图 5-5 多重图的每个顶点的次数。

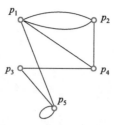

图 5-5   例 5-6 多重图

解：计算每个顶点的度数，得

$$\deg(p_1) = 4, \deg(p_2) = 3, \deg(p_3) = 2$$
$$\deg(p_4) = 3, \deg(p_5) = 4$$

其中，P_5 处有一个环，所以计算次数时要乘以 2。

5.4   完全图

> **定义 5-6**：任意两个相异顶点都相邻的简单图称为完全图，n 阶完全图记作 K_n。

其中，有向完全图的每对相同顶点间都有两个相反方向的弧。无向完全图的每一条边都是无向边，不含有平行边和环，每一对顶点间都有边相连。

> **定义 5-7**：设 $G = <V, E>$ 为具有 n 个顶点的简单图，从完全图 K_n 中删去 G 中的所有边而得到的图称为 G 相对于完全图 K_n 的补图，简称 G 的补图，记为 $\overline{G}$。当 G 为有向图时，则 K_n 为有向完全图，当 G 为无向图时，则 K_n 为无向完全图。G 与 $\overline{G}$ 互为补图。

删去边的操作在 5.6 节会重点讨论，此处能理解其含义即可。

例 5-7   画出图 5-6 中简单图的补图。

解：补图如图 5-7 所示。

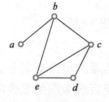

图 5-6   例 5-7 简单图

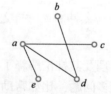

图 5-7   例 5-7 补图

> **定理 5-2**：在任何图中，n 个顶点的无向完全图 K_n 的边数为 $n(n-1)/2$，n 个顶点的有向完全图 K_n 的边数为 $n(n-1)$。

> **定理 5-3**：在任何有向完全图中，所有顶点入度的二次方之和等于所有顶点出度的二次方之和。

定义 5-8：给每条边或弧都赋予权的图 $G = <V,E>$ 称为加权图（Weighted Graph），又称为赋权图，记为 $G = <V,E,W>$。对于边 e 来说，$W(e)$ 表示边 e 的权重（Weight），简称权。

例如，在图 5-8 中，$V = \{a,b,c\}$，$E = \{e_1,e_2,e_3\}$，$f(a) = 3$，$f(b) = 4$，$f(c) = 5$，$g(e_1) = 6$，$g(e_2) = 7$，$g(e_3) = 8$。

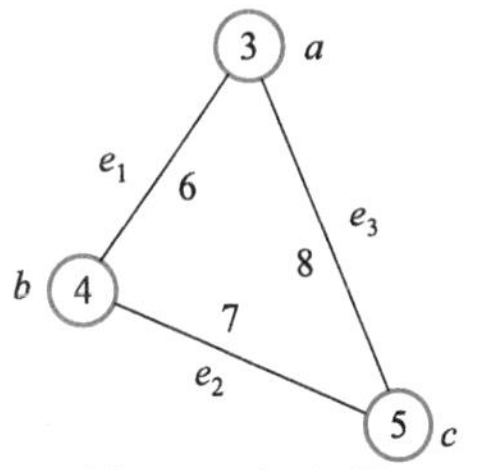

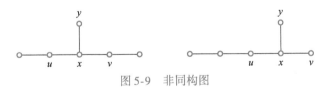

图 5-8　加权图

5.5　图的同构与子图

一个图的图形表示不一定是唯一的，一些看起来不同的图之间可能只是顶点和边的名称不同，而邻接关系是一样的，这时可以视作是同一个图的不同表现形式，也就是图的同构。同构的两个图的各顶点之间可以一一对应，并且这种对应关系保证了顶点之间的邻接关系和边的重数，如果是有向图还能保持每条边的方向相同，那么就说这两个图是同构的。即同构图除了顶点和边的名称不同外，实际上就是一个图形。

定义 5-9：设 $G = <V,E>$ 和 $G' = <V',E'>$ 分别表示两个图，若存在从 V 到 V' 的双射函数 φ，使得对任意的顶点 a、$b \in V$，$(a,b) \in E$，当且仅当 $(\varphi(a),\varphi(b)) \in E'$，且 (a,b) 和 $(\varphi(a),\varphi(b))$ 有相同的重数时，就称图 G 和 G' 是同构的，记为 $G \cong G'$。

目前尚没有一种有效的方法来直接判定两个图同构，在这里仅给出一些同构的必要条件。

（1）同构图的顶点数相等。

（2）同构图的边数相等。

（3）同构图的度数相同的顶点数相等。

以上是必要条件但不是充分条件，满足以上三种条件但不是同构图的情况存在，例如，如图 5-9 所示的两个图是非同构图。

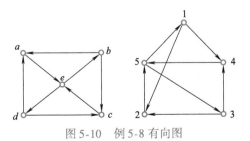

图 5-9　非同构图

例 5-8　证明图 5-10 中的两个有向图是同构的。

图 5-10　例 5-8 有向图

证明：作映射 $g(a)=4$，$g(b)=1$，$g(c)=2$，$g(d)=3$，$g(e)=5$。在该映射下，边 $<a,e>$，$<b,a>$，$<d,a>$，$<b,c>$，$<e,b>$，$<d,c>$，$<c,e>$，$<e,d>$ 分别对应为 $<4,5>$，$<1,4>$，$<3,4>$，$<1,2>$，$<5,1>$，$<3,2>$，$<2,5>$，$<5,3>$，因此两个有向图同构。

例5-9 证明图5-11中的两个无向图是不同构的。

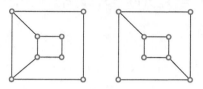

图5-11 例5-9无向图

证明：左图中有且只有4个次数为2的顶点，且有两对点相邻接。右图中也有且只有4个次数为2的点，但这4个点互不邻接。因此，两图之间不存在同构映射，因而不同构。

例5-10 一个无向图如果同构于它的补图，则该图称为自补图。

（1）给出一个4个顶点的自补图。

（2）给出一个5个顶点的自补图。

（3）是否有3个顶点的自补图？是否有6个顶点的自补图？

（4）证明一个自补图一定有 $4k$ 或者 $4k+1$ 个顶点。

解：（1）4个顶点的自补图如图5-12a所示。

（2）5个顶点的自补图如图5-12b所示。

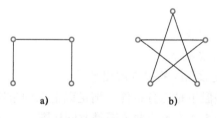

图5-12 例5-10自补图

（3）没有3个顶点和6个顶点的自补图。因为它们的完全图分别是3条边和15条边，两个子图不可能有相同的边数，故不可能同构。

（4）设 G 为 n 阶自补图，则由自补图的定义，需要 $n(n-1)/2$ 能被2整除。只有 $n=4k$ 或 $n=4k+1$ 时，$n(n-1)/2$ 才能被2整除，所以一个自补图一定有 $4k$ 或者 $4k+1$ 个顶点。

> 定义5-10：设 $G=<V,E>$ 和 $G'=<V',E'>$ 是两个图。如果 $V'\subseteq V$ 且 $E'\subseteq E$，则称 G' 是 G 的子图，G 是 G' 的母图，记作 $G'\subseteq G$。如果 $G'\subseteq G$ 且 $G'\neq G$，则称 G' 是 G 的真子图。如果 $V'=V$ 且 $G'\subseteq G$，则称 G' 是 G 的生成子图。若子图 G' 中没有孤立顶点，G' 由 E' 唯一确定，则称 G' 为由边集 E' 导出的子图。

图 5-13 为图 G 及其子图。

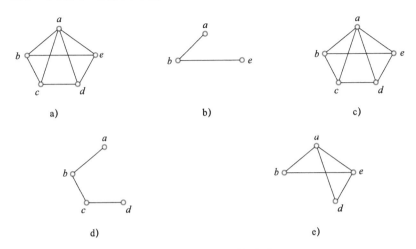

图 5-13　图 G 及其子图

a）图 G　b）真子图　c）生成子图　d）由 $E' = \{(a,b), (b,c), (c,d)\}$ 导出的子图
e）由 $V' = \{a,b,c,d\}$ 导出的子图

5.6　图的操作

设图 $G_1 = < V_1, E_1 >$，图 $G_2 = < V_2, E_2 >$，则有：

（1）G_1 与 G_2 的并，定义为图 $G_3 = < V_3, E_3 >$，其中 $V_3 = V_1 \cup V_2$，$E_3 = E_1 \cup E_2$，记为 $G_3 = G_1 \cup G_2$。

（2）G_1 与 G_2 的交，定义为图 $G_3 = < V_3, E_3 >$，其中 $V_3 = V_1 \cap V_2$，$E_3 = E_1 \cap E_2$，记为 $G_3 = G_1 \cap G_2$。

（3）G_1 与 G_2 的差，定义为图 $G_3 = < V_3, E_3 >$，其中 $E_3 = E_1 - E_2$，$V_3 = (V_1 - V_2) \cup \{E_3$ 中边所关联的顶点$\}$，记为 $G_3 = G_1 - G_2$。

（4）G_1 与 G_2 的环和，定义为图 $G_3 = < V_3, E_3 >$，$G_3 = (G_1 \cup G_2) - (G_1 \cap G_2)$，记为 $G_3 = G_1 \oplus G_2$。

设图 $G<V,E>$，则有：

（1）设 $e \in E$，用 $G - e$ 表示从 G 中去掉边 e 得到的图，称为删除 e。又设 $E' \subseteq E$，用 $G - E'$ 表示从 G 中删除 E' 中所有边得到的图，称为删除 E'。

（2）设 $v \in V$，用 $G - v$ 表示从 G 中去掉顶点 v 及 v 关联的所有边得到的图，称为删除顶点 v。又设 $V' \subseteq V$，用 $G - V'$ 表示从 G 中删除 V' 中所有顶点及关联的所有边得到的图，称为删除 V'。

（3）设 $(e = (u,v)) \in E$，用 $G \setminus e$ 表示从 G 中删除 e，将 e 的两个端点 u、v 用一个新的顶点 w 代替，使 w 关联除 e 外的 u 和 v 关联的一切边，称为边 e 的收缩。一个图 G 可以收缩为图 H，是指 H 可以由 G 经过若干次边的收缩而得到。

（4）设 $u, v \in V$（u,v 可能相邻，也可能不相邻），用 $G \cup (u,v)$ 表示在 u、v 之间加一条边 (u,v)，称为加新边。

图 5-14 展示了图的一系列操作。

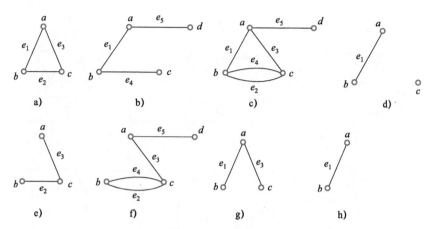

图 5-14   图的操作

a）G_1 b）G_2 c）$G_1 \cup G_2$ d）$G_1 \cap G_2$ e）$G_1 - G_2$ f）$G_1 \oplus G_2$

g）G_1 删去边 e_2 h）G_1 删去顶点 c

例 5-11   设图 G 如图 5-15 所示。求：

（1）$G - a$。

（2）$G - b$。

（3）$G - c$。

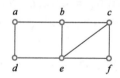

图 5-15   例 5-11 图 G

解：（1）、（2）、（3）求解分别如图 5-16a、b、c 所示。

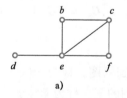 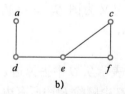 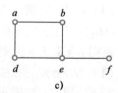

图 5-16   例 5-11 图的操作

例 5-12   图 G 如图 5-17 所示，求：

（1）$G - (a,b)$；（2）$G - (b,c)$；（3）$G - (b,d)$；（4）$G - (c,d)$。

图 5-17   例 5-12 图 G

解：只要从图 G 中删除对应的边即可，结果如图 5-18 所示。

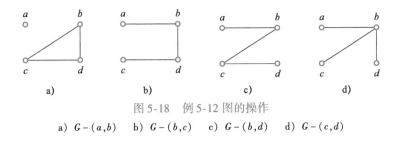

图 5-18　例 5-12 图的操作

a) $G - (a, b)$　　b) $G - (b, c)$　　c) $G - (b, d)$　　d) $G - (c, d)$

5.7　通路回路

在图的研究中，常常考虑从一个顶点出发，沿着一些边（或弧）连续移动，而到达另一个指定顶点，这种依次由顶点和边（或弧）组成的序列，便形成了链（或路）的概念。以下的定义如果不特别指出，都是同时适用于有向图和无向图。

定义 5-11：给定无向图（或有向图）$G = <V, E>$，令 v_0，v_1，$\cdots$，$v_m \in V$，边（或弧）e_0，e_1，$\cdots$，$e_m \in E$，其中 v_{i-1}、v_i 是 e_i 的顶点，交替序列 $v_0 e_1 v_1 e_2 v_2 \cdots e_m v_m$ 称为连接 v_0 到 v_m 的链（或通路）。v_0 和 v_m 分别是链的始点和终点，而边（或弧）的数目称为链的长度。

在图 $G = <V, E>$ 中，对 $\forall v_i$，$v_j \in V$，如果从 v_i 到 v_j 存在通路，则称长度最短的通路为从 v_i 到 v_j 的短程线，从 v_i 到 v_j 的短程线的长度称为 v_i 到 v_j 的距离，记为 $d(v_i, v_j)$。

定义 5-12：若通路中的所有边 e_0，e_1，$\cdots$，e_m 互不相同，则称此通路为简单通路或一条迹。若回路中的所有边 e_0，e_1，$\cdots$，e_m 互不相同，则称此回路为简单回路或一条闭迹；若通路中的所有顶点 v_0，v_1，$\cdots$，v_m 互不相同（从而所有的边互不相同），则称此通路为基本通路或者初级通路、路径；若回路中除 $v_0 = v_m$ 外的所有顶点 v_0，v_1，$\cdots$，v_{m-1} 互不相同（从而所有的边互不相同），则称此回路为基本回路或者初级回路、圈。

基本通路（或基本回路）一定是简单通路（或简单回路），反之则不一定。

在图 5-19 中，$v_1 v_2 v_3 v_4 v_5$ 是一条 4 - 路径；$v_1 v_2 v_3 v_4 v_3$ 是一条 4 - 通道；$v_1 v_2 v_3 v_4 v_5 v_6 v_3 v_7$ 是一条 7 - 迹；$v_1 v_2 v_3 v_4 v_5 v_6 v_8 v_7 v_1$ 是一个圈（闭迹）。

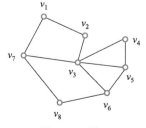

图 5-19　图 G

例5-13　图 G 如图 5-20a 所示，判定下列的边序列是否形成通路。

(1) $\{(a,x),(x,b),(c,y),(x,x)\}$ 。

(2) $\{(a,x),(x,y),(y,z),(z,a)\}$ 。

(3) $\{(x,b),(b,y),(y,c)\}$ 。

(4) $\{(b,y),(x,y),(a,x)\}$ 。

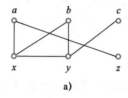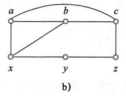

图 5-20　例 5-13、例 5-14 图 G

解： 若一个边序列的边是这样连接起来的，即它的一条边的终点是下一条边的始点，则这个边序列是通路。

(1) 否。边 (c,y) 不接在 (x,b) 后面。

(2) 否。图 G 上 y 和 z 之间没有相连，(y,z) 不是一条边。

(3) 是。

(4) 是。因为这个序列可以重新写成 $\{(b,y),(y,x),(x,a)\}$ 。

例5-14　图 G 如图 5-20b 所示，求：

(1) 从 a 到 z 的所有简单通路。

(2) 从 a 到 z 的所有迹。

解： (1) 若从 a 到 z 的一条通路没有顶点是重复的（所以也没有边是重复的），则它是一条简单通路。有 6 条简单通路：$\{a,c,z\}$，$\{a,b,c,z\}$，$\{a,x,y,z\}$，$\{a,b,x,y,z\}$，$\{a,x,b,c,z\}$，$\{a,c,b,x,y,z\}$ 。

(2) 若从 a 到 z 的一条通路没有重复的边，则它是一条迹。由 (1) 的 6 条简单通路与 $\{a,x,b,a,c,z\}$，$\{a,c,b,a,x,y,z\}$，$\{a,b,c,a,x,y,z\}$，$\{a,b,x,a,c,z\}$ 合在一起共有 10 条迹。

5.8　连通性

5.8.1　无向图的连通性

设 u、v 为无向图 $G = <V,E>$ 中的两个顶点，若 u、v 之间存在通路，则称顶点 u、v 是连通的，记为 $u \sim v$。对任意顶点 u，规定 $u \sim u$。

> **定义 5-13：** 若无向图 $G = <V,E>$ 中任意两个顶点都是连通的，则称 G 是连通图，否则称 G 是非连通图（或分离图）。无向图 G 中的每个连通的划分块称为 G 的一个连通分支，用 $p(G)$ 表示 G 中的连通分支个数。

设无向图 $G = <V,E>$，则有：

（1）若存在顶点子集 $V' \subset V$，使得删除 V' 后，所得子图 $G - V'$ 的连通分支数与 G 的连通分支数满足 $p(G - V') > p(G)$，而删除 V' 的任何真子集 V'' 后，$p(G - V'') = p(G)$，则称 V' 为 G 的一个点割集。特别地，若点割集中只有一个顶点 v，则称 v 为割点。

（2）若存在边集子集 $E' \subset E$，使得删除 E' 后，所得子图 $G - E'$ 的连通分支数与 G 的连通分支数满足 $p(G - E') > p(G)$，而删除 E' 的任何真子集 E'' 后，$p(G - E'') = p(G)$，则称 E' 为 G 的一个边割集，简称为割集。特别地，若割集中只有一条边 e，则称 e 为割边或桥，如图 5-21 中边 cd 和边 hi。

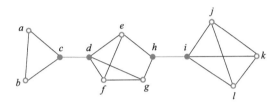

图 5-21　割边

割集有以下特点：

（1）若把该集合的所有边删去，则会增加连通分图的个数。

（2）若把该集合的任何真子集从 G 中删去，则无此效果。

例如在图 5-22 中，$\{e_2, e_3, e_4\}$ 是一个割集，$\{e_4, e_5\}$ 也是一个割集，但 $\{e_4, e_5, e_6\}$ 不是割集。

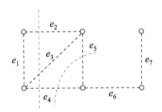

图 5-22　图 G 的割集

例 5-15　图 G 如图 5-23 所示，判断 G 是否有割点。

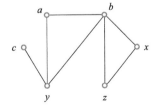

图 5-23　例 5-15 图 G

解：先求解 $G - a, G - b, G - c, G - x, G - y, G - z$，分别如下图 5-24a ~ f 所示。

由图 5-24 可知，只有 $G - b$ 和 $G - y$ 是不连通的，所以 b 和 y 是 G 的割点。

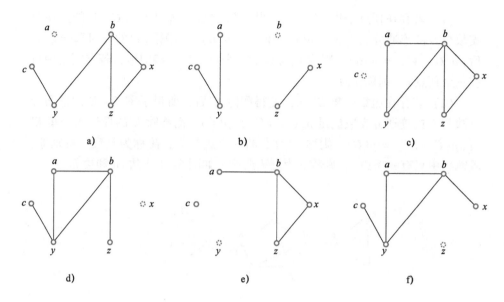

图 5-24　图 G 割点求解示意图

a) $G-a$　b) $G-b$　c) $G-c$　d) $G-x$　e) $G-y$　f) $G-z$

定义 5-14：设无向图连通图 $G = <V,E>$，称 $\kappa(G) = \min\ \{\ |\ V\ |\ |\ V$ 为 G 的点割集$\}$ 为 G 的点连通度，简称连通度。规定：完全图 K_n 的点连通度为 $n-1$，$n \geq 1$；非连通图的点连通度为 0。若 $\kappa(G) \geq k$，则称 G 为 k–连通图。

定理 5-4：对任意无向图 $G = <V,E>$，均有下面不等式成立。
$$\kappa(G) \leq \lambda(G) \leq \delta(G)$$
其中，$\kappa(G)$、$\lambda(G)$ 和 $\delta(G)$ 分别为 G 的点连通度、边连通度和顶点的最小度数。

5.8.2　有向图的连通性

定义 5-15：设 $G = <V,E>$ 是一个有向图，略去 G 中所有有向边的方向得到无向图 G'，如果无向图 G' 是连通图，则称有向图 G 是连通图，或称为弱连通图，否则称 G 是非连通图。

设图 $G = <V,E>$，其中 v_i，$v_j \in V$，如果从 v_i 到 v_j 存在一条路径，则称 v_j 从 v_i 可达。定义每个顶点到其自身是可达的。

定义 5-16：设有向图 $G = <V,E>$ 是连通图，若 G 中任何一对顶点之间至少有一个顶点到另一个顶点是可达的，则称 G 是单向连通图；若 G 中任何一对顶点之间都是相互可达的，则称 G 是强连通图。

在有向图 $G = <V,E>$ 中，设 G' 是 G 的子图，如果 G' 是强连通的（单向连通的、弱连通的），同时对任意 $G'' \subseteq G$，若 $G' \subset G''$，则 G'' 不是强连通的（单向连通的、弱连通的）。那么称 G' 为 G 的强连通分支（单向连通分支、弱连通分支），或称为强分图（单向分图、弱分图）。

例 5-16　求图 5-25 中图 G 的连通分图。

解：以任一顶点开始，例如顶点 a，找与 a 连接的所有顶点，这就得到分图 $\{a,b,y,z\}$。然后，选取不在这个分图的一个顶点，重复上述过程得到另一个分图。按此方法继续下去，直到识别出所有的分图为止。就图 G，又得到两个分图 $\{c,x,q\}$ 和 $\{p,r\}$。因此，G 的连通分图是 $\{a,b,y,z\}$、$\{c,x,q\}$、$\{p,r\}$。

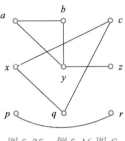

图 5-25　例 5-16 图 G

例 5-17　求 G 的连通分图，此处 $V(G) = \{a, b, c, x, y, z\}$，且有：

(1) $E(G) = \{(a,x),(c,x)\}$。

(2) $E(G) = \{(a,y),(b,c),(z,y),(x,z)\}$。

解：(1) 顶点 a、c 和顶点 x 连接，b、y 和 z 是孤立顶点。因此 $\{a,c,x\}$、$\{b\}$、$\{y\}$ 和 $\{z\}$ 是 G 的连通分图。

(2) a、y、z 和 x 是连接的，b 和 c 是连接的，因此 $\{a,x,y,z\}$ 和 $\{b,c\}$ 是 G 的连通分图。

例 5-18　求 G 的连通分图，此处 $V(G) = \{a,b,c,p,q\}$，且有：

(1) $E(G) = \{(a,c),(b,q),(p,c),(q,a)\}$。

(2) $E(G) = \varnothing$，即空集。

解：(1) 这里 G 是连通的，即每一顶点与其他顶点连接。因此，G 有一个分图 $V(G) = \{a,b,c,p,q\}$。

(2) 由于 $E(G)$ 是空集，图 G 的所有顶点都是孤立点，因此，$\{a\}$、$\{b\}$、$\{c\}$、$\{p\}$、$\{q\}$ 都是 G 的连通分图。

5.9　矩阵表示

5.9.1　邻接矩阵

设有向图 $G = <V,E>$，顶点集 $V = \{v_1, v_2, \cdots, v_n\}$，$V$ 中的顶点按下标由小到大编序，构造 n 阶矩阵 $A = (a_{ij})_{n \times n}$（$i, j = 1,2,\cdots,n$），其中：

$$a_{ij} = \begin{cases} m & \text{若存在 } m \text{ 条 } v_i \text{ 到 } v_j \text{ 直接相连的有向边} \\ 0 & \text{若不存在 } v_i \text{ 到 } v_j \text{ 直接相连的有向边} \end{cases}$$

则称 A 为有向图 G 的邻接矩阵，记为 $A(G)$。

而对无向图 $G = <V,E>$ 来说，顶点集 $V = \{v_1, v_2, \cdots, v_n\}$，$V$ 中的顶点按下标由小到大编序，构造 n 阶矩阵 $A = (a_{ij})_{n \times n}$（$i, j = 1, 2, \cdots, n$），其中：

$$a_{ij} = \begin{cases} 1 & v_i \text{ 与 } v_j \text{ 直接相连} \\ 0 & v_i \text{ 与 } v_j \text{ 不直接相连} \end{cases}$$

则称 A 为无向图 G 的邻接矩阵，记为 $A(G)$。

邻接矩阵与顶点的编序有关，同一个图形顶点的编序不同，得到的邻接矩阵也不同，但是表示的都是同一个图。也就是说，这些顶点的不同编序得到的图都是同构的，同时它们的邻接矩阵也是相似的。

邻接矩阵的性质如下：

（1）零图的邻接矩阵的元素全为零，并称它为零矩阵。

（2）图的每一个顶点都有自回路而再无其他边时，则该图的邻接矩阵是单位矩阵。

（3）简单图的邻接矩阵的主对角元素全为零。

若设简单图 G 的邻接矩阵 $A = (a_{ij})_{n \times n}(i, j = 1, 2, \cdots, n)$，则它的补图 $\overline{G}$ 的邻接矩阵 $\overline{A} = (\overline{a}_{ij})_{n \times n}$ 为

$$\overline{a}_{ij} = \begin{cases} 1 - a_{ij} & i \neq j \\ 0 & i = j \end{cases}$$

例 5-19　求图 5-26 中图 G 的邻接矩阵 A。

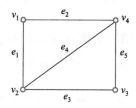

图 5-26　例 5-19 图 G

解：邻接矩阵 A 求解如下：

$$A = \begin{bmatrix} 0 & 1 & 0 & 1 \\ 1 & 0 & 1 & 1 \\ 0 & 1 & 0 & 1 \\ 1 & 1 & 1 & 0 \end{bmatrix}$$

例 5-20　画出多重图 G，其邻接矩阵 A 如下：

$$A = \begin{bmatrix} 1 & 3 & 0 & 0 \\ 3 & 0 & 1 & 1 \\ 0 & 1 & 2 & 2 \\ 0 & 1 & 2 & 0 \end{bmatrix}$$

解：由于 A 是 4 阶方阵，因而 G 有 4 个顶点，设其为 v_1、v_2、v_3、v_4，在邻接矩阵 $A = (a_{ij})$ 中，若 $a_{ij} = n$，则从 v_i 到 v_j 画 n 条边。若 $a_{ii} = n$，则 v_i 有 n 个环。该多重图如图 5-27 所示。

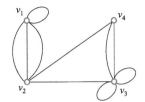

图 5-27　例 5-20 多重图 G

定理 5-5：设无向图 $G = < V,E >$，$V = \{v_1,v_2,\cdots,v_n\}$ 的邻接矩阵 $A = (a_{ij})_{n \times n}$，则

$$\deg(v_i) = \sum_{k=1}^{n} a_{ik} = \sum_{k=1}^{n} a_{ki}$$

$$\sum_{i=1}^{n} \deg(v_i) = \sum_{i=1}^{n} \left(\sum_{k=1}^{n} a_{ik} \right) = \sum_{i=1}^{n} \sum_{k=1}^{n} a_{ik}$$

设有向图 $G = < V,E >$，$V = \{v_1,v_2,\cdots,v_n\}$ 的邻接矩阵 $A = (a_{ij})_{n \times n}$，则

$$\deg^+(v_i) = \sum_{k=1}^{n} a_{ik}, \deg^-(v_i) = \sum_{k=1}^{n} a_{ki}$$

当知道一个有向图 D 的邻接矩阵，可以求得有向图中长度为 l 的通路数和回路数。

定理 5-6：设 A 为 n 阶有向图 D 的邻接矩阵，则 $A^l (l \geq 1)$ 中元素 $a_{ij}^{(l)}$ 为 D 中 v_i 到 v_j 长度为 l 的通路数，$a_{ii}^{(l)}$ 为 v_i 到自身长度为 l 的回路数，$\sum_{i=1}^{n} \sum_{j=1}^{n} a_{ij}^{(l)}$ 为 D 中长度为 l 的通路总数，$\sum_{i=1}^{n} a_{ii}^{(l)}$ 为 D 中长度为 l 的回路总数。

推论 5-3：设 $B_l = A + A^2 + \cdots + A^l (l \geq 1)$，则 B_l 中元素 $\sum_{i=1}^{n} \sum_{j=1}^{n} b_{ij}^{(l)}$ 为 D 中长度小于或等于 l 的通路数，$\sum_{i=1}^{n} b_{ii}^{(l)}$ 为 D 中长度小于或等于 l 的回路数。

例 5-21　问在图 5-28 所示的有向图 D 中：

（1）长度为 1，2，3，4 的通路各有多少条？其中回路分别有多少条？

（2）长度小于或等于 4 的通路有多少条？其中有多少条回路？

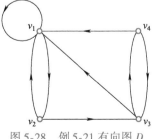

图 5-28　例 5-21 有向图 D

解：$A = \begin{bmatrix} 1 & 0 & 0 & 0 \\ 2 & 0 & 1 & 0 \\ 1 & 0 & 0 & 1 \\ 1 & 0 & 1 & 0 \end{bmatrix}$　　$A^2 = \begin{bmatrix} 1 & 0 & 0 & 0 \\ 3 & 0 & 0 & 1 \\ 2 & 0 & 1 & 0 \\ 2 & 0 & 0 & 1 \end{bmatrix}$　　$A^3 = \begin{bmatrix} 1 & 0 & 0 & 0 \\ 4 & 0 & 1 & 0 \\ 3 & 0 & 0 & 1 \\ 3 & 0 & 1 & 0 \end{bmatrix}$

$A^4 = \begin{bmatrix} 1 & 0 & 0 & 0 \\ 5 & 0 & 0 & 1 \\ 4 & 0 & 1 & 0 \\ 4 & 0 & 0 & 1 \end{bmatrix}$

故有

长度	通路	回路
1	8	1
2	11	3
3	14	1
4	17	3
合计	50	8

（1）长度为 1 的通路数为 8，长度为 1 的回路数为 1。长度为 2 的通路数为 11，长度为 2 的回路数为 3。长度为 3 的通路数为 14，长度为 3 的回路数为 1。长度为 4 的通路数为 17，长度为 4 的回路数为 3。

（2）长度小于等于 4 的通路数为 50，回路数为 8。

5.9.2　可达矩阵

给定图 $G = < V, E >$，顶点集 $V = \{v_1, v_2, \cdots, v_n\}$，$V$ 中的顶点按下标由小到大编序，构造 n 阶矩阵 $P = (p_{ij})_{n \times n} (i, j = 1, 2, \cdots, n)$，其中：

$$P_{ij} = \begin{cases} 1 & \text{若 } v_i \text{ 到 } v_j \text{ 可达} \\ 0 & \text{若 } v_i \text{ 到 } v_j \text{ 不可达} \end{cases}$$

则称矩阵 P 是图 G 的可达矩阵，记为 $P(G)$。规定顶点到自身可达。

可达矩阵表明了图中任意两个顶点间是否至少存在一条链（或路）以及在顶点处是否有圈（或回路）。

例 5-22　求图 5-29 中有向图的邻接矩阵和可达矩阵。

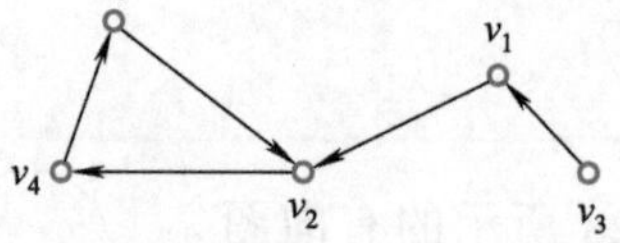

图 5-29　例 5-22 有向图

解：邻接矩阵 $A = \begin{bmatrix} 0 & 1 & 0 & 0 & 0 \\ 0 & 0 & 0 & 1 & 0 \\ 1 & 0 & 0 & 0 & 0 \\ 0 & 0 & 0 & 0 & 1 \\ 0 & 1 & 0 & 0 & 0 \end{bmatrix}$

$$A^2 = \begin{bmatrix} 0 & 0 & 0 & 1 & 0 \\ 0 & 0 & 0 & 0 & 1 \\ 0 & 1 & 0 & 0 & 0 \\ 0 & 1 & 0 & 0 & 0 \\ 0 & 0 & 0 & 1 & 0 \end{bmatrix}, \quad A^3 = \begin{bmatrix} 0 & 0 & 0 & 0 & 1 \\ 0 & 1 & 0 & 0 & 0 \\ 0 & 0 & 0 & 1 & 0 \\ 0 & 0 & 0 & 1 & 0 \\ 0 & 0 & 0 & 0 & 1 \end{bmatrix}$$

$$A^4 = \begin{bmatrix} 0 & 1 & 0 & 0 & 0 \\ 0 & 0 & 0 & 1 & 0 \\ 0 & 0 & 0 & 0 & 1 \\ 0 & 0 & 0 & 0 & 1 \\ 0 & 1 & 0 & 0 & 0 \end{bmatrix}, \quad A^5 = \begin{bmatrix} 0 & 0 & 0 & 1 & 0 \\ 0 & 0 & 0 & 0 & 1 \\ 0 & 1 & 0 & 0 & 0 \\ 0 & 1 & 0 & 0 & 0 \\ 0 & 0 & 0 & 1 & 0 \end{bmatrix}$$

可达矩阵为

$$P = \begin{bmatrix} 1 & 1 & 0 & 1 & 1 \\ 0 & 1 & 0 & 1 & 1 \\ 1 & 1 & 1 & 1 & 1 \\ 0 & 1 & 0 & 1 & 1 \\ 0 & 1 & 0 & 1 & 1 \end{bmatrix}$$

5.9.3　关联矩阵

设 $G = <V, E>$ 是一个无环的、至少有一条有向边的有向图，$V = \{v_1, v_2, \cdots, v_n\}$，$E = \{e_1, e_2, \cdots, e_m\}$，矩阵 $M = (m_{ij})_{n \times m}$，其中

$$m_{ij} = \begin{cases} 1 & \text{当 } e_j \text{ 是 } v_i \text{ 的出边} \\ -1 & \text{当 } e_j \text{ 是 } v_i \text{ 的入边} \\ 0 & \text{其他} \end{cases}$$

称 M 为有向图 G 的关联矩阵。有向图的关联矩阵有如下性质。

（1）第 i 行（$1 \leqslant i \leqslant n$）中，1 的个数是 v_i 的出度，-1 的个数是 v_i 的入度，都等于边数。

（2）每列都恰有一个 1 和一个 -1。

（3）若第 i 行全为 0，则 v_i 为孤立顶点。

而对于无向图 $G = <V, E>$，$V = \{v_1, v_2, \cdots, v_n\}$，$E = \{e_1, e_2, \cdots, e_m\}$，矩阵 $M = (m_{ij})_{n \times m}$，其中

$$m_{ij} = \begin{cases} 1 & e_j \text{ 与 } v_i \text{ 相连} \\ 0 & \text{其他} \end{cases}$$

则称 M 为无向图 G 的关联矩阵。

例 5-23　求图 5-30 中多重图的邻接矩阵 A 和关联矩阵 M。

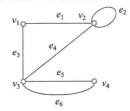

图 5-30　例 5-23 多重图

解：

$$A = \begin{bmatrix} 0 & 1 & 1 & 0 \\ 1 & 1 & 1 & 0 \\ 1 & 1 & 0 & 2 \\ 0 & 0 & 2 & 0 \end{bmatrix}, \quad M = \begin{bmatrix} 1 & 0 & 1 & 0 & 0 & 0 \\ 1 & 1 & 0 & 1 & 0 & 0 \\ 0 & 0 & 1 & 1 & 1 & 1 \\ 0 & 0 & 0 & 0 & 1 & 1 \end{bmatrix}$$

例5-24 求图5-31中图 G 的邻接矩阵 A 和关联矩阵 M。

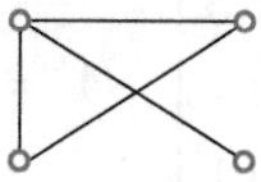

图5-31   例5-24图 G

解：这两个矩阵与顶点和边的排列次序有关。一种排列次序得到下面的矩阵。

$$A = \begin{bmatrix} 0 & 1 & 1 & 1 \\ 1 & 0 & 0 & 1 \\ 1 & 0 & 0 & 0 \\ 1 & 1 & 0 & 0 \end{bmatrix}, \quad M = \begin{bmatrix} 1 & 1 & 1 & 0 \\ 1 & 0 & 0 & 1 \\ 0 & 1 & 0 & 0 \\ 0 & 0 & 1 & 1 \end{bmatrix}$$

5.9.4 连通性与矩阵关系

无向图 G 是连通图，当且仅当它的可达矩阵 P 的所有元素都均为1。

有向图 G 是强连通图，当且仅当它的可达矩阵 P 的所有元素都均为1。

有向图 G 是单向连通图，当且仅当它的可达矩阵 P 及其转置矩阵 P^T 经布尔加运算后所得矩阵 $P' = P \vee P^T$ 中除对主角元外的其余元素均为1。

有向图 G 是弱连通图，当且仅当它的邻接矩阵 A 及其转置矩阵 A^T 经布尔加运算后所得矩阵 $B = A \vee A^T$ 作为邻接矩阵而求出的可达矩阵 P' 中的所有元素均为1。

5.10 路径

5.10.1 最短路径

最短路径，顾名思义就是求解某点到某点的最短的距离、消耗、费用等，其有各种各样的描述，在地图上看，可以说是图上一个地点到达另一个地点的最短距离。例如，将地图上的每一个城市想象成一个点，从一个城市到另一个城市的花费是不一样的。现在要从上海去往北京，需要考虑的是找到一条路线，使得从上海到北京的花费最小。有人可能首先会想到飞机直达，这当然是时间消耗最小的方法，但是考虑到费用会普遍高于高铁价格，这条线路还不如上海到北京的高铁可取。此外，假设国家开通了从上海到西藏，再从西藏到兰州等城市，最后到达北京的一条线路，虽然需要经历较长的一段时间，但是价钱相比前两者较为实惠，单从省钱的角度来看，自然最后这条线路是可取的。这就是这里所说的单源最短路径。接下来的小节会介绍几种最短路径的求解算法，首先再次给出一些重要的概念如下。

> **定义 5-17**：p：$v_1 \rightarrow v_2 \rightarrow \cdots \rightarrow v_k$ 表示 v_1 到 v_k 的一条路径，它的权值为该路径经过的所有边的权值总和，记为 $w(p)$。若有一条从 u 到 v 的路径，使 $w(p)$ 最小，此时的 p 就是最短路径。最短路径的权值为 $\delta(u,v) = \min\{w(p)\}$，$p$ 为从 u 到 v 的路径。

最短路径可能不存在的两种情况：

（1）存在负权回路，如图 5-32 所示：存在 v_6 到 v_1 的负权回路，它的权值为 -3，如果想找从 u 到 v 的最短路径，那么无限循环地走这条负权回路可以使最短路径越来越小，最后达到负无穷，说明找不到从 u 到 v 的最短路径。

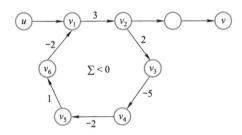

图 5-32 负权回路

（2）不存在从 u 到 v 的路径，肯定也不存在最短路径。

5.10.2 Dijkstra 算法

1. 算法思想

（1）需要指定起点 s（即从顶点 s 开始计算）。

（2）引进两个集合 S 和 U。S 的作用是记录已求出最短路径的顶点（以及相应的最短路径长度），而 U 则是记录还未求出最短路径的顶点（以及该顶点到起点 s 的距离）。

（3）初始时，S 中只有起点 s；U 中是除 s 之外的顶点，并且 U 中顶点的路径是 "起点 s 到该顶点的路径"。然后，从 U 中找出路径最短的顶点，并将其加入 S 中；接着，更新 U 中的顶点和顶点对应的路径。然后，再从 U 中找出路径最短的顶点，并将其加入 S 中；更新 U 中的顶点和顶点对应的路径。重复该操作，直到遍历完所有顶点。

2. 操作步骤

（1）初始时，S 只包含起点 s；U 包含除 s 外的其他顶点，且 U 中顶点的距离为 "起点 s 到该顶点的距离"。例如，U 中顶点 v 的距离为 (s,v) 的长度，s 和 v 不相邻，则 v 的距离为 ∞。

（2）从 U 中选出 "距离最短的顶点 k"，并将顶点 k 加入 S 中；同时，从 U 中移除顶点 k。

（3）更新 U 中各个顶点到起点 s 的距离。之所以更新 U 中顶点的距离，是因为上一步确定了 k 是求出最短路径的顶点，从而可以利用 k 来更新其他顶点的距离。例如，(s,v) 的距离可能大于 $(s,k)+(k,v)$ 的距离。

重复步骤（2）和（3），直到遍历完所有顶点。

以图 5-33a 图 G 为例，以 d 点为起点，用 Dijkstra 算法寻找最短路径。S 是已计算出最短路径的顶点的集合，U 是未计算出最短路径的顶点的集合，$c(3)$ 表示顶点 c 到起点 d 的最短距离是 3。过程如下。

（1）选取顶点 d。$S=\{d(0)\}$，$U=\{a(\infty),b(\infty),c(3),e(4),f(\infty),g(\infty)\}$。

（2）选取顶点 c。$S=\{d(0),c(3)\}$，$U=\{a(\infty),b(13),e(4),f(9),g(\infty)\}$。

（3）选取顶点 e。$S=\{d(0),c(3),e(4)\}$，$U=\{a(\infty),b(13),f(6),g(12)\}$。

（4）选取顶点 f。$S=\{d(0),c(3),e(4),f(6)\}$，$U=\{a(22),b(13),g(12)\}$。

（5）选取顶点 g。$S=\{d(0),c(3),e(4),f(6),g(12)\}$，$U=\{a(22),b(13)\}$。

（6）选取顶点 b。$S=\{d(0),c(3),e(4),f(6),G(12),b(13)\}$，$U=\{a(22)\}$。

（7）选取顶点 a。$S=\{d(0),c(3),e(4),f(6),g(12),b(13),a(22)\}$。

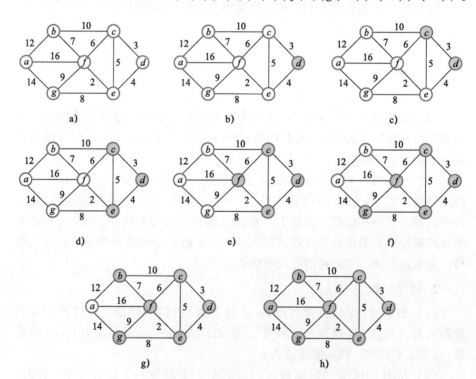

图 5-33　Dijkstra 算法过程

a）图 G　b）第 1 步　c）第 2 步　d）第 3 步　e）第 4 步　f）第 5 步　g）第 6 步　h）第 7 步

详细过程如下。

初始状态：S 是已计算出最短路径的顶点集合，U 是未计算出最短路径的顶点的集合。

（1）将顶点 d 加入到 S 中，此时，$S = \{d(0)\}$，$U = \{a(\infty), b(\infty), c(3), e(4), f(\infty), g(\infty)\}$。$c(3)$ 表示 c 到起点 d 的距离是 3。

（2）将顶点 c 加入 S 中。

上一步操作之后，U 中顶点 c 到起点 d 的距离最短；因此，将 c 加入 S 中，同时更新 U 中顶点的距离。以顶点 f 为例，之前 f 到 d 的距离为 ∞；但是将 c 加入 S 之后，f 到 d 的距离为 $9 = (f,c) + (c,d)$。

此时，$S = \{d(0), c(3)\}$，$U = \{a(\infty), b(13), e(4), f(9), g(\infty)\}$。

（3）将顶点 e 加入 S 中。

上一步操作之后，U 中顶点 e 到起点 d 的距离最短；因此，将 e 加入 S 中，同时更新 U 中顶点的距离。还是以顶点 f 为例，之前 f 到 d 的距离为 9；但是将 e 加入 S 之后，f 到 d 的距离为 $6 = (f,e) + (e,d)$。

此时，$S = \{d(0), c(3), e(4)\}$，$U = \{a(\infty), b(13), f(6), g(12)\}$。

（4）将顶点 f 加入 S 中。

此时，$S = \{d(0), c(3), e(4), f(6)\}$，$U = \{a(22), b(13), g(12)\}$。

（5）将顶点 g 加入 S 中。

此时，$S = \{d(0), c(3), e(4), f(6), g(12)\}$，$U = \{a(22), b(13)\}$。

（6）将顶点 b 加入 S 中。

此时，$S = \{d(0), c(3), e(4), f(6), g(12), b(13)\}$，$U = \{a(22)\}$。

（7）将顶点 a 加入 S 中。

此时，$S = \{d(0), c(3), e(4), f(6), g(12), b(13), a(22)\}$。

起点 d 到各个顶点的最短距离就计算出来了，即 $a(22)$、$b(13)$、$c(3)$、$d(0)$、$e(4)$、$f(6)$、$g(12)$。

例 5-25　用 Dijkstra 算法求图 5-34a、b 中从 a 到 z 的最短路径及其长度。

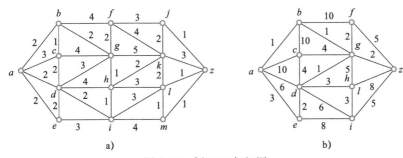

图 5-34　例 5-25 加权图

解：（1）图 5-34a 中 a 到 z 的最短路径长为 8，路径为 (a, d, i, l, z)。

（2）图 5-34b 中 a 到 z 的最短路径长为 4，路径为 (a, b, g, z)。

5.10.3　Bellman-Ford 算法

Dijkstra 算法是处理单源最短路径的有效算法，但它局限于边的权值非负的情况，若图中出现权值为负的边，则 Dijkstra 算法就会失效，求出的最短路径可能是错的。这时候，就需要使用其他的算法来求解最短路径，Bellman - Ford 算法就是其中最常用的一种。该算法由美国数学家理查德·贝尔曼（Richard Bellman，动态规划的提出者）和小莱斯特·福特（Lester Ford）提出，算法还可以用于判断图中是否存在负权回路。负权回路是指图中存在一个环，若环上的所有权值之和是负数，那么这个环就是负权回路。

Bellman - Ford 算法基本思想如下：首先假设起点到所有点的距离为无穷大，然后从任一顶点 u 出发，遍历其他所有顶点 v_i，计算从起点到其他顶点 v_i 的距离与从 v_i 到 u 的距离的和，如果比原来距离小，则更新，直到遍历完所有的顶点为止，即可求得起点到所有顶点的最短距离。

Bellman - Ford 算法的流程如下。

（1）初始化：给定图 $G(V,E)$（其中 V、E 分别为图 G 的顶点集与边集），起点 s，数组 $d[n]$ 记录从源点到顶点 n 的距离。将除起点 s 外的所有顶点的距离数组置为无穷大，即 $d[n] = \infty$, $d[s] = 0$。

（2）迭代求解：反复对边集 E 中的每条边进行松弛操作，使得顶点集 V 中的每个顶点 v 的最短距离估计值逐步逼近其最短距离。具体为以下操作循环执行至多 $n-1$ 次，n 为顶点数：

对于每一条边 $e(u,v)$，如果 $d[u] + w(u,v) < d[v]$，则令 $d[v] = d[u] + w(u,v)$，其中 $w(u,v)$ 为边 $e(u,v)$ 的权值。

若上述操作没有对 $d[v]$ 进行更新，说明最短路径已经查找完毕，或者部分点不可达，跳出循环。否则执行下次循环。

（3）检验负权回路：即检验是否存在权值之和小于 0 的环路。判断边集 E 中的每一条边的两个端点是否收敛。如果存在未收敛的顶点，则算法返回 false，表明问题无解；否则算法返回 true，并且将从起点可达的顶点 v 的最短距离保存在 $d[n]$ 中。具体操作为对于每一条边 $e(u,v)$，如果存在 $d[u] + w(u,v) < d[v]$，则说明图中存在负环路，即该图无法求出单源最短路径。否则数组 $d[n]$ 中记录的就是起点 s 到各顶点的最短路径长度。

先从下面的例子来理解什么是松弛操作。

如图 5-35 所示，假如选择边 $<3,4>$ 来进行松弛操作，那么就是进行如下两个操作。

（1）对于顶点 3：$d[3] = \min(d[3],d[4] + w)$（$w$ 代表边的权值，图 5-35 中已省略）。

（2）对于顶点 4：$d[4] = \min(d[4],d[3] + w)$。

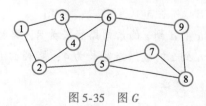

图 5-35　图 G

这样做的目的是让距离数组 d 尽量小，而每一次让 $d[i]$ 减小的松弛操作，便称其松弛成功。使用的松弛操作可以是选取一条边，也可以是从一个顶点 a 到另一个顶点 b。后者对应的松弛操作为 $d[a] = \min(d[b], d[a] + w)$。

从最短路径的角度来讲，如果对顶点 3 的松弛操作成功，意味着从顶点 s 到顶点 4 再从顶点 4 到顶点 3 这条路径比其他从顶点 s 到顶点 3 的路径都短，距离数组中的 $d[3]$ 就是目前起点到顶点 3 的最短距离。也就是说，每一次成功的松弛操作，都意味着发现了一条新的最短路径。

接下来以图 5-36 为例展示 Bellman – Ford 算法的执行过程。

图 5-36 中有 5 个顶点，所以要进行 4 次松弛操作。顶点 s 为起点，距离 d 值被标记在顶点内。阴影覆盖的边指示了前驱值：如果边 (u,v) 被阴影覆盖，表示路径里的顶点 u 在顶点 v 的前一个。在这个例子中，每一趟按照如下的顺序对边进行松弛：(t,x)，(t,y)，(t,z)，(x,t)，(y,x)，(y,z)，(z,x)，(z,s)，(s,t)，(s,y)。图 5-36a 展示的是对边进行第一遍操作前的情况，图 5-36b ~ e 展示的是每一趟连续对边操作后的情况，图 5-36e 是最终结果。因为本例子中没有负权回路，所以 Bellman – Ford 算法在这个例子中返回的是 true。

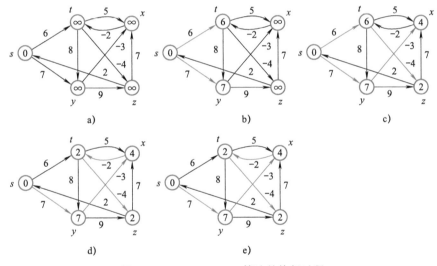

图 5-36　Bellman – Ford 算法的执行过程

5.10.4　SPFA 算法

SPFA 算法可以看成是 Bellman – Ford 算法的队列优化版本。正如在前面讲到的，Bellman – Ford 算法每一轮用所有边来进行松弛操作可以确定一个点的最短路径，但是每次都把所有边都进行松弛太浪费了。不难发现，只有那些已经确定了最短路径的点所连出去的边才是有效的，因为新确定的点一定要先通过已知（最短路径的）结点。所以只需要把已知结点连出去的边用来松弛就行了，但是问题是并不知道哪些点是已知结点，不过可以先找到哪些结点可能是已知结点，也就是之前松弛后更新的结点，已知结点必然在这些点中，所以 SPFA 算法就是把每次更新了的结点放到队列中记录下来。

以图5-37为例展示 SPFA 算法的执行过程。

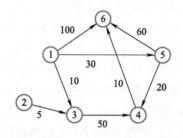

图5-37　加权图 G（SPFA 算法）

（1）初始化：先初始化数组 dis 如下所示（除了起点赋值为0外，其他顶点对应的 dis 值都赋予无穷大）。

dis 数组	v_1	v_2	v_3	v_4	v_5	v_6
	0	∞	∞	∞	∞	∞

此时，要把 v_1 入队列，队列值为 $\{v_1\}$。

现在进入循环，直到队列为空才退出循环。

（2）第一次循环：首先，队首元素出队列，即 v_1 出队列。然后，对以 v_1 为弧尾的边对应的弧头顶点进行松弛操作，可以发现，v_1 到 v_3、v_5、v_6 三个顶点的最短路径变短了，更新 dis 数组的值，得到如下结果。

dis 数组	v_1	v_2	v_3	v_4	v_5	v_6
	0	∞	10	∞	30	100

可以发现，v_3、v_5、v_6 都被松弛了，而且不在队列中，所以要将它们都加入队列中，队列值为 $\{v_3, v_5, v_6\}$。

（3）第二次循环：此时，队首元素为 v_3，v_3 出队列，然后对以 v_3 为弧尾的边对应的弧头顶点进行松弛操作，可以发现，v_1 到 v_4 的边经过 v_3 松弛操作变短了，所以更新 dis 数组，得到如下结果。

dis 数组	v_1	v_2	v_3	v_4	v_5	v_6
	0	∞	10	60	30	100

此时只有 v_4 对应的值被更新了，而且 v_4 不在队列中，则把它加入队列中，队列值为 $\{v_5, v_6, v_4\}$。

（4）第三次循环：此时，队首元素为 v_5，v_5 出队列，然后对以 v_5 为弧尾的边对应的弧头顶点进行松弛操作，发现 v_1 到 v_4 和 v_6 的最短路径经过 v_5 的松弛操作都变短了，更新 dis 数组，得到如下结果。

dis 数组	v_1	v_2	v_3	v_4	v_5	v_6
	0	∞	10	50	30	90

可以发现，v_4、v_6 对应的值都被更新了，但是它们已经在队列中了，所以不用对队列做任何操作。队列值为 $\{v_6, v_4\}$。

（5）第四次循环：此时，队首元素为 v_6，v_6 出队列，然后对以 v_6 为弧尾的边对应的弧头顶点进行松弛操作，发现 v_6 出度为 0，所以不用对 dis 数组做任何操作，其结果不变，队列同样也不用做任何操作，队列值为 $\{v_4\}$。

（6）第五次循环：此时，队首元素为 v_4，v_4 出队列，然后对以 v_4 为弧尾的边对应的弧头顶点进行松弛操作，可以发现，v_1 到 v_6 的最短路径经过 v_4 松弛变短了，所以更新 dis 数组，得到如下结果。

dis 数组	v_1	v_2	v_3	v_4	v_5	v_6
	0	∞	10	50	30	60

因为 v_6 对应的值被修改了，而且 v_6 也不在队列中，所以把 v_6 加入队列，队列值为 $\{v_6\}$。

（7）第六次循环：此时，队首元素为 v_6，v_6 出队列，然后对以 v_6 为弧尾的边对应的弧头顶点进行松弛操作，发现 v_6 出度为 0，所以不用对 dis 数组做任何操作，其结果不变，队列同样也不用做任何操作。所以此时队列为空。

队列循环结束，此时也得到了 v_1 到各个顶点的最短路径的值，即 dis 数组各个顶点对应的值，结果如下。

dis 数组	v_1	v_2	v_3	v_4	v_5	v_6
	0	∞	10	50	30	60

5.10.5　Floyd 算法

弗洛伊德（Floyd）算法是解决任意两点间最短路径的一种算法，可以正确地处理有向图或负权（但不可存在负权回路）的最短路径问题，同时也被用于计算有向图的传递闭包。

算法思路：通过 Floyd 算法计算图 $G = (V, E)$ 中各个顶点的最短路径时，需要引入两个矩阵，即距离矩阵 D 和路径矩阵 P。距离矩阵 D 中的元素 $a[i][j]$ 表示顶点 i（第 i 个顶点）到顶点 j（第 j 个顶点）的距离。路径矩阵 P 中的元素 $b[i][j]$，表示顶点 i 到顶点 j 经过了 $b[i][j]$ 记录的值所表示的顶点。

假设图 G 中顶点个数为 N，则需要对矩阵 D 和矩阵 P 进行 N 次更新。初始时，矩阵 D 中 $a[i][j]$ 为顶点 i 到顶点 j 的权值；如果 i 和 j 不相邻，则 $a[i][j] = \infty$，矩阵 P 的值为 $b[i][j]$ 的 j 的值。接下来对矩阵 D 进行 N 次更新。对于每一个顶点 k，检查 $a[i][j] > a[i][k] + a[k][j]$ 是否成立，如果成立，则证明 i 到 k 再到 j 的路径比 i 直接到 j 的路径短，便设置 $a[i][j] = a[i][k] + a[k][j]$，$b[i][j] = k$。当遍历完所有顶点 k 后，所得的 $a[i][j]$

矩阵便是 i 到 j 的最短路径的距离。

接下来通过图 5-38 的例子来展示 Floyd 算法的运算过程。

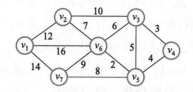

图 5-38　加权图 G（Floyd 算法）

（1）先初始化两个矩阵，得到下面两个矩阵。

矩阵 D

	v_1	v_2	v_3	v_4	v_5	v_6	v_7
v_1	∞	12	∞	∞	∞	16	14
v_2	12	∞	10	∞	∞	7	∞
v_3	∞	10	∞	3	5	6	∞
v_4	∞	∞	3	∞	4	∞	∞
v_5	∞	∞	5	4	∞	2	8
v_6	16	7	6	∞	2	∞	9
v_7	14	∞	∞	∞	8	9	∞

矩阵 P

	v_1	v_2	v_3	v_4	v_5	v_6	v_7
v_1	1	2	3	4	5	6	7
v_2	1	2	3	4	5	6	7
v_3	1	2	3	4	5	6	7
v_4	1	2	3	4	5	6	7
v_5	1	2	3	4	5	6	7
v_6	1	2	3	4	5	6	7
v_7	1	2	3	4	5	6	7

（2）以 v_1 为中介，更新两个矩阵。

可以发现，$a[2][1] + a[1][7] < a[2][7]$ 和 $a[7][1] + a[1][2] < a[7][2]$，所以只需要更新矩阵 D 和矩阵 P，结果如下。

矩阵 D

	v_1	v_2	v_3	v_4	v_5	v_6	v_7
v_1	∞	12	∞	∞	∞	16	14
v_2	12	∞	10	∞	∞	7	26
v_3	∞	10	∞	3	5	6	∞
v_4	∞	∞	3	∞	4	∞	∞

	v_1	v_2	v_3	v_4	v_5	v_6	v_7
v_5	∞	∞	5	4	∞	2	8
v_6	16	7	6	∞	2	∞	9
v_7	14	26	∞	∞	8	9	∞

矩阵 P

	v_1	v_2	v_3	v_4	v_5	v_6	v_7
v_1	1	2	3	4	5	6	7
v_2	1	2	3	4	5	6	1
v_3	1	2	3	4	5	6	7
v_4	1	2	3	4	5	6	7
v_5	1	2	3	4	5	6	7
v_6	1	2	3	4	5	6	7
v_7	1	1	3	4	5	6	7

通过矩阵 P 可以发现，$v_2 - v_7$ 的最短路径是 $v_2 - v_1 - v_7$。

（3）以 v_2 作为中介，更新两个矩阵，使用同样的原理，扫描整个矩阵，得到下面的结果。

矩阵 D

	v_1	v_2	v_3	v_4	v_5	v_6	v_7
v_1	∞	12	22	∞	∞	16	14
v_2	12	∞	10	∞	∞	7	26
v_3	22	10	∞	3	5	6	36
v_4	∞	∞	3	∞	4	∞	∞
v_5	∞	∞	5	4	∞	2	8
v_6	16	7	6	∞	2	∞	9
v_7	14	26	36	∞	8	9	∞

矩阵 P

	v_1	v_2	v_3	v_4	v_5	v_6	v_7
v_1	1	2	3	4	5	6	7
v_2	1	2	3	4	5	6	1
v_3	2	2	3	4	5	6	2
v_4	1	2	3	4	5	6	7
v_5	1	2	3	4	5	6	7
v_6	1	2	3	4	5	6	7
v_7	1	1	2	4	5	6	7

由此可见，Floyd 算法每次都会选择一个中介点，然后遍历整个矩阵，查找需要更新的值。

5.10.6　拓扑排序和关键路径

对一个工程或者系统，人们最关心的往往是以下两个方面的问题。

（1）工程能否顺利进行，即对 AOV 网进行拓扑排序。

（2）估算整个工程完成所必需的最短时间，即对 AOE 网求关键路径。

首先来了解拓扑排序。

> **定义 5-18**：在一个表示工程的有向图中，用顶点表示活动，用弧表示活动之间的优先关系，称这样的用有向图的顶点表示活动的网为 AOV 网（Activity on Vertex Network）。

显然，AOV 网中不能出现回路，否则意味着某项活动的开始要以其自身的完成作为先决条件，这显然是不成立的。因此，判断 AOV 网能否正常进行即判断它是否存在回路。测试 AOV 网是否存在回路的方法就是对 AOV 网进行拓扑排序。

> **定义 5-19**：设 $G = (V,E)$ 是一个有向图，V 的顶点序列 v_0，v_1，$\cdots$，v_{n-1} 当且仅当满足以下条件：若从顶点 v_i 到 v_j 有一条路径，在顶点序列中 v_i 必须存在于 v_j 之前，则称此顶点序列为一个拓扑序列。对一个有向图构造拓扑序列的过程称为拓扑排序。

拓扑排序的排序结果很可能是不唯一的。拓扑排序的过程如下：每次输出一个入度为 0（即没有前驱）的顶点，并删除该点与该点指出的有向边。重复此过程直至全部入度为 0 的顶点被输出，得到的顶点输出序列就是拓扑序列。如果所有入度为 0 的顶点都被输出，但图还不为空，说明该有向图中必存在环。

接下来用图 5-39 的例子来展示拓扑排序的过程。

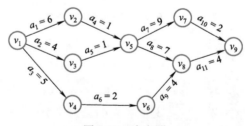

图 5-39　有向图

由图 5-39 可得拓扑排序过程如下。

（1）入度为 0 的顶点只有 v_1，所以输出 v_1，并删除边 a_1、a_2、a_3，$\{v_1\}$。

（2）入度为 0 的顶点有 v_2、v_3 和 v_4，可以任选一个顶点输出，例如，先输出 v_2，并删除边 a_4，$\{v_1,v_2\}$。

（3）入度为 0 的顶点有 v_3 和 v_4，可以任选一个顶点输出，例如，先输出 v_3，并删除边 a_5，$\{v_1,v_2,v_3\}$。

（4）入度为 0 的顶点有 v_4 和 v_5，可以任选一个顶点输出，例如，先输出 v_4，并删除边 a_6，$\{v_1,v_2,v_3,v_4\}$。

（5）入度为 0 的顶点有 v_5 和 v_6，可以任选一个顶点输出，例如，先输出 v_5，并删除 a_7、a_8，$\{v_1,v_2,v_3,v_4,v_5\}$。

（6）入度为 0 的顶点有 v_6 和 v_7，可以任选一个顶点输出，例如，先输出 v_6，并删除边 a_9，$\{v_1,v_2,v_3,v_4,v_5,v_6\}$。

（7）入度为 0 的顶点有 v_7 和 v_8，可以任选一个顶点输出，例如，先输出 v_7，并删除边 a_{10}，$\{v_1,v_2,v_3,v_4,v_5,v_6,v_7\}$。

（8）入度为 0 的顶点只有 v_8，输出 v_8，并删除边 a_{11}，$\{v_1,v_2,v_3,v_4,v_5,v_6,v_7,v_8\}$。

（9）入度为 0 的顶点只有 v_9，输出 v_9，全部顶点被输出，图为空，拓扑排序完成，最后排序结果为 $\{v_1,v_2,v_3,v_4,v_5,v_6,v_7,v_8,v_9\}$。

本例的答案不唯一，满足拓扑排序的条件即可。

接下来在介绍关键路径之前，先介绍一下 AOE 网。

> **定义 5-20**：AOE 网（Activity on Edge Network）是指用边表示活动的网，是一个带权的有向无环图。其中，顶点表示事件（Event），弧表示活动（Activity），权值表示活动持续的时间。

通常可以用 AOE 网来估算工程的完成时间。

图 5-38 就是一个 AOE 网。每条边代表一个活动，每个顶点表示一个事件，故图中共有 11 项活动（$a_1,a_2,\cdots,a_{11}$），9 个事件（$v_1,v_2,\cdots,v_9$）。其中 v_1 只有出度没有入度，表示整个工程的开始，v_9 只有入度没有出度，表示整个工程的结束。每个事件表示只有在它之前的活动已经完成，在它之后的活动才可以开始。例如，图中事件 v_5 是在活动 a_4 和活动 a_5 全都完成之后才能发生的，而 v_5 事件发生之后活动 a_7 和活动 a_8 才能进行，故 v_5 顶点表示活动 a_4 和活动 a_5 已经完成，而活动 a_7 和活动 a_8 可以开始。每条边上的数字代表该活动执行完需要的时间。

> **定义 5-21**：由于整个工程只有一个开始点和一个完成点，在正常的情况（无环）下，网中只有一个入度为零的点（称作源点）和一个出度为零的点（称作汇点）。完成工程的最短时间指的是从源点到汇点的最长路径的长度，而这个长度最长的路径就叫作关键路径。

同样以图 5-38 为例，其源点为 v_1，汇点为 v_9。从 v_1 到 v_9 的最长路径是 (v_1,v_2,v_5,v_8,v_9)，路径长度是 18，即关键路径是 (v_1,v_2,v_5,v_8,v_9)，完成工程的最短时间是 18。

假设开始点是 v_1，从 v_1 到 v_i 的最长路径长度叫作事件 v_i 的最早发生时间。在图 5-38 中，v_9 的最早发生时间为 18。这个时间决定了所有以 v_i 为尾的弧所表示的活动的最早开始时间。活动 a_i 的最早开始时间通常用 $e(i)$ 来表示。而活动的最迟开始时间 $l(i)$，是指在不推迟整个工程完成的前提下，活动 a_i 最迟必须开始进行的时间。图 5-38 中 a_6 的最早开始时间是 5，最迟开始时间是8。含义是假如 a_6 推迟3天开始或延迟3天完成，都不会影响整个工程的完成。$l(i) - e(i)$ 两者之差意味着完成活动 a_i 的时间余量。将 $l(i) = e(i)$ 的活动叫作关键活动。显然，关键路径上的所有活动都是关键活动，因此提前完成非关键活动并不能加快工程的进度。

由此可知，辨别关键活动就是找 $e(i) = l(i)$ 的活动。为求得 AOE 网中活动的 $e(i)$ 和 $l(i)$，首先应求得事件的最早发生时间 $ve(i)$ 和最迟发生时间 $vl(i)$。

若活动 a_i 由弧 $<i, j>$ 表示，持续时间记为 $\mathrm{dut}(<i, j>)$，则关系如图 5-40 所示。

$$v_i \xrightarrow{\quad a_i \quad} v_j$$

图 5-40　活动 a_i

活动 i 的最早开始时间等于事件 j 的最早发生时间，即

$$e(i) = ve(i)$$

活动 i 的最迟开始时间等于事件 k 的最迟时间减去活动 i 的持续时间，即

$$l(i) = vl(i) - \mathrm{dut}(<i, j>)$$

$ve(j)$ 和 $vl(j)$ 可以采用下面的递推公式计算，需分两步进行。

第1步：向汇点递推。

$ve(源点) = 0$。

$ve(j) = \max\{ve(i) + \mathrm{dut}(<i, j>)\}$。

公式意义：从指向顶点 v_j 的弧的活动中，取最晚完成的一个活动的完成时间作为 v_j 的最早发生时间 $ve(j)$，如图 5-41a 所示。

第2步：向源点递推。

由上一步的递推，最后可以求出汇点的最早发生时间 $ve(n)$。因为汇点就是结束点，最迟发生时间与最早发生时间相同，即 $vl(n) = ve(n)$。从汇点最迟发生时间 $vl(n)$ 开始，利用下面公式进行计算。

$vl(汇点) = ve(汇点)$。

$vl(i) = \min\{vl(j) - \mathrm{dut}(<i, j>)\}$。

公式意义：由从 v_i 顶点指出的弧所代表的活动中，取需要最早开始的一个开始时间作为 v_i 的最迟发生时间，如图 5-41b 所示。

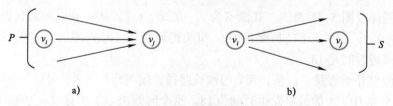

a)

b)

图 5-41　两种递推方式

a）向汇点递推　b）向源点递推

二维码5-4 视频
拓扑排序与关键
路径

例 5-26　求图 5-42 中 AOE 网的拓扑排序和关键路径。

解：由图5-42可得（答案不唯一），拓扑排序为 $v_1 - v_2 - v_3 - v_4 - v_5 - v_6$。
关键路径求解见表5-1。

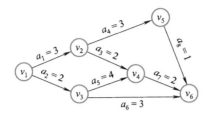

图 5-42　例 5-26 有向图

表 5-1　关键路径求解

顶　　点	ve	vl	活　　动	e	l	l−e
v_1	0	0	a_1	0	1	1
v_2	3	4	a_2	0	0	0
v_3	2	2	a_3	3	4	1
v_4	6	6	a_4	3	4	1
v_5	6	7	a_5	2	2	0
v_6	8	8	a_6	2	5	3
			a_7	6	6	0
			a_8	6	7	1

由表5-1可知，活动 a_2、a_5、a_7 的最早开始时间和最迟开始时间相等（$e=l$），所以 a_2、a_5、a_7 为关键活动。故得出关键路径为 $v_1 - v_3 - v_4 - v_6$。

例 5-27　求图5-39中AOE网的关键路径。

解：由图可得，关键路径求解见表5-2。

表 5-2　图5-39 AOE网的关键路径

事件 j	$e_v[j]$	$L_v[j]$	活动 i	$e[i]$	$L[i]$	$L[i]-e[i]$
1	0	0	1	0	0	0
2	6	6	2	0	2	2
3	4	6	3	0	3	3
4	5	8	4	6	6	0
5	7	7	5	4	6	2
6	7	10	6	5	8	3
7	16	16	7	7	7	0
8	14	14	8	7	7	0
9	18	18	9	7	10	3
			10	16	16	0
			11	14	14	0

由表5-2可知，活动 a_1、a_4、a_7、a_8、a_{10}、a_{11} 为关键活动，所以关键路径为 $v_1 - v_2 - v_5 - v_7 - v_9$ 或者 $v_1 - v_2 - v_5 - v_8 - v_9$。

5.11　习题

1. 找出具有4个顶点的所有非同构连通图。

2. 设 G 是无向简单图，有 n 个顶点，m 条边。

（1）若 $n = 6$，$m = 7$，证明 G 的连通分图个数不超过2。

（2）画一个非连通的无向简单图，使 $m = \dfrac{1}{2}(n-1)(n-2)$，这里 $n > 1$。

3. 找出一种由9个 a、9个 b 和9个 c 构成的圆形排列，使由字母 $\{a, b, c\}$ 组成的长度为3的每个字母（共27个）仅出现一次。

4. 图5-43给出了一个有向图。

（1）求它的邻接矩阵 A。

（2）求 $A^{(2)}$、$A^{(3)}$、$A^{(4)}$，说明从 v_1 到 v_4 长度为1、2、3和4的路径各有几条？

（3）求 A^T、$A^T A$、$A A^T$，说明 $A A^T$ 和 $A^T A$ 中第（2,3）个元素和第（2,2）个元素的意义。

（4）求 A^2、A^3、A^4 及可达矩阵 P。

（5）求强分图。

5. 画出完全图 K_1、K_2、K_3 和 K_4。

6. 求图5-44中无向图的邻接矩阵 $A = (a_{ij})$。

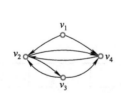
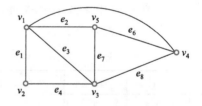

图5-43　习题4有向图　　　图5-44　习题6无向图

7. 邻接矩阵为 $A = \begin{pmatrix} 1 & 1 & 2 & 0 \\ 1 & 2 & 1 & 3 \\ 2 & 1 & 0 & 1 \\ 0 & 3 & 1 & 0 \end{pmatrix}$ 的多重图 G，求其环和多重边的数目。

画出图 G 并且检验结果是否正确。

8. 试求出图5-45中的所有强分图、弱分图和单向分图。

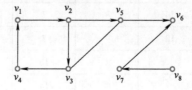

图5-45　习题8混合图

9. 求完全图 K_6、K_{10} 以及一般的 K_n 的色数。

10. 试用有向图描述以下问题的解法途径。

一个人 m 带一条狗 d、一只猫 c 和一只兔子 r 过河，没有船，他每次游过河时只能带一只动物，而没有人管理时，狗和兔子不能相处，猫和兔子也不能相处。在这些条件约束下，他怎样才能将 3 只动物从左岸带往右岸？（提示：用顶点代表状态，例如，初始状态可记为 $\{m,d,r,c\}$，$\varnothing$，人和兔子过河后的状态可记为 $\{d,c\}$，$\{m,r\}$，若从状态 S_1 可变为状态 S_2，则从顶点 S_1 画一条弧到顶点 S_2）。

11. 在图同构的意义下，试画出具有 3 个顶点的所有简单有向图。

12. 证明一个有向图是单向连通的，当且仅当它有一条经过每个顶点的路。

13. 给定简单带权图，如图 5-46 所示，求顶点 v_1 到其他各顶点的最短路径。

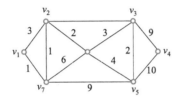

图 5-46　习题 13 带权图

14. 给出图 5-47 的关联矩阵。

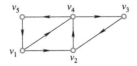

图 5-47　习题 14 有向图

第 6 章　特殊的图

本章主要介绍几种特殊的图，包括欧拉图、哈密顿图、二部图和平面图，对图论有进一步的认识。

6.1　欧拉图

6.1.1　基本概念

定义 6-1：设 G 是一个无孤立顶点的图，经过图中每条边一次且仅一次的通路（或回路）称为欧拉通路（或欧拉回路），具有欧拉回路的图称为欧拉图。

规定平凡图为欧拉图，且每个欧拉图必然是连通图。

图 6-1a、d 是欧拉图；图 6-1b、e 不是欧拉图，但存在欧拉通路；图 6-1c、f 不存在欧拉通路。

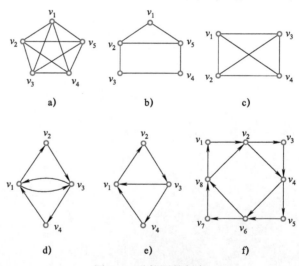

图 6-1　欧拉图的判定

定理 6-1：无向连通图 $G = <V,E>$ 是欧拉图，当且仅当 G 的所有顶点的度数都为偶数。

推论 6-1：非平凡连通图 $G = <V,E>$ 含有欧拉通路，当且仅当 G 仅有零个或者两个奇度顶点。

定义 6-2：图 G 中的一条通路（或路），若它通过 G 中的每条边（或弧）恰好一次，则称该通路（或路）为欧拉通路（或欧拉路）。

定理 6-2：给定连通无向图 $G = <V, E>$，u，$v \in V$ 且 $u \neq v$，u 与 v 间存在欧拉通路等价于 G 中仅有 u 和 v 为奇度顶点。

定理 6-3：给定弱连通有向图 G，G 有欧拉回路等价于 G 中的每个顶点的入度等于出度。

定理 6-4：给定弱连通有向图 $G = <V, E>$，u，$v \in V$ 且 $u \neq v$，u 与 v 存在欧拉通路等价于 G 中唯有 u 和 v 的入度不等于出度，且 u 的入度比其出度大 1 且 v 的出度比其入度小 1（或者反之）。

例 6-1　求图 6-2a、b 的欧拉回路或欧拉通路。

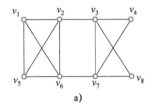 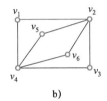

图 6-2　例 6-1 平面图

解：图 6-2a 的欧拉通路为 $(v_1, v_2, v_3, v_4, v_7, v_8, v_3, v_7, v_6, v_2, v_5, v_6, v_1, v_5)$。
图 6-2b 的欧拉回路为 $(v_1, v_2, v_3, v_4, v_5, v_2, v_6, v_4, v_1)$。

6.1.2 判定

判断无向欧拉通路的方法：无向图 $G = <V, E>$ 具有一条欧拉通路，当且仅当 G 是连通的，且仅有零个或者两个奇度顶点。若有两个奇度顶点，则它们是 G 中每条欧拉通路的端点。

判断无向欧拉图的方法：无向图 $G = <V, E>$ 是欧拉图，当且仅当 G 是连通的，且 G 的所有顶点的度数都为偶数。

根据以上判定方法可知，图 6-3a 是欧拉图；图 6-3b 不是欧拉图，但存在欧拉通路；图 6-3c 既不是欧拉图，也不存在欧拉通路。

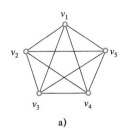 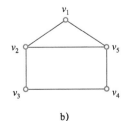 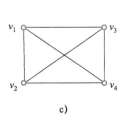

图 6-3　无向欧拉图的判定

判断有向欧拉通路的方法：有向图 G 具有一条欧拉通路，当且仅当 G 是连通的，且除了两个顶点以外，其余顶点的入度等于出度，而这两个例外的顶点中，一个顶点的入度比出度大 1，另一个顶点的出度比入度大 1。

判断有向欧拉图的方法：有向图 G 具有一条欧拉回路，当且仅当 G 是连通的，且所有顶点的入度等于出度。

根据以上判定方法，可知图 6-4a 存在一条的欧拉通路，即 $v_3v_1v_2v_3v_4v_1$；图 6-4b 存在欧拉回路 $v_1v_2v_3v_4v_1v_3v_1$，因而是欧拉图；图 6-4c 中有欧拉回路 $v_1v_2v_3v_4v_5v_6v_7v_8v_2v_4v_6v_8v_1$，因而是欧拉图。

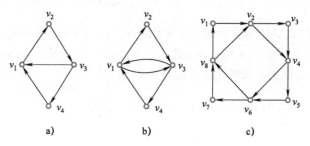

a)　　　　　　b)　　　　　　c)

图 6-4　有向欧拉图的判定

例 6-2　蚂蚁比赛问题，如图 6-5 所示，甲、乙两只蚂蚁分别位于图中的顶点 a、b 处，并设图中的边长度是相等的。甲、乙进行比赛：从它们所在的顶点出发走过图中的所有边最后到达顶点 c 处。如果它们的速度相同，问谁先到达目的地？

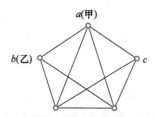

图 6-5　蚂蚁比赛问题

解：在图中，仅有两个度数为奇数的顶点 b、c，因而存在从 b 到 c 的欧拉通路，蚂蚁乙走到 c 只要走一条欧拉通路，边数为 9 条。而蚂蚁甲要想走完所有的边到达 c，至少要先走一条边到达 b，再走一条欧拉通路，因而它至少要走 10 条边才能到达 c，所以乙必胜。

6.2　哈密顿图

1859 年，爱尔兰数学家哈密顿（W. R. Hamilton）首先提出"环球周游"问题。他用一个正十二面体的 20 个顶点代表世界上 20 个大城市（见图 6-6a），这个正十二面体同构于一个平面图（见图 6-6b），要求旅游者找到沿着正十二面体的棱，从某个顶点（即城市）出发，经过每个顶点（即每座城市）恰好一次，然后回到出发顶点。这便是著名的哈密顿问题。

按图 6-6c 所给的编号顺序进行旅游，便是哈密顿问题的解。

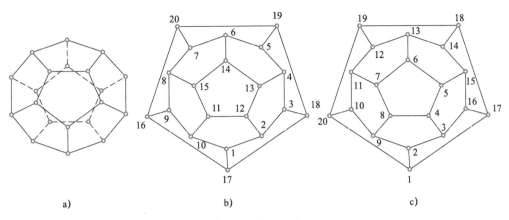

图 6-6　哈密顿图

对于任何连通图也有类似的问题接下来展开学习。

> **定义 6-3**：设 G 是一个连通图，若 G 中存在一条包含全部顶点的基本通路，即经过图中每个顶点一次且仅一次的通路，称这条通路为 G 的哈密顿通路。经过图中每个顶点一次且仅一次的回路，称为 G 的哈密顿回路（哈密顿环）。若 G 中存在一个包含全部顶点的圈，则称这个圈为 G 的哈密顿圈；含有哈密顿圈的图称为哈密顿图。

规定平凡图为哈密顿图，且由定义可知，完全图必是哈密顿图。

例如，图 6-7a 中有哈密顿通路，图 6-7b 中没有哈密顿通路，图 6-7c、d 中都有哈密顿圈。

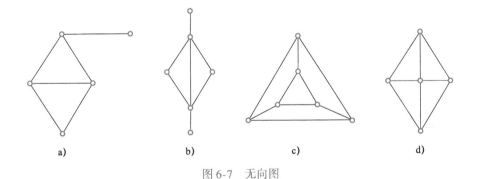

图 6-7　无向图

> **定理 6-5**：（必要条件）设无向连通图 $G = <V, E>$ 是哈密顿图，S 是 V 的任意非空真子集，则 $w(G-S) \leq |S|$，其中 $w(G-S)$ 是从 G 中删除 S 后所得到图的连通分支数。

此定理只是哈密顿图的必要条件，而不是充分条件。可以利用其逆否命题来判断某些图是否是哈密顿图。

以下定理是哈密顿图的充分条件。

定理 6-6：（充分条件）设 $G = \, <V, E>$ 是具有 n 个顶点的简单无向图，若在 G 中每一对顶点的次数之和大于或等于 $n-1$，则在 G 中存在一条哈密顿路径。

证明：G 中任意两点之间有路径，设 $P = v_1 v_2 \cdots v_m$ 是 G 中最长的一条路径（长度为 $m-1$），可以证明它就是一条哈密顿路径，即 $n = m$。

假若不然，若 $m < n$，可以按以下方法构造一条长度为 m 的路径，如图 6-8a 所示，在 $m < n$ 时，由 P 是最长路径可知，v_1、v_m 只能与 P 中的点邻接，分两种情况讨论：

（1）若 v_1 与 v_m 邻接，则 $v_1 v_2 \cdots v_m v_1$ 是一个长度为 m 的圈。

（2）若 v_1 与 v_m 不邻接，设 v_1 只与 v_{i1}，v_{i2}，$\cdots$，v_{ik} 邻接，其中 $2 \le i_j \le m-1$，那么 v_m 必与 $v_{i1-1}, v_{i2-1}, \cdots, v_{ik-1}$ 之一（如 v_{j-1}）邻接，否则与 v_m 邻接的顶点不超过 $m-1-k$ 个，即 $\deg(v_1) + \deg(v_m) \le k + m - 1 - k < n - 1$。

现在已构造得到一个长度为 m 的圈，如图 6-8b 所示，重新标记图的顶点使这个圈为 $u_1 u_2 \cdots u_m u_1$。

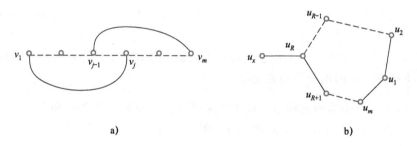

a)   b)

图 6-8   哈密顿路径和哈密顿圈

a）哈密顿路径   b）哈密顿圈

因为 G 连通，且前面假设 $m < n$，所以 G 中必有一个不属于该圈的顶点 u_x 与该圈的某一个顶点邻接。

于是 G 有一条长度为 m 的路径 $u_x u_R u_{R+1} \cdots u_m u_1 u_2 \cdots u_{R-1}$，与 P 是最长路径矛盾。

定理 6-7：（充分条件）设 $G = \, <V, E>$ 是具有 n 个顶点的简单无向图，若在 G 中每一对顶点的次数之和大于或等于 n，则在 G 中存在一条哈密顿回路。

证明：已证明图 6-9 中有哈密顿路径 $P = v_1 v_2 \cdots v_n$。

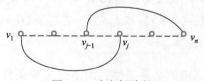

图 6-9   哈密顿路径

（1）若 v_1 与 v_n 邻接，则 $v_1 v_2 \cdots v_n v_1$ 是一个哈密顿圈。

（2）若 v_1 与 v_n 不邻接，设 v_1 只与 v_{i1}，v_{i2}，…，v_{ik} 邻接，其中 $2 \le i_j \le n-1$。那么 v_n 必与 v_{i1-1}，v_{i2-1}，…，v_{ik-1} 之一（如 v_{j-1}）邻接，否则与 v_n 邻接的顶点不超过 $n-1-k$ 个，即 $\deg(v_1) + \deg(v_n) \le k + n - 1 - k < n$。

在这种情况下，$v_1 v_2 \cdots v_{j-1} v_n v_{n-1} \cdots v_j v_1$ 是一个哈密顿圈。

定理 6-8：（充分条件）设 $G = <V,E>$ 是具有 $n \ge 3$ 个顶点的简单无向图，若在 G 中每一个顶点的次数大于或等于 $n/2$，则在 G 中存在一条哈密顿回路。

注意，以上定理的条件是充分但非必要的。

例如，图 6-10a、c 不是哈密顿图，图 6-10b 为哈密顿图。

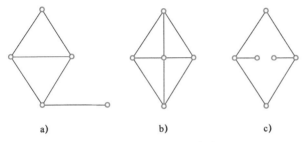

图 6-10　哈密顿图的判定

例 6-3　已知关于 a、b、c、d、e、f 和 g 的下述事实：a 讲英语；b 讲英语和汉语；c 讲英语、意大利语和俄语；d 讲日语和汉语；e 讲德语和意大利语；f 讲法语、日语和俄语；g 讲法语和德语。试问这 7 个人应如何排座位，才能使每个人都能和他身边的人交谈？

二维码 6-1 视频
哈密顿回路应用

解：顶点为客人，会共同语言的两个顶点相邻接。则问题归结为求图 6-11 的一条哈密顿回路。如图 6-11 所示，哈密顿回路求解为 $abdfgeca$。

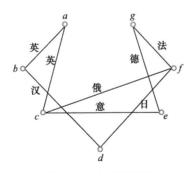

图 6-11　哈密顿回路

例 6-4　考虑 7 天内安排 7 门课程的考试，使得同一位教师所担任的两门课程的考试不安排在接连的两天中，试证明如果没有教师担任多于 4 门课程，则符合上述要求的考试安排总是可能的。

证明：设 G 是具有 7 个顶点的图，每个顶点对应一门课程考试，如果两个顶点对应的课程考试是由不同教师担任的，那么这两个顶点之间有一条边，因为每个教师所担任课程数不会超过 4，所以每个顶点的度数至少为 3，任两个顶点的度数之和至少是 6，因此，G 总是包含一条哈密顿路径，它对应于一个 7 门考试课程的一个适当安排。

例 6-5

(1) 画一个图，使它有一条欧拉回路和一条哈密顿回路。

(2) 画一个图，使它有一条欧拉回路，但没有一条哈密顿回路。

(3) 画一个图，使它没有一条欧拉回路，但有一条哈密顿回路。

(4) 画一个图，使它既没有一条欧拉回路，也没有一条哈密顿回路。

解：求解如图 6-12a、b、c、d 所示。

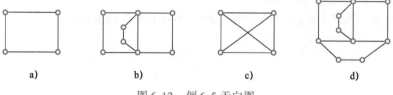

图 6-12　例 6-5 无向图

6.3　二部图

定义 6-4：给定简单无向图 $G = <V, E>$，且 $V = V_1 \cup V_2$，$V_1 \cap V_2 = \varnothing$。使得 G 中任意一条边的两个端点，一个属于 V_1，另一个属于 V_2，则称 G 是二部图、偶图或二分图，并将二部图记作 $G = <V_1, E, V_2>$，并称 V_1、V_2 是 V 的划分，也可以称 V_1 和 V_2 为互补顶点子集。在二部图 $G = <V_1, E, V_2>$ 中，若 V_1 中的每个顶点与 V_2 中的每个顶点都有且仅有一条边相关联，则称偶图 G 为完全二部图或完全偶图、完全二分图，记为 $K_{n,m}$，其中，$n = |V_1|$，$m = |V_2|$。

二部图中没有自回路，平凡图和零图可以看成特殊的二部图。

定理 6-9：无向图 $G = <V, E>$ 为二部图的充分必要条件是 G 的所有回路的长度均为偶数。

证明：（必要性）设图 G 是二部图 $G = <V_1, E, V_2>$，令 $C = v_0, v_1, v_2, \cdots, v_k, v_0$ 是 G 的一条回路，其长度为 $k + 1$。假设 $v_0 \in V_1$，由二部图的定义知，$v_1 \in V_2$，$v_2 \in V_1$。由此可知，$v_{2i} \in V_1$ 且 $v_{2i+1} \in V_2$。又因为 $v_0 \in V_1$，所以 $v_k \in V_2$，因而 k 为奇数，故 C 的长度为偶数，必要性得证。

（充分性）设 G 中每条回路的长度均为偶数，若 G 是连通图，任选 $v_0 \in V$，定义 V 的两个子集如下：

$$V_1 = \{v_i \mid d(v_0, v_i) \text{ 为偶数}\}$$

$$V_2 = V - V_1$$

现证明 V_1 中任两个顶点间无边存在。假若存在一条边 $(v_i, v_j) \in E$，其中 v_i，$v_j \in V_1$，则由 v_0 到 v_i 间的短程线（长度为偶数）以及边 (v_i, v_j)，再加

上 v_j 到 v_0 间的短程线（长度为偶数）所组成的回路的长度为奇数，与假设矛盾。

同理可证 V_2 中任两个顶点间无边存在。

故 G 中每条边 (v_i, v_j)，必有 $v_i \in V_1$，$v_j \in V_2$ 或 $v_i \in V_2$，$v_j \in V_1$，因此 G 是具有互补顶点子集 V_1 和 V_2 的二部图。

若 G 中每条回路的长度均为偶数，但 G 不是连通图，则可对 G 的每个连通分支重复上述论证，并可得到同样的结论。

> **定义 6-5**：给定简单无向图 $G = <V, E>$，若 $M \subseteq E$ 且 M 中任意两条边都是不邻接的，则子集 M 称为 G 的一个匹配或对集，并把 M 中的边所关联的两个顶点称为在 M 下是匹配的。令 M 是 G 的一个匹配，若顶点 v 与 M 中的边关联，则称 v 是 M-饱和的；否则，称 v 是 M-不饱和的。若 G 中的每个顶点都是 M-饱和的，则称 M 是完全匹配（不唯一）。如果 G 中没有匹配 M_1，使 $|M_1| > |M|$，则称 M 是最大匹配（不唯一）。

显然，每个完全匹配是最大匹配，但反之不为真。

> **定义 6-6**：令 M 是图 $G = <V, E>$ 中的一个匹配。若存在一个链，它是由 $E - M$ 和 M 中的边交替构成的，则称该链是 G 中的 M-交错链；若 M-交错链的始顶点和终顶点都是 M-不饱和的，则称该链为 M-增广链；特别地，若 M-交错链的始顶点也是它的终顶点而形成圈，则称该圈为 M-交错圈。

给定两个集合 S 和 T，S 与 T 的对称差记为 $S \oplus T$，规则如下：
$$S \oplus T = (S \cup T) - (S \cap T)$$

> **定理 6-10**：设 M_1 和 M_2 是图 G 中的两个匹配，则在 $<M_1 \oplus M_2>$ 中，每个分图或是交错链，或是交错圈。

> **定理 6-11**：给定二部图 $G = <V_1, E, V_2>$，G 中存在使 V_1 中每个顶点饱和的匹配等价于对任意 $S \subseteq V_1$ 有 $|N(S)| \geq |S|$，其中 $N(S)$ 表示与 S 中顶点邻接的所有顶点集合。

1. 标记法求交错链

首先把 X 中所有不是 M 的边的端点用（$*$）加以标记，然后交替进行以下所述的过程（1）和（2）。

（1）选一个 X 的新标记过的顶点，例如 x_i，用（x_i）标记不通过在 M 中的边与 x_i 邻接且未标记过的 Y 的所有顶点。对所有 X 的新标记过的顶点重复这一过程。

（2）选一个 Y 的新标记过的顶点，例如 y_i，用（y_i）标记通过 M 的边与 y_i 邻接且未标记过的 X 的所有顶点。对所有 Y 的新标记过的顶点重复这一过程。

接下来以图为 6-13 为例进行标记法求交错链的展示。

1）把 x_2 标记（∗）。

2）从 x_2 出发，应用过程（1），把 y_1 和 y_3 标记（x_2）。

3）从 y_1 出发，应用过程（2），把 x_3 标记（y_1）。从 y_3 出发，应用过程（2），把 x_4 标记（y_3）。

4）从 x_3 出发，应用过程（1），把 y_4 标记（x_3），因为 y_4 不是 M 中边的端点，说明已找到了一条交错链，即（x_2, y_1, x_3, y_4）。

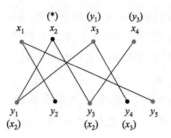

图 6-13 标记法求交错链

2. 求最大匹配方法

（1）找出一条关于匹配 M 的交错链 γ。

（2）把 γ 中属于 M 的边从 M 中删去，而把 γ 中不属于 M 的边添加到 M 中，得到一新集合 M'，此 M' 也是 G 的匹配。

1）添入的边自身不相交。

2）添入的边不与 M 中不属于 γ 的边相交。

（3）反复进行这样的过程，直至找不出关于 M 的交错链为止。

下面以图 6-14 为例，求解该图的最大匹配。

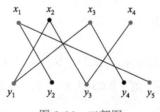

图 6-14 二部图

先取一个初始匹配 $M = \{x_1y_5, x_3y_1, x_4y_3\}$，再用标记法从点 x_2 开始求得一条交错链：$\gamma = (x_2, y_1, x_3, y_4)$。然后用 γ 调整匹配 M，将 γ 中属于 M 的边删去，并将其中不属于 M 的其他边添加到 M 中，形成 M'。因为对 M' 用标记法只能从 y_2 开始，但都不能求出 M' 的任何交错链，故判定 M' 是一个最大匹配。

$$M = \{x_1y_5, x_3y_1, x_4y_3\}, M' = \{x_2y_1, x_1y_5, x_3y_4, x_4y_3\}$$

例 6-6 某单位按编制有 7 个空缺，即 p_1，p_2，$\cdots$，p_7。有 10 个申请者 a_1，a_2，$\cdots$，a_{10}，他们的适合工作岗位集合依次是 $\{p_1, p_5, p_6\}$，$\{p_2, p_6, p_7\}$，$\{p_3, p_4\}$，$\{p_1, p_5\}$，$\{p_6, p_7\}$，$\{p_3\}$，$\{p_2, p_3\}$，$\{p_1, p_3\}$，$\{p_1\}$，$\{p_5\}$。如何安排他们的工作使得没有工作的人最少？

二维码6-2 视频
最大匹配

解：根据题意可以绘制图 6-15。

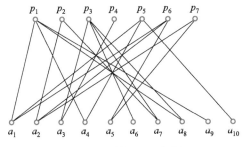

图 6-15 例 6-6 二部图

由图 6-15 可以求得一个最大匹配如下。

$M = \{(p_1,a_9),(p_2,a_2),(p_3,a_6),(p_4,a_3),(p_5,a_4),(p_6,a_1),(p_7,a_5)\}$

根据该匹配分配工作能使没有工作的人最少。

> **定理 6-12**（霍尔定理）：在二部图 $G = <V_1,E,V_2>$ 中存在从 V_1 到 V_2 的匹配，当且仅当 V_1 中任意 k 个顶点至少与 V_2 中的 k 个顶点相邻，$k = 1,2,\cdots,$ $|V_1|$。

这个定理中的条件通常称为相异性条件。

判断一个二部图是否满足相异性条件通常比较复杂，下面给出判断二部图是否存在匹配的一个充分条件，对于任何二部图来说，都很容易确定这些条件。因此，在考查相异性条件之前，应首先使用这个充分条件。

t 条件：设 $G = <V_1,E,V_2>$ 是一个二部图。如果满足条件：

(1) V_1 中每个顶点至少关联 t 条边。

(2) V_2 中每个顶点至多关联 t 条边。

则 G 中存在从 V_1 到 V_2 的匹配。其中 t 为正整数。

证明：由条件 (1) 知，V_1 中 k 个顶点至少关联 tk 条边（$1 \leqslant k \leqslant |V_1|$），由条件 (2) 知，这 tk 条边至少与 V_2 中 k 个顶点相关联，于是 V_1 中的 k 个顶点至少与 V_2 中的 k 个顶点相邻，因而满足相异性条件，所以 G 中存在从 V_1 到 V_2 的匹配。

例 6-7 现有 3 个课外小组：物理组、化学组和生物组，有 5 个学生 s_1、s_2、s_3、s_4、s_5。

(1) 已知 s_1、s_2 为物理组成员；s_1、s_3、s_4 为化学组成员；s_3、s_4、s_5 为生物组成员。

(2) 已知 s_1 为物理组成员；s_2、s_3、s_4 为化学组成员；s_2、s_3、s_4、s_5 为生物组成员。

(3) 已知 s_1 既为物理组成员，又为化学组成员；s_2、s_3、s_4、s_5 为生物组成员。

在以上 3 种情况的每一种情况下，在 s_1、s_2、s_3、s_4、s_5 中选 3 位组长，不兼职，问能否办到？

解：用 c_1、c_2、c_3 分别表示物理组、化学组和生物组，$V_1 = \{c_1,c_2,c_3\}$，$V_2 = \{s_1,s_2,s_3,s_4,s_5\}$。

以 V_1、V_2 为互补顶点子集，若 s_i 在 c_j 中，则 (s_i,c_j) 在 E 中。

（1）$G_1 = <V_1, E, V_2>$ 如图 6-16a 所示。

在 G_1 中，V_1 中的每个顶点至少关联两条边，而 V_2 中的每个顶点至多关联两条边，因此满足 t 条件，故存在从 V_1 到 V_2 的匹配。事实上，选 s_1 为物理组的组长，选 s_3 为化学组的组长，选 s_5 为生物组的组长，它们对应的匹配如图 6-16b 所示。

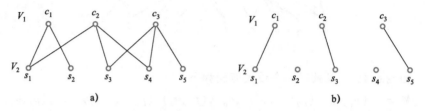

图 6-16 例 6-7 二部图（1）

（2）$G_2 = <V_1, E_2, V_2>$ 如图 6-17a 所示。

所给条件不满足 t 条件，但是满足相异性条件，因而存在从 V_1 到 V_2 的匹配。一个可能的匹配如图 6-17b 所示。

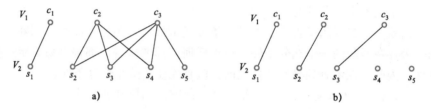

图 6-17 例 6-7 二部图（2）

（3）$G_3 = <V_1, E_3, V_2>$ 如图 6-18 所示。

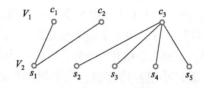

图 6-18 例 6-7 二部图（3）

G_3 既不满足 t 条件，也不满足相异性条件，所以不存在从 V_1 到 V_2 的匹配，当然 3 位不兼职的组长从 s_1、s_2、s_3、s_4、s_5 中选不出来。

6.4 平面图

6.4.1 基本概念

定义 6-7：如果能把一个无向图 G 的所有顶点和边画在平面上，使得任何两条边除公共顶点外没有其他交叉点，则称 G 为平面图，否则称 G 为非平面图。

设 G 是一个平面图，由图中的边所包围的内部不包含顶点和边的区域，称为 G 的一个面；包围该面的诸边所构成的回路称为这个面的边界；面 r 的边界的长度（边数）称为该面的次数，记为 $D(r)$；区域面积有限的面称为有限面，区域面积无限的面称为无限面。平面图有且仅有一个无限面。

若一条边不是割边，它必是两个面的公共边，割边只能是一个面的边界。两个以边为公共边界的面称为相邻的面。

> **定理 6-13**：G 为一有限平面图，其面的次数之和等于其边数的两倍。

例 6-8　列出图 6-19 中各个面的次数。

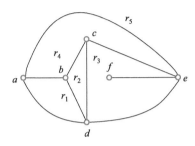

图 6-19　例 6-8 平面图

解：$D(r_1) = 3, D(r_2) = 3, D(r_3) = 5, D(r_4) = 4, D(r_5) = 3$。
$D(r_1) + D(r_2) + D(r_3) + D(r_4) + D(r_5) = 18$。

6.4.2　欧拉公式

1750 年，欧拉发现，任何一个凸多面体，若有 n 个顶点、m 条棱和 f 个面，则有 $n - m + f = 2$。这个公式可以推广到平面图上，称为欧拉公式。具体定义如下。

> **定理 6-14**（欧拉公式）：设 $G = <V, E>$ 是连通平面图，有 n 个顶点、m 条边、r 个面，则有 $n - m + r = 2$。

证明：对 G 的边数 m 进行归纳。

（1）若 $m = 0$，由于 G 是连通图，故必有 $n = 1$，这时只有一个无限面，即 $r = 1$。所以 $n - m + r = 1 - 0 + 1 = 2$。定理成立。

（2）若 $m = 1$，这时有两种情况。

1）该边是自回路，则有 $n = 1$，$r = 2$，这时 $n - m + r = 1 - 1 + 2 = 2$。

2）该边不是自回路，则有 $n = 2$，$r = 1$，这时 $n - m + r = 2 - 1 + 1 = 2$。所以 $m = 1$ 时，定理也成立。

（3）假设对少于 m 条边的所有连通平面图，欧拉公式成立。现考虑 m 条边的连通平面图，设它有 n 个顶点。分以下两种情况。

1）若 G 是树，那么 $m = n - 1$，这时 $r = 1$，所以 $n - m + r = n - (n - 1) + 1 = 2$。

2）若 G 不是树，则 G 中必有回路，因此有基本回路，设 e 是某基本回路的一条边，则 $G' = <V, E - \{e\}>$ 仍是连通平面图，它有 n 个顶点、$m - 1$

条边和 $r-1$ 个面，按归纳假设知 $n-(m-1)+(r-1)=2$，整理得 $n-m+r=2$。所以对 m 条边时，欧拉公式也成立。

欧拉公式得证。

例 6-9 求图 6-20 中各图的顶点数 n、边数 m 和区域数 r，并检验欧拉公式。

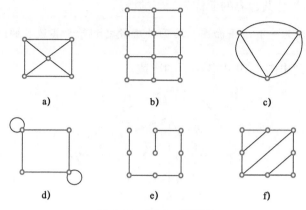

图 6-20 例 6-9 平面图

解： 由欧拉公式 $n-m+r=2$。因此：

图 6-20a 中，$n=5$，$m=8$，$r=5$，且 $5-8+5=2$。

图 6-20b 中，$n=12$，$m=17$，$r=7$，且 $12-17+7=2$。

图 6-20c 中，$n=3$，$m=6$，$r=5$，且 $3-6+5=2$。

图 6-20d 中，$n=4$，$m=6$，$r=4$，且 $4-6+4=2$。

图 6-20e 中，$n=9$，$m=8$，$r=1$，且 $9-8+1=2$。

图 6-20f 中，$n=8$，$m=11$，$r=5$，且 $8-11+5=2$。

6.4.3 平面图判定

下面给出一种判别平面图的直观方法。

根据平面的定义，无圈的图显然是平面图。故研究图的平面性问题，只需要限制有圈的一类图即可，判别方法如下。

（1）对于有圈的图找出一个长度尽可能大的且边不相交的基本圈。

（2）将图中那些相交于非顶点的边，适当放置在已选定的基本圈的内侧或外侧，若能避免除顶点之外边的相交，则该图是平面图；否则，便是非平面图。

> **定理 6-15**：设 G 是一个简单连通平面图 $G(n,m)$，若 $m>1$，则有 $m \leqslant 3n-6$。

证明： 设 G 有 k 个面，因为 G 是平面图，所以 G 的每个面至少由 3 条边围成，所以 G 所有面的次数之和 $\sum\limits_{i=1}^{k} D(r_i) \geqslant 3k$。

根据定理在平面图中所有面的次数之和等于图中边数的两倍，即

$$\sum\limits_{i=1}^{k} D(r_i) = 2m。$$

故 $2m \geqslant 3k$，即 $k \leqslant 2m/3$，代入欧拉公式有

$$2 = n - m + k \leqslant n - m + \frac{2}{3}m$$

整理得 $m \leqslant 3n - 6$，定理得证。

推论 6-2：任何简单连通平面图中，至少存在一个其度不超过 5 的顶点。

定义 6-8：一个图的围长是它包含的最短圈的长度。

一个图若不包含圈，则规定其围长为无穷大。

定理 6-16：设 G 是一个简单连通平面图 $G(n, m)$，其围长 $k > 2$，则有
$$m \leqslant \frac{k}{k-2}(n-2)$$

证明：设 G 共有 r 个面，各面的次数之和为 T，由条件可知 $T \geqslant kr$，又因为 $T = 2m$，故利用欧拉公式可以解出面数 $r = 2 - n + m$。联立以上公式得出 $2m \geqslant k(2 - n + m)$，从而有 $(k - 2)m \leqslant k(n - 2)$。由于 $k > 2$，因而 $m \leqslant \frac{k}{k-2}(n-2)$。定理得证。

根据以上两个定理的逆否命题，可以判定某些图是否是非平面图。即一个简单连通图，若不满足

$$m \leqslant 3n - 6 \text{ 或 } m \leqslant \frac{k}{k-2}(n-2)$$

则一定是非平面图。而满足上面不等式的简单连通图未必是平面图。

还可以根据库拉图斯基定理来作为判别平面图的充要条件。在图论中，称 $K_{3,3}$ 和 K_5 是库拉图斯基图。这是因为波兰数学家库拉图斯基（K. Kuratowski）于 1930 年给出了判别平面图的充要条件（后称为库拉图斯基定理）曾用到这两个图。下面来介绍这一定理，不过要先介绍两个图同胚的概念。

定义 6-9：若图 G_2 可以由图 G_1 中的一些边上适当插入或删除度为 2 的有限个顶点后而得到，则称 G_1 与 G_2 同胚。

定理 6-17 [库拉图斯基定理（Kuratowski 定理）]：一个图 G 是平面图的充要条件为 G 中不含同胚于 $K_{3,3}$ 或 K_5 的子图。

$K_{3,3}$ 和 K_5 如图 6-21a、b 所示。

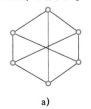

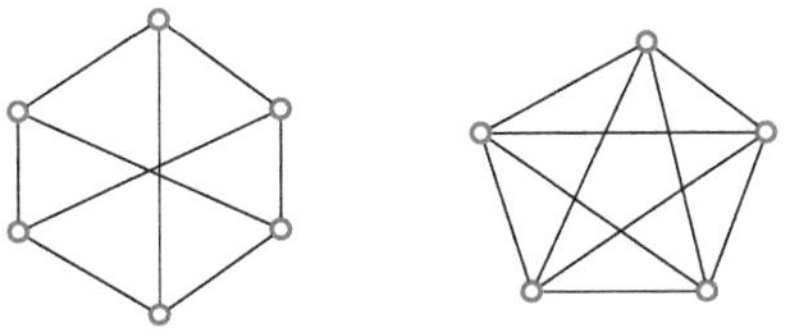

a)   b)

图 6-21 库拉图斯基图

a）$K_{3,3}$　b）K_5

> **定义 6-10**：在图 G 的边 uv 上新增加一个二度顶点，称为图 G 的细分。一条边上也可以同时增加有限个二度顶点，所得的新图称为原来图的细分图。

故库拉图斯基定理也可以表述为：一个图是平面图的充分必要条件是它不包含与 K_5 和 $K_{3,3}$ 细分图同构的子图。

例如，图 6-22a 称为**彼得森图**，该图是非平面图。因为当删去边 (v_6, v_8) 和 (v_3, v_4) 时，它成为含有同胚于 $K_{3,3}$ 的子图，如图 6-22b、c 所示。

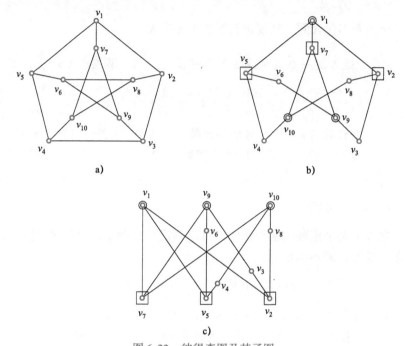

图 6-22　彼得森图及其子图

例 6-10　设 G 是由 11 个顶点或更多顶点组成的无向简单图，证明 G 或者其补图 $\overline{G}$ 是非平面图。

证明：用反证法。若 G 有 m 条边，其补图 $\overline{G}$ 有 m' 条边，G 的顶点数为 n，则有 $m + m' = n(n-1)/2$。因为 G 和 G' 均为平面图，有 $m \leqslant 3n-6$ 和 $m' = 3n-6$，因此 $n(n-1)/2 = m + m' \leqslant 6n - 12$，即 $n^2 - 13n + 24 \leqslant 0$，$(n-11)(n-2) + 2 \leqslant 0$。当 $n \geqslant 11$ 时，$(n-11)(n-2) + 2 > 0$，从而产生矛盾。这说明图 G 或其补图 $\overline{G}$ 是非平面图。

例 6-11　鉴别图 6-23a、b、c、d 中哪些图是平面图。

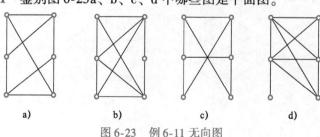

图 6-23　例 6-11 无向图

解：只有图 6-23a、b 是平面图。它们可以被画成没有交叉边的图形。

6.5　图的着色问题

6.5.1　对偶图

> **定义 6-11**：将平面图 G 嵌入平面后，通过以下手续（简称 D 过程）：
> （1）对图 G 的每个面 D_i 的内部作一顶点且仅作一顶点 v_i^*。
> （2）经过每两个面 D_i 和 D_j 的每一个共同边界 e_k^* 作一条边 $e_k^* = (v_i^*, v_j)$ 与 e_k 相交。
> （3）当且仅当 e_k 只是面 D_i 的边界时，v_i^* 恰存在一条自回路与 e_k 相交。
> 所得的图称为图 G 的对偶图，记为 G^*。如果图 G 的对偶图 G^* 同构于 G，则称图 G 是自对偶图。对偶图是相互的。

如图 6-24 所示，图 6-24a 为对偶图，图 6-24b 为自对偶图。

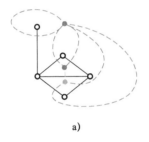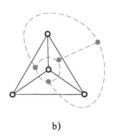

a)　　　　　　　　　　b)

图 6-24　对偶图与自对偶图

a) 对偶图　b) 自对偶图

一个平面图可以有多种画法，如图 6-25 所示，图 6-25a、b 为同一平面图，但图 6-25a 中的对偶图有 5 度顶点，图 6-25b 中的对偶图却没有。可见一个图的对偶图不是唯一的。

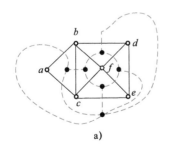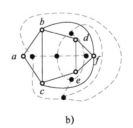

a)　　　　　　　　　　b)

图 6-25　对偶图

G 与 G^* 的关系如下。

（1）平面图 G 的对偶图 G^* 是平面图。

（2）若连通平面图 G 是（n,m）图，它有 $m-n+2$ 个面，则 G^* 是（$m-n+2, m$）图，有 n 个面。

（3）G 中面的个数为 G^* 中点的个数。

（4）G 的圈对应着 G^* 的割（边）集。

例 6-12　分别作出图 6-26 中两个图的对偶图。

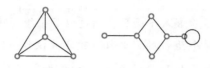

图 6-26　两个图

解：对偶图如图 6-27 所示，实线图与虚线图互为对偶图。

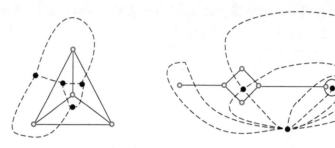

图 6-27　例 6-12 对偶图

6.5.2　地图着色与四色猜想

假如给你一张平面的空白的世界地图，上面有所有的 197 个国家，需要给它们涂上颜色，要求是国土有接壤的两个国家，颜色不可以相同，否则就无法区分这两个国家（不包含飞地）。请问需要几种颜色才能完成？

195 种，100 种，还是 10 种？正确答案是 4 种。没错，只需要 4 种颜色，就能够把这张平面的世界地图上全部的 197 个国家（不包含飞地）都涂上颜色，并且相邻的两个国家的颜色绝不相同。这就是著名的近代三大数学难题之一——四色定理。

四色定理又称为四色猜想、四色问题，是世界三大数学猜想之一。四色定理是一个著名的数学定理，通俗的说法是，每个平面地图都可以只用 4 种颜色来染色，而且没有两个邻接的区域颜色相同。"是否只用 4 种颜色就能为所有地图染色"的问题最早是由一位英国制图员在 1852 年提出的，人们发现，要证明宽松一点的"五色定理"（即"只用 5 种颜色就能为所有地图染色"，在后面会加以证明）很容易，但四色问题却出人意料地异常困难。曾经有许多人发表了四色问题的证明或反例，但都被证实是错误的。

1976 年，数学家凯尼斯·阿佩尔和沃夫冈·哈肯借助电子计算机首次得到一个完全的证明，四色问题也终于成为四色定理。这是首个主要借助计算机证明的定理。

6.5.3　平面图着色与五色定理

平面图着色问题起源于地图的着色，对地域连通且有一段公共边界的平面地图 G 的每个国家涂上一种颜色，使相邻的国家涂不同的颜色，称为对 G 的一种*面着色*，若能用 k 种颜色给 G 的面着色，就称对 G 的面进行了 k 着色，或称 G 是 k – 面可着色的；若 G 是 k – 面可着色的，但不是 $(k-1)$ – 面可着色的，就称 G 的*面色数*为 k，记为 $\chi^*(G) = k$。

> **定理 6-18**：地图 G 是 k – 面可着色的，当且仅当它的对偶图 G^* 是 k – 可着色的。

在介绍五色定理之前先一起认识一个定理。

> **定理 6-19**：在简单连通平面图中至少有一个顶点 v_0，其次数 $d(v_0) \leqslant 5$。

证明：用反证法。

设 (n, m) 图 G 是简单连通平面图，所有顶点的次数不小于 6。

则 $m \leqslant 3n - 6$。

又 $2m = \sum d(v) \geqslant 6n$，即 $m \geqslant 3n$，矛盾。

故存在 v_0，其次数 $d(v_0) \leqslant 5$。

> **定理 6-20**（五色定理）：用 5 种颜色可以给任一简单连通平面图 $G = <V, E>$ 正常着色。

证明：对图的顶点数做归纳。

（1）当 $n \leqslant 5$ 时，显然成立。

（2）假设 k 个顶点时成立，下面考虑 $k+1$ 阶简单连通平面图 G。

由定理 5-7 可知，图 G 至少存在一个顶点 v_0，其次数 $d(v_0) \leqslant 5$。

显然 $G-v_0$ 是 k 阶简单连通平面图，由归纳假设可用 5 种颜色进行着色。

假设已用红、黄、蓝、绿、黑 5 种颜色对 $G-v_0$ 着好了色，现在考虑对 G 中顶点 v_0 进行着色。

1）若 $d(v_0) < 5$，显然可用它的邻接顶点所着颜色之外的一种颜色对 v_0 进行着色，即 G 可以用 5 种颜色着色。

2）若 $d(v_0) = 5$，显然只需要考虑与 v_0 邻接的顶点被着以不同的 5 种颜色的情况进行讨论。

令 $W_1 = \{x \mid x \in G, \text{且 } x \text{ 着红色或蓝色}\}$，$W_2 = \{x \mid x \in G, \text{且 } x \text{ 着黄色或绿色}\}$，考虑 W_1 导致的 G 的导出子图 $<W_1>$。

① 若 v_1 和 v_3 分别属于 $<W_1>$ 的两个不同连通分图，那么将 v_1 所在分图的红蓝色对调，并不影响图 $G-v_0$ 的正常着色。然后将 v_0 着上红色，即得图 G 的正常着色。

② 若 v_1 和 v_3 属于 $<W_1>$ 的同一分图中，则 v_1 和 v_3 之间必有一条顶点属于红蓝集的路径 P，它加上 v_0 可构成回路 C：(v_0, v_1, P, v_3, v_0)。

由于 C 的存在，将黄绿集分为两个子集，一个在 C 内，另一个在 C 外，于是黄绿集的导出子图至少有两个分图，一个在 C 内，另一个在 C 外。于是问题转化为①的类型，对黄绿集按①的办法进行处理，即得图 G 的正常着色。证毕。

图 6-28 所示展示了几种图的正常着色，扫描二维码 6-4 可查看该图的彩色效果。

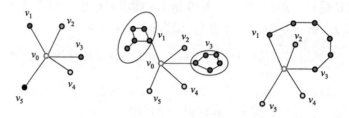

图 6-28　图的正常着色

例 6-13　试用 3 种颜色，给如图 6-29 所示的平面图着色，使两个邻接的面不会有相同的颜色。

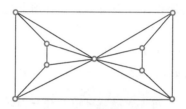

图 6-29　例 6-13 平面图

解：用 r、b、w 表示不同的颜色，着色如图 6-30 所示。

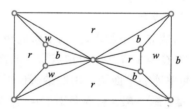

图 6-30　例 6-13 着色图

6.5.4　平面图点着色

> **定义 6-12**：图 G 的正常着色（简称着色）是指对它的每一个顶点指定一种颜色，使得没有两个相邻的顶点有同一种颜色。如果图 G 在着色时用了 n 种颜色，称 G 是 n-色的。在对图 G 进行着色时，需要的最少颜色数称为图 G 的着色数，记为 $x(G)$。

首先介绍一种图的着色方法，名为韦尔奇·鲍威尔（Welch Powell）方法，过程如下。

（1）将图 G 中的顶点按照次数的递减次序进行排列（可能并不是唯一的，有些顶点有相同的次数）。

（2）用第一种颜色对第一个顶点着色，并且按排列次序，对与前面着色点不邻接的每一个顶点着上同样的颜色。

（3）用第二种颜色对尚未着色的点重复第（2）步，用三种颜色继续这种做法，直到所有的顶点全部着上色为止。

下面以图 6-31 为例进行点着色。

（1）按次数递减排序顶点：a_5、a_3、a_7、a_1、a_2、a_4、a_6、a_8。

（2）用第一种颜色对 a_5 着色，并对不相邻的顶点 a_1 也着同一颜色。

（3）对顶点 a_3 和它不相邻的 a_4、a_8 着第二种颜色。

（4）对顶点 a_7 和它不相邻的顶点 a_2、a_6 着第三种颜色。

则此图为三色的。G 不可能是二色的，因为 a_1、a_2、a_3 邻接，必须用三种颜色。所以 $x(G) = 3$。

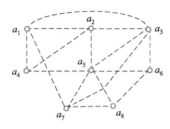

图 6-31 平面图 G

例 6-14 给如图 6-32 所示的 3 个图的顶点正常着色，每个图至少需要几种颜色？

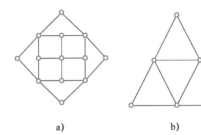

图 6-32 例 6-14 无向图

解：用 r、b、w、g 表示不同的颜色，对图的顶点正常着色如图 6-33 所示。可见图 6-33a 需要 2 种颜色，图 6-33b 需要 3 种颜色，图 6-33c 需要 4 种颜色。

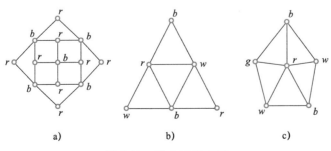

图 6-33 图 6-32 着色图

6.6　习题

1. 4个连通平面多重图的顶点数和边数如下：

(1) $V = 10, E = 14$。

(2) $V = 6, E = 7$。

(3) $V = 25, E = 60$。

(4) $V = 14, E = 13$。

试求每个图必有的区域数目 R。

2. 已知4个连通平面多重图的边数和区域数如下：

(1) $E = 6, R = 3$。

(2) $E = 4, R = 1$。

(3) $E = 10, R = 8$。

(4) $E = 27, R = 11$。

试求每个图必有的顶点数 V。

3. 在一个有8个顶点的平面图中，边数最多可能是多少条？有4个顶点的情形又是如何？

4. 考虑如图6-34所示的二部图 $K_{2,4}$，求以下问题。

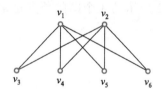

图6-34　二部图 $K_{2,4}$

(1) 该图的一种2 – 着色。

(2) 从 v_1 开始的6个循环并说明它们都是偶数长度的。

5. 证明如图6-35所示的图没有哈密顿回路。

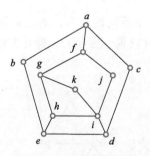

图6-35　习题5无向图

6. 给定无向图 $G = <V, E>$，如图6-36所示。试确定 G 是否为哈密顿图。若是，证明且构造哈密顿圈。

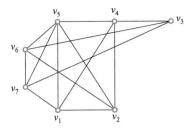

图 6-36 习题 6 图 G

7. 给定简单无向图 $G = <V,E>$，且 $|V| = m$，$|E| = n$。试证，若
$n \geqslant C_{m-1}^2 + 2$，则 G 是哈密顿图。

8. 证明彼得森图不是哈密顿图。

9. 给定二部图 $G = <V_1,E,V_2>$，且 $|V_1 \cup V_2| = m$，$|E| = n$。试证：
$n \leqslant \dfrac{m^2}{4}$。

10. 给定两个平面图 G_1 和 G_2 如图 6-37a、b 所示，试画出它们的对偶图。

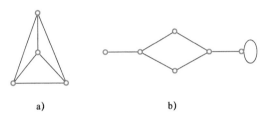

a)   b)

图 6-37 习题 10 平面图
a) G_1 b) G_2

11. 给定三个平面图 G_1、G_2 和 G_3，如图 6-38 所示。试确定它们的着色
数：$X(G_1)$、$X(G_2)$ 和 $X(G_3)$。

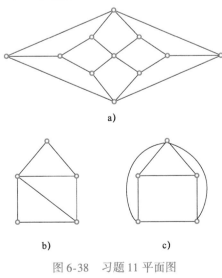

a)

b)   c)

图 6-38 习题 11 平面图
a) G_1 b) G_2 c) G_3

12. 给定两个无向图 G_1 和 G_2，如图 6-39 所示。试确定它们是否为欧拉图，若是，构造欧拉圈。

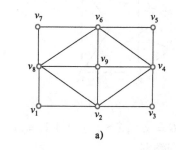

a)

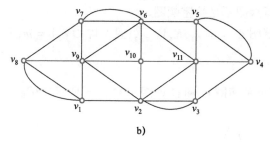

b)

图 6-39 习题 12 无向图

a) G_1　b) G_2

13. 判断哪些连通图 G 是 1 – 可着色的，若有，请指出。

第7章　树

树的概念是图论中非常重要的一个内容。本章先介绍树的定义，然后介绍树的基本性质及其应用。

7.1　概念介绍

> **定义7-1**：连通而不含圈的无向图称为无向树，简称树，常用 T 表示。树中度数为 1 的顶点称为树叶；度数大于 1 的顶点称为枝点或内点。若图 G 至少有两个连通分支，则称 G 为林。

若图 G 是林，则 G 的每个连通分支都是树。平凡图又称为平凡树，顶点度数为 0。而在任何非平凡树中，都没有度数为 0 的顶点。

> **定理7-1**：无向图 T 是树，当且仅当下列五条之一成立：
>
> (1) 无简单回路且 $m = n - 1$。这里 m 是边数，n 是顶点数。
>
> (2) 连通且 $m = n - 1$。
>
> (3) 无简单回路，但增加任一新边，得到且仅得到一条基本回路。
>
> (4) 连通但删去任一边，图便不连通（$n \geqslant 2$）。
>
> (5) 每一对顶点间有唯一的一条基本路径（$n \geqslant 2$）。

证明：树 $\Rightarrow$ (1)，即证明 n 阶无圈图恰有 $n-1$ 条边。

对 n 作归纳：

1）$n = 1$ 时，$m = 0$，显然 $m = n - 1$。

2）假设 $n = k$ 时命题成立，现证明 $n = k + 1$ 时也成立。

由于树是连通而无简单回路，所以至少有一个次数为 1 的顶点 v，在 T 中删去 v 及其关联边，便得到 k 个顶点的连通无简单回路图。由归纳假设它有 $k - 1$ 条边。再将顶点 v 及其关联边加回得到原图 T，所以 T 中含有 $k + 1$ 个顶点和 k 条边，符合公式 $m = n - 1$。

所以树是无简单回路且 $m = n - 1$ 的图。

(1) $\Rightarrow$ (2)，即证明 $(n, n-1)$ 无圈图必连通。

用反证法。若图不连通，设 T 有 k 个连通分图（$k \geqslant 2$）$T_1, T_2, \cdots, T_k$，其顶点数分别是 $n_1, n_2, \cdots, n_k$，边数分别为 $m_1, m_2, \cdots, m_k$。

于是 $\displaystyle\sum_{i=1}^{k} n_i = n, \sum_{i=1}^{k} m_i = m$

$$m = \sum_{i=1}^{k} m_i = \sum_{i=1}^{k} (n_i - 1) = n - k < n - 1$$

得出矛盾。所以 T 是连通且 $m = n - 1$ 的图。

（2）$\Rightarrow$（3），即证明连通的 $(n, n-1)$ 图不含圈，但加入任何一边后便形成圈。

首先证明 T 无简单回路，对 n 做归纳证明。

1）$n = 1$ 时，$m = n - 1 = 0$，显然无简单回路。

2）假设顶点数为 $n - 1$ 时无简单回路，现考查顶点数是 n 的情况：此时至少有一个顶点 v 其次数 $d(v) = 1$。因为若 n 个顶点的次数都大于或等于 2，则不少于 n 条边，但这与 $m = n - 1$ 矛盾。

删去 v 及其关联边得到新图 T'，根据归纳假设 T' 无简单回路，再加回 v 及其关联边又得到图 T，则 T 也无简单回路。

再由图的连通性可知，加入任何一边后就会形成圈，且只有一个圈，否则原图中会含圈。

（3）$\Rightarrow$（4），即证明一个无圈图若加入任一边就形成圈，则该图连通，且其任何一边都是桥。

若图不连通，则存在两个顶点 v_i 和 v_j，在 v_i 和 v_j 之间没有路，若增加边 (v_i, v_j) 不会产生简单回路，但这与假设矛盾。由于 T 无简单回路，所以删去任一边，图便不连通。

（4）$\Rightarrow$（5），由连通性可知，任两点间有一条路径，于是有一条基本路径。若此基本路径不唯一，则 T 中含有简单回路，删去此回路上任一边，图仍连通，这与假设不符，所以通路是唯一的。

（5）$\Rightarrow$ 树，显然连通。若有简单回路，则回路上任两点间有两条基本路径，与基本路径的唯一性矛盾。证毕。

7.2　生成树与最小生成树

> **定义 7-2：** 若连通图 G 的某个生成子图是一棵树，则称该树为 G 的生成树或支撑树。图 G 的生成树不是唯一的。生成树 T 中的边称为树枝或枝；G 中不在 T 中的边称为树补边或弦；$G - T$ 的边集合称为树补。

图 7-1b、c 为图 7-1a 的生成树。

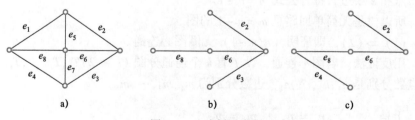

a)　　　　　　　　　　b)　　　　　　　　　　c)

图 7-1　生成树示意图

对连通图 $G = (n, m)$，G 的生成树 T 有 n 个顶点、$n-1$ 条边、$m-n+1$ 条树补边。

假设图 $G = <V, E>$ 是连通图，G 的一个生成树是 $T = <V, E_T>$，则 $|E_T| = |V| - 1$。因此，要确立 G 的一棵生成树必须从 G 中删去 $|E| - (|V| - 1)$ 条边，称 $(|E| - |V| + 1)$ 为图 G 的基本圈的秩，它表示打破全部基本圈所必须从 G 中删去的最小边数，即由 G 产生的生成树应删去弦的数目。

构造连通图 $G = (V, E)$ 的生成树的方法：破圈法（每次去掉回路中的一条边，其去掉的边的总数为 $m-n+1$），过程如图 7-2 所示。

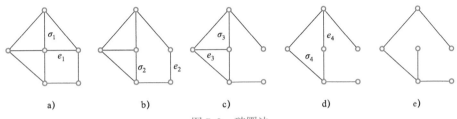

图 7-2 破圈法

a) $G = G_1$ b) G_2 c) G_3 d) G_4 e) $G_5 = T_G$

例 7-1 求图 7-3a 的所有生成树。

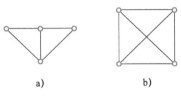

a)   b)

图 7-3 例 7-1 图 G

解：图 7-3a 的生成树如图 7-4 所示。

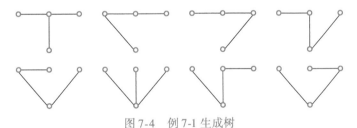

图 7-4 例 7-1 生成树

例 7-2 求图 7-3b 的所有生成树。

解：图 7-3b 的生成树如图 7-5 所示。

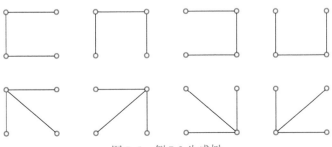

图 7-5 例 7-2 生成树

定义 7-3：设 $G = <V,E>$ 是 n 阶连通的赋权图，T 是 G 的一棵生成树，T 的每个树枝所赋权值之和称为 T 的权，记为 $w(T)$。G 中具有最小权的生成树称为 G 的最小生成树。

下面介绍几种计算最小生成树的算法。

7.2.1 Kruskal 算法

先介绍一种求最小生成树的方法——Kruskal 算法，它的本质是树生成过程，因此得名避圈法。算法流程如下。

(1) 在 G 中选取最小权边 e_i，置 $i=1$。

(2) 当 $i=n-1$ 时，结束，否则转 (3)。

(3) 设已选取的边为 e_1，e_2，$\cdots$，e_i，在 G 中选取不同于 e_1，e_2，$\cdots$，e_i 的边 e_{i+1}，使 $\{e_1,e_2,\cdots,e_i,e_{i+1}\}$ 中无圈且 e_{i+1} 是满足此条件的最小权边。

(4) 置 $i=i+1$，转 (2)。

在第 (3) 步中，在选取边时采用避圈法，即每次选取 G 中一条与已选取的边不构成回路的边，选取的边的总数为 $n-1$。

例 7-3 用 Kruskal 算法求图 7-6 中赋权图的最小生成树。

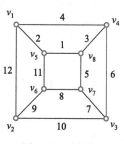

图 7-6 赋权图

解：过程如图 7-7b ~ h 所示，得 $w(T) = 34$。

二维码 7-2 视频
最小生成树

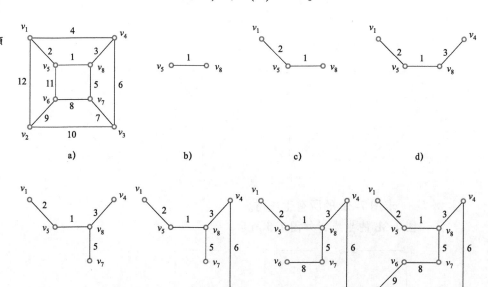

图 7-7 最小生成树示意图

例 7-4 确定如图 7-8 所示的图的最小生成树。

解：图 7-8 的最小生成树如图 7-9 所示，得 $w(T) = 18$。

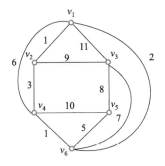
图 7-8 例 7-4 图

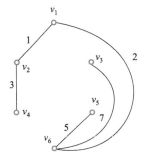
图 7-9 例 7-4 最小生成树

7.2.2 管梅谷算法

管梅谷算法流程如下。

（1）令 $G_0 = G$，置 $i = 0$。

（2）当 $i = m - n + 1$ 时，结束，否则 G_i 中含回路，转（3）。

（3）设 C 为 G_i 中的一条回路，e_i 为 C 上权值最大的边。

（4）置 $G_{i+1} = G_i - e_i$，$i = i + 1$，转（2）。

例 7-5 用管梅谷算法求例 7-3 中赋权图的最小生成树。

解：因为图 7-10a 中 $n = 8$，$m = 12$，所以按算法要执行 $m - n + 1 = 5$ 次，其过程如图 7-10b ~ f 所示，得到 $w(T) = 34$。

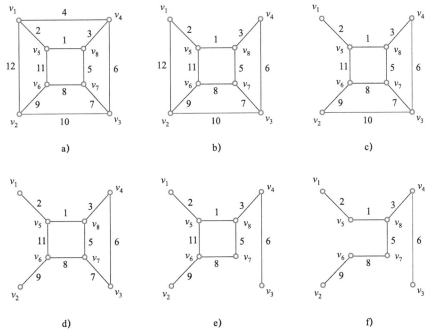
图 7-10 例 7-5 最小生成树

7.2.3　逐步短接法

> **定义 7-4：**设 v_i、v_j 是无向图 $G = <V, E>$ 中任意两个顶点，将 v_i、v_j 合并成一个顶点，记成 v'，称 v' 为超点，使得与 v_i、v_j 关联的边均与 v' 关联，这种做法称为 v_i 与 v_j 的短接。

图 7-11b 是在图 7-11a 中短接 v_1 和 v_2 后得到的图。

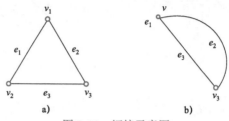

图 7-11　短接示意图

逐步短接法过程如下。

（1）置 $E' = \varnothing$。

（2）设 e 是 G 中权值最小的边（若权值最小的边不唯一，就任选一条作为 e）。将 e 的两个端点 v_i 与 v_j 短接得超点 v'。删除边 e（相当于将 e 作为生成树的树枝）后，所得图 G' 中若含自回路就删除掉（相当于形成生成树的弦），置 $E' = E' \cup \{e\}$。

（3）若 G' 不是仅包含一个孤立顶点的图（即 G' 为非平凡图），那么置 $G = G'$，转（2）；否则，结束。

这时共进行了 $n-1$ 次短接，得 $n-1$ 条树枝、$m-n+1$ 条弦，图 $<V, E'>$ 即为所求的最小生成树。

例 7-6　用逐步短接法求例 7-3 中赋权图的最小生成树。

解：图 7-12 给出了用"逐步短接法"求如图 7-12a 所示图的最小生成树的全过程，得到的最小生成树 T 如图 7-12i 所示，得到 $w(T) = 34$。

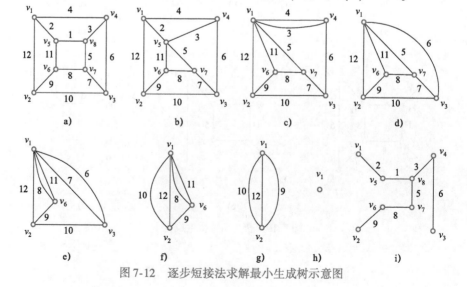

图 7-12　逐步短接法求解最小生成树示意图

7.3　根树

7.3.1　根树概念

> **定义 7-5**：如果一个有向图 G 的基图（略去所有边的方向的图）是树，则称 G 为有向树。如果恰有一个顶点的入度为 0，其余所有顶点的入度均为 1，则称为根树或外向树。入度为 0 的顶点称为树根，出度为 0 的顶点称为树叶。入度为 1、出度大于 0 的顶点称为内点，又将内点同树根统称为分支点。如果恰有一个顶点的出度为 0，其余所有顶点的出度均为 1，则称为内向树。

在画根树时一般采用倒置法，即把树根画在最上方，树叶画在下方，有向边的方向均指向下方，这样就可以省去全部箭头，不会发生误解。

> **定义 7-6**：在根树中，从树根到任一顶点 v 的道路长度，称为根到该顶点的距离（也称为顶点的层数或顶点的级）；称层数相同的顶点在同一层上；所有顶点的层数中最大的称为根树的高。

如图 7-13 中，v_2 的级为 1，v_7 的级为 2，v_{13} 的级为 4，v_{12} 的级为 3，根树的高为 4。

在根树中，若从 v_i 到 v_j 可达，则称 v_i 是 v_j 的祖先，v_j 是 v_i 的后代；若 $<v_i, v_j>$ 是根树中的有向边，则称 v_i 是 v_j 的父亲，v_j 是 v_i 的孩子；若两个顶点是同一个顶点的孩子，则称这两个顶点是兄弟。如果在根树中规定了每一层上顶点的次序，这样的根树称

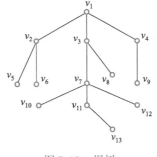

图 7-13　根树

为有序树。在根树 T 中，任一顶点 v 及其所有后代导出的子图 T' 称为 T 的以 v 为树根的子树。

> **定义 7-7**：在根树 T 中，若每个分支点的出度至多为 m，则称 T 为 m 叉树；若每个分支点的出度都等于 m，则称 T 为完全 m 叉树；若 T 的全部叶顶点位于同一层次，则称 T 为正则 m 叉树；在 m 叉树中，如果对任何顶点的 m 个（或少于 m 个）孩子都分别指定 m 个不同的确定位置，则称该树为位置叉树。

> **定义 7-8**：若将树中每个结点的各子树看成是从左到右有次序的（即不能互换），则称该树为有序树（Ordered Tree）；否则称为无序树（UnOrdered Tree）。

当 $m=2$ 时，便可得到常用的二叉树、完全二叉树和正则二叉树。不难看出，二叉树中的每个顶点 v，至多有两个子树，分别称为 v 的左子树和右子树。若 v 只有一个子树，则称它为左子树或右子树均可。在二叉树的图形表示中，v 的左子树画在 v 的左下方，v 的右子树画在 v 的右下方。

图 7-14a ～ d 分别为三叉树、有序三叉树、完全三叉树和有序完全三叉树。

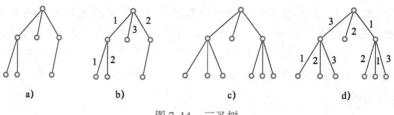

图 7-14   三叉树

若 T 是完全 m 叉树，其树叶数为 t，分支点数为 i，则下式成立：$(m-1)i=t-1$。

若完全二叉树有 k 个分支点，且各分支点的层数之和为 i，各树叶的层数之和为 L，则 $L=i+2k$。

例 7-7   假设有一台计算机，它有一条加法指令可以计算 3 个数的和。如果要求 9 个数 x_1、x_2、x_3、x_4、x_5、x_6、x_7、x_8、x_9 之和，问至少要执行几次加法指令？

解：用 3 个顶点表示 3 个数，将表示 3 个数之和的顶点作为它们的父顶点。这个样本问题可以理解为求一个三叉完全树的分支点问题。把 9 个数看成树叶。

有 $(3-1)i=9-1$，得 $i=4$。所以至少要执行 4 次加法指令。

图 7-15 给出了有序树。下面给出有序树转换为二叉树的过程。从根开始，保留每个父亲同其最左边孩子的连线，撤销与其他孩子的连线，兄弟间用从左向右的有向边连接。

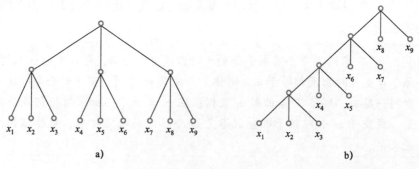

图 7-15   有序树

二叉树中顶点的左孩子和右孩子确定方法如下：把位于给定顶点下面最左侧的顶点作为左孩子，对于同一水平线上与给定顶点右邻的顶点，作为右孩子，依次类推。

反过来，也可以将二叉树还原为有序树。

例 7-8 将图 7-16 转化为一棵二叉树。

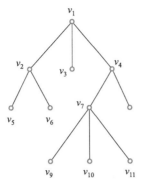

图 7-16 例 7-8 二叉树

解：转化过程如图 7-17 所示。

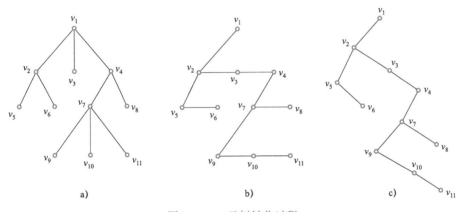

图 7-17 二叉树转化过程

7.3.2 二叉树遍历

1. 先根次序遍历法

（1）访问根顶点。

（2）按先根次序遍历根顶点的左子树。

（3）按先根次序遍历根顶点的右子树。

2. 中根次序遍历法

（1）按中根次序遍历根顶点的左子树。

（2）访问根顶点。

（3）按中根次序遍历根顶点的右子树。

3. 后根次序遍历法

（1）按后根次序遍历根顶点的左子树。

（2）按后根次序遍历根顶点的右子树。

（3）访问根顶点。

例 7-9 对图 7-18 中的二叉树，写出 3 种遍历方法得到的结果。

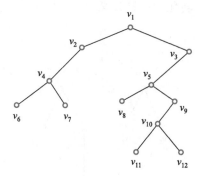

图 7-18　例 7-9 二叉树

解： 先根次序遍历序列为 $v_1v_2v_4v_6v_7v_3v_5v_8v_9v_{10}v_{11}v_{12}$。

中根次序遍历序列为 $v_6v_4v_7v_2v_1v_8v_5v_{11}v_{10}v_{12}v_9v_3$。

后根次序遍历序列为 $v_6v_7v_4v_2v_8v_{11}v_{12}v_{10}v_9v_5v_3v_1$。

例 7-10 一棵二叉树 T 有 9 个顶点。T 的先根次序遍历序列和中根次序遍历序列如下所示。

先根次序遍历序列：$F\ A\ E\ K\ C\ D\ H\ G\ B$

中根次序遍历序列：$E\ A\ C\ K\ F\ H\ D\ B\ G$

画出树 T。

解： 画出树 T 的步骤如下。

(1) T 的根是在其先根次序遍历序列中由选取第一个顶点得到的。这样，F 是 T 的根。

(2) 顶点 F 的左孩子是如下得到的：首先在 T 的中根次序遍历序列中去找 F 的左子树 T_1 的顶点，这样，T_1 由顶点 E、A、C 和 K 组成。然后，在 T_1 的先根次序遍历序列中选择第一个顶点（出现在 T 的先根次序遍历序列中）得到 F 的左孩子。这样 A 是 F 的左孩子。

(3) 类似地，F 的右子树由顶点 H、D、B 和 G 组成，且 D 是 T_2 的根，即 D 是 F 的右孩子。对每个新的顶点重复上述过程，最后得到的所要求的树如图 7-19 所示。

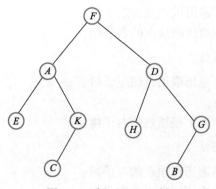

图 7-19　例 7-10 二叉树

7.3.3 最优二叉树和哈夫曼编码

定义 7-8：在位置二叉树中，每个顶点可用字符表 $\{0,1\}$ 上的字符串唯一地表示，即位置二叉树的 $0-1$ 串表示，串中的字符个数称为串的长度。顶点 v 的任何一个孩子所对应的串的前缀是 v 所对应的串。任何一个叶顶点的串不能放置在其他顶点的串的前面，对应于叶顶点的串的集合形成一个前缀码或哈夫曼编码。

利用字符表 $\{0,1,2,\cdots,m-1\}$ 上的字符串，可表示位置 m 叉树的各个顶点。任何一个前缀码都对应一棵位置二叉树的 $0-1$ 串表示，即哈夫曼编码对应一棵哈夫曼编码树。

这里介绍将有序树转化成二叉树的算法，过程如下。

（1）除最左边的分枝顶点外，删去所有从每一个顶点长出的分枝。在同一级中，兄弟顶点之间用从左到右的弧连接。

（2）选取位于给定顶点下面最左侧的顶点作为左孩子，与给定顶点位于同一水平线上且紧靠它的右边顶点作为右孩子，依次类推。

二叉树的一个重要应用就是最优树问题。

定义 7-9：现给定一组数 $w_1, w_2, \cdots, w_t$。令一棵二叉树 T 有 t 个叶顶点，并对它们分别指派 $w_1, w_2, \cdots, w_t$ 作为权，则该二叉树称为加权二叉树。各叶的道路长度分别为 $l_1, l_2, \cdots, l_t$，定义 T 的权为 $w(T) = \sum_{i=1}^{t} l_i w_i$。使 $w(T)$ 取最小值的 T 即称为带权 $w_1, w_2, \cdots, w_t$ 的最优二叉树，也可以称为最优树或者哈夫曼（Huffman）树。

下面介绍哈夫曼（Huffman）算法，用来求解最优二叉树，过程如下。

给定实数 $w_1, w_2, \cdots, w_t$，且 $w_1 \leqslant w_2 \leqslant \cdots \leqslant w_t$，则：

（1）连接权为 w_1、w_2 的两片树叶，得一个分支点，其权为 $w_1 + w_2$。

（2）在 $w_1 + w_2$，w_3，$\cdots$，w_t 中选出两个最小的权，连接它们对应的顶点（不一定是树叶），得到新分枝点及所带的权。

（3）重复（2），直到形成 $t-1$ 个分支点、t 片树叶为止。

例 7-11 给定一组权 0.1、0.3、0.4、0.5、0.5、0.6、0.9，求对应的最优二叉树。

解：用哈夫曼算法求解过程如图 7-20 所示。

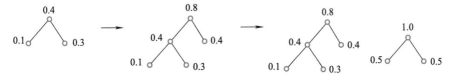

图 7-20 哈夫曼算法求解过程示意图

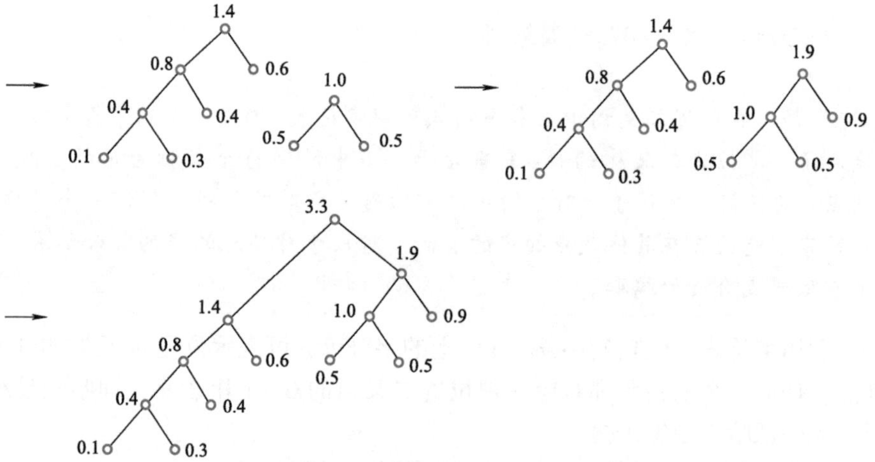

图 7-20　哈夫曼算法求解过程示意图（续）

例 7-12　试画出带有权 1、2、3、5、7、12 的最优树，并根据这棵最优树编出其对应的前缀码。

解： 所求的最优树如图 7-21 所示。

最优树的对应前缀码为 {00000, 00001, 0001, 001, 01, 1}。

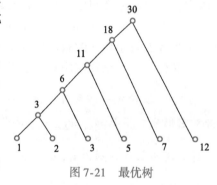

图 7-21　最优树

7.3.4　一般树遍历

一般树的遍历分为先根次序遍历和后根次序遍历。

先根次序遍历：先访问树的根顶点，然后再依次先根次序遍历根的每棵子树。

后根次序遍历：先依次遍历每棵子树，然后再访问根顶点。

图 7-22a 的先根次序遍历的结果为 $v_1 v_2 v_5 v_6 v_3 v_4 v_7 v_9 v_{10} v_{11} v_8$，后根次序遍历的结果为 $v_5 v_6 v_2 v_3 v_9 v_{10} v_{11} v_7 v_8 v_4 v_1$。图 7-22b 的先根次序遍历的结果为 $v_1 v_2 v_5 v_6 v_3 v_4 v_7 v_9 v_{10} v_{11} v_8$，中根次序遍历的结果为 $v_5 v_6 v_2 v_3 v_9 v_{10} v_{11} v_7 v_8 v_4 v_1$。

一般树的先根次序遍历序列正是相应二叉树的先根次序遍历序列，一般树的后根次序遍历序列正是相应二叉树的中根次序遍历序列。

例 7-13　树的先根次序遍历序列为 *GFKDAIEBCHJ*；树的后根次序遍历序列为 *DIAEKFCJHBG*，画出和下列已知序列对应的树 *T*。

解： 树的先根次序遍历序列为 *GFKDAIEBCHJ*，后根次序遍历序列为 *DIAEKFCJHBG*，可以先转化成二叉树，再通过二叉树转换成树。注意二叉树的先根次序遍历序列与等价树的先根次序遍历序列相同，二叉树的中根次序遍历序列对应着树的后根次序遍历序列。

GFKDAIEBCHJ 为所求二叉树的先根次序遍历序列，*DIAEKFCJHBG* 为二叉树的中根次序遍历序列。通过观察先根次序遍历序列，*G* 为二叉树的根顶点，再由中根次序遍历序列，*G* 的左子树序列为 *DIAEKFCJHB*，右子树为空。

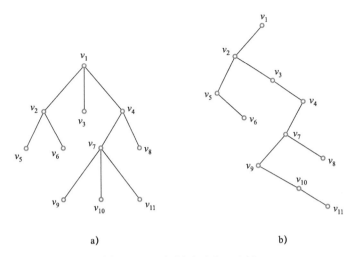

图 7-22 一般树及对应二叉树

可以表示成如下形式：

$G(DIAEKFCJHB, \text{NULL})$

对应子树的先根次序遍历序列为 $FKDAIEBCHJ$，中根次序遍历序列为 $DIAEKFCJHB$，显然子树根顶点为 F。再由中根次序遍历序列可以看到，F 的左子树是 $DIAEK$，右子树为 $CJHB$。进一步表示成：

$G(F(DIAEK, CJHB), \text{NULL})$

对于 $DIAEK$（中序表示），先序为 $KDAIE$，K 为根顶点，左子树为 $DIAE$，右子树为空；对于 $CJHB$，B 为根，左子树为 CJH，右子树为空。进一步表示成：

$G(F(K(DIAE, \text{NULL}), B(CJH, \text{NULL})), \text{NULL})$

$G(F(K(D(\text{NULL}, IAE), \text{NULL}), B(C(\text{NULL}, JH), \text{NULL})), \text{NULL})$

$G(F(K(D(\text{NULL}, A(I, E)), \text{NULL}), B(C(\text{NULL}, H(J, \text{NULL})), \text{NULL})), \text{NULL})$

由此画出二叉树，进而画出树，如图 7-23 所示。

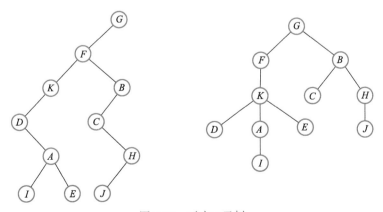

图 7-23 对应二叉树

7.4 习题

1. 一棵二叉树是一般树的特殊情况吗？

2. 在如图 7-24 所示的二叉树中，当用下列次序遍历时，试给出所得的标号序列。

（1）前根次序遍历。

（2）中根次序遍历。

（3）后根次序遍历。

3. 试给出具有 6 个顶点的所有不同的树。

4. 证明：当且仅当连通无向图的每条边均为割边时，该连通图才是树。

5. 给定简单连通无向图 G 及其生成树 T。证明：G 的每个割边集至少含有 T 中一条边。

6. 给定树 G，如图 7-25 所示。试求 G 的对应二叉树。

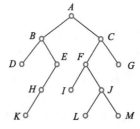

图 7-24　习题 2 二叉树

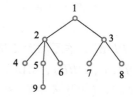

图 7-25　习题 6 树 G

7. 画出有 4 个或更少顶点的所有树。

8. 假设下列的序列分别为按先根次序遍历序列和中根次序遍历序列，请画出该树的图形。

先根次序遍历序列：$GBQACKFPDERH$。

中根次序遍历序列：$QBKCFAGPEDHR$。

9. 考虑图 7-26 中的一般树 T，求对应的二叉树 T'。

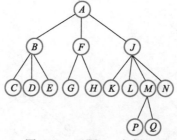

图 7-26　习题 9 一般树 T

10. 给定一组权 0.2、0.4、0.5、0.5、0.6、0.7、0.8、0.9，求对应的最优二叉树。

11. 一棵树的先根次序遍历序列为 $CBFQADGEHPI$，后根次序遍历序列为 $QFABGDPHIEC$，画出这棵树，并将其改为对应的二叉树。

|第四部分|

代数系统

代数系统与计算机科学的编码理论和形式语言等密切联系,并广泛应用于社会科学、结构化学中。

第8章 代数系统基础

本章主要介绍代数系统的概念、代数系统的运算律和特殊元素，以及代数系统的同态与同构。

8.1 代数系统概念

定义8-1： 设 A 是个非空集合且函数 f：$A*A \rightarrow A$，则称 f 为 A 上的二元运算。

代数系统中的二元运算有两个重要特点，一是运算封闭性，集合内任意两个元素都可以运算，运算后仍在同一个集合中；二是运算结果唯一性，例如，整数集 $\mathbf{Z}$ 上的乘法×为运算，两个整数 a、b 相乘，可以得到唯一的整数 $c = a \times b$。

定义8-2： 非空集合 A 与 A 上的 m 元运算 f_i（$i = 1,2,\cdots,m$）组成的系统，称为代数系统，记作 $<A, f_1, f_2, \cdots, f_m>$。代数系统也称为代数结构，简称代数，代数由两部分组成：一是集合，称为代数的载体；二是定义在集合上的若干运算。如果 A 是有限集合，则称该代数系统是有限代数系统；否则便称为无限代数系统。

例如：（1） $<\mathbf{N}, +, \times>$ 为代数系统，因为加法 + 和乘法×在自然数集合 $\mathbf{N}$ 是封闭的，但 $<\mathbf{N}, -, \div>$ 不是代数系统，因为除法÷在自然数集合 $\mathbf{N}$ 不封闭。（2） A 为任意集合，$<P(A), \cap, \cup>$ 是代数系统，因为集合 A 上的交、并、差、对称差运算对于 $P(A)$ 都具有封闭性。

当集合 A 有限时，一个 $A*A$ 到 A 的代数运算，可以借用一个表，称为运算表（乘法表）来说明，见表8-1。

表8-1 代数运算表

*	a_1	a_2	⋯	a_n
a_1	$a_1 * a_1$	$a_1 * a_2$	⋯	$a_1 * a_n$
a_2	$a_2 * a_1$	$a_2 * a_2$	⋯	$a_2 * a_n$
⋮	⋮	⋮		⋮
a_n	$a_n * a_1$	$a_n * a_2$	⋯	$a_n * a_n$

介绍一下代数系统 $(\mathbf{N}_k, +_k)$ 和 $(\mathbf{N}_k, \times_k)$，$\mathbf{N}_k = \{0,1,\cdots,k-1\}$，$+_k$ 表示模 k 加法，$\times_k$ 表示模 k 乘，$+_k$ 与 $\times_k$ 与定义为

$$a +_k b = \begin{cases} a + b & a + b < k \\ a + b - k & a + b \geq k \end{cases}$$

$$a \times_k b = \begin{cases} a \times b & a \times b < k \\ a \times b \text{ 被 } k \text{ 除后的余数} & a \times b \geq k \end{cases}$$

$<\mathbf{N}_3, +_3>$ 运算表见表 8-2，$<\mathbf{N}_3, \times_3>$ 运算表见表 8-3，

表 8-2　$<\mathbf{N}_3, +_3>$ 运算表

$+_3$	0	1	2
0	0	1	2
1	1	2	0
2	2	0	1

表 8-3　$<\mathbf{N}_3, \times_3>$ 运算表

$\times_3$	0	1	2
0	0	0	0
1	0	1	2
2	0	2	1

代数系统的基本性质主要包括运算所具有的算律和特殊元素，算律主要有结合律、交换律、幂等律、分配律和吸收律，特殊元素有等幂元、幺元或单位元、零元和逆元。

1. 结合律

> **定义 8-3：** 设代数系统 $<A, *>$，对于 A 中任意元素 a、b、c，有 $(a * b) * c = a * (b * c)$，则称运算 $*$ 满足结合律，或 $*$ 是可结合的。

实数集合上的加法和乘法满足结合律。幂集 $P(A)$ 上的交、并和对称差都满足结合律。矩阵的加法和乘法满足结合律。代数系统 $(\mathbf{N}_k, +_k)$ 和 $(\mathbf{N}_k, \times_k)$ 中的 $+_k$ 和 $\times_k$ 都满足结合律。

例 8-1　设 $<A, *>$ 是一个代数系统，其中 $*$ 定义为 $a * b = a + b - ab$，证明：$*$ 满足结合律。

证明：设 A 中任意元素 a、b、c，有

$(a * b) * c = (a + b - ab) * c = (a + b - ab + c) - (a + b - ab)c = a + b + c - ab - bc - ac + abc$

$a * (b * c) = a * (b + c - bc) = (a + b + c - bc) - a(b + c - bc) = a + b + c - ab - bc - ac + abc$

$(a * b) * c = a * (b * c)$

所以 $*$ 满足结合律。

2. 交换律

> **定义 8-4：** 设代数系统 $<A, *>$，对于 A 中任意元素 a、b，有 $a * b = b * a$，则称运算 $*$ 满足交换律，或 $*$ 在 A 上是可交换的。

实数集合上的加法可以交换，但减法不可以交换。幂集 $P(A)$ 上的交、并和对称差都满足交换律，集合上的差运算不满足交换律。矩阵的加法满足结合律，乘法不满足结合律。代数系统满足交换律，当且仅当代数系统运算表关于主对角线是对称的。

例 8-2　设 $<A, *>$ 是一个代数系统，其中 $*$ 定义为 $a * b = a$，证明运算 $*$ 是不可交换的。

证明：因为对任意 $a,b \in A$，有

$$a*b = a$$
$$b*a = b$$
$$a*b \neq b*a$$

所以运算 $*$ 是不可交换的。

3. 幂等律

定义 8-5：设代数系统 $<A,*>$，对于 A 中任意元素有 $x*x=x$，则称运算 $*$ 在 A 上满足幂等律。

设 A 为集合，$<P(A),\cap>$ 和 $<P(A),\cup>$ 中的 $\cap$ 和 $\cup$ 在 A 上满足幂等律。各集合和运算是否满足交换律、结合律和幂等律的情况见表 8-4。

表 8-4 运算律总结表

集　合	运　算	交换律	结合律	幂等律
$\mathbf{R},\mathbf{Q},\mathbf{Z}$	$+$	有	有	无
	$\times$	有	有	无
M(矩阵)	$+$	有	有	无
	$\times$	无	有	无
$P(A)$幂集	$\cap$	有	有	有
	$\cup$	有	有	有

4. 分配律

定义 8-6：设代数系统 $<A,*,\circ>$，$*$ 和 $\circ$ 是 A 上的二元运算，如果对于 A 中任何元素 x、y、z，都有

$$(x*y)\circ z = (x\circ z)*(y\circ z)$$
$$z\circ(x*y) = (z\circ x)*(z\circ y)$$

则运算 $\circ$ 对于 $*$ 满足分配律，或者 $\circ$ 对于 $*$ 是可分配的。

在实数集 $\mathbf{R}$ 上，乘法对加法是可分配的。幂集 $P(A)$ 上的交和并相互满足分配律。矩阵的乘法对于加法满足分配律。

5. 吸收律

定义 8-7：设代数系统 $<A,*,\circ>$，$*$ 和 $\circ$ 是 A 上的二元运算，如果对于 A 中任何元素 x、y，都有

$$x*(x\circ y)=x$$
$$(x\circ y)*x=x$$

则称 $*$ 对于 $\circ$ 满足吸收律或可吸收的。如果 $\circ$ 对于 $*$ 也满足吸收律，则称 $*$ 和 $\circ$ 同时满足吸收律。

设代数系统 $<\mathbf{Z},*,\circ>$，$\mathbf{Z}$ 为整数集，$a*b=\max(a,b)$，$a\circ b=\min(a,b)$，则 $*$ 和 $\circ$ 满足交换律，且同时满足吸收律，因为 $\max(a,\min(a,b))=a$，$\min(a,\max(a,b))=a$。

6. 等幂元

定义 8-8：设代数系统 $<A,*>$，如果存在 $a \in A$，使得 $a*a=a$，则称 a 为 $<A,*>$ 的等幂元。如果 $*$ 是可结合的，那么 $a^n=a$，n 为正整数。

0 是 $<\mathbf{R},+>$ 中唯一的等幂元，0 和 1 都是 $<\mathbf{R},\times>$ 中的等幂元（$\mathbf{R}$ 是实数集）。$<P(A),\cap,\cup>$ 中 $P(A)$ 每个元素都是等幂元。$<\mathbf{N}_6,\times_6>$ 中 0、1、3 和 4 都是等幂元。

7. 幺元或单位元

定义 8-9：设代数系统 $<A,*>$，如果存在 $e_l \in A(e_r \in A)$，使得对任意 $a \in A$ 都有
$$e_l * a = a \text{（或 } a*e_r=a）$$
则称 e_l（或 e_r）是 A 中关于 $*$ 运算的左（或右）幺元，如果存在 e 既是左幺元又是右幺元，称 e 是 A 中关于 $*$ 运算的幺元，也称为单位元。

0 是 $<\mathbf{R},+>$、$<\mathbf{N}_k,+_k>$ 的幺元，1 是 $<\mathbf{R},\times>$、$<\mathbf{N}_k,\times_k>$ 的幺元。

从运算表寻找 e_l、e_r 的方法为：如果某列与首列相同，则该列所对应的元素即为右幺元；如果某行与首行相同，则该行所对应的元素即为左幺元。对于给定的集合和运算，有的存在幺元，有的不存在幺元。不同代数系统的幺元见表 8-5。

表 8-5　幺元表

代数系统	幺元
$<\mathbf{R},\times>$	1
$<\mathbf{R},+>$	0
$<P(A),\cup>$	$\varnothing$
$<P(A),\cap>$	A
$A=\{1,2,3,4\}$	1
$a*b=\max(a,b)$	最大值
$A=\{1,2,3,4\}$	4
$a*b=\min(a,b)$	最小值

定理 8-1：设 $<A,*>$ 是代数系统，如果 $<A,*>$ 中既有左幺元 e_l，又有右幺元 e_r，则 $e_l=e_r$，且幺元是唯一的。

证明：由题设可得 $e_l=e_l*e_r=e_r=e$。
假如还有另一幺元 $e' \in S$，则 $e'=e'*e=e$，所以只有一个幺元。

8. 零元

定义 8-10：设代数系统 $<A,*>$，如果存在 $\theta_l \in A$（$\theta_r \in A$），使得对任意 $a \in A$ 都有

$$\theta_l * a = \theta_l \ (\text{或}\ a * \theta_r = \theta_r)$$

则称 θ_l（或 θ_r）是 A 中关于 $*$ 运算的左（或右）零元，如果存在 θ 既是左零元又是右零元，称 θ 是 A 中关于 $*$ 运算的零元，如果存在零元 θ，则零元 θ 是唯一的。

在运算表中，元素 θ_l 是左零元，θ_l 所对应的行中的每个元素都是 θ_l；元素 θ_r 是右零元，θ_r 对应的列中的每个元素都是 θ_r；元素 θ 是关于 $*$ 的零元，当且仅当 θ 所对应的行和列中的每个元素都是 θ。不同代数系统的零元见表8-6。

表8-6 零元表

代数系统	零元
$<\mathbf{R}, \times >$	0
$<\mathbf{R}, + >$	无
$<P(S), \cup >$	S
$<P(S), \cap >$	ϕ
$A = \{1,2,3,4\}$	4
$a * b = \max(a,b)$	最大值
$A = \{1,2,3,4\}$	1
$a * b = \min(a,b)$	最小值

定理8-2：设代数系统 $<A, *>$，如果 $|A| > 1$，则零元和幺元不会是同一元素。

证明：用反证法。假设零元和幺元相等，即 $\theta = e$，则对任意 $a \in A$，有 $a = e * a = \theta = e$，可见，A 中的所有元素都是相同的，即 $|A| = 1$，这与 $|A| > 1$ 矛盾。

9. 逆元

定义8-11：设代数系统 $<A, *>$，存在 e 为 A 中关于运算 $*$ 的幺元。对于 $a \in A$，如果存在 b_l（或 b_r）$\in A$，使得

$$b_l * a = e \ (\text{或}\ a * b_r = e)$$

则称 b_l（或 b_r）是 a 的左逆元（或右逆元）。若 $b \in A$ 既是 a 的左逆元又是 a 的右逆元，则称 b 为 a 的逆元。若 b 是 a 的逆元，则 a 也是 b 的逆元，因此称 a 与 b 互为逆元。通常 a 的逆元表示为 a^{-1}。

定理8-3：设代数系统 $<A, *>$，e 是幺元，$*$ 是可结合运算，如果 A 中元素 a 有逆元，则元素 a 的逆元 a^{-1} 唯一。

证明：令 a 另有一个逆元 a'，则

$$a^{-1} = a^{-1} * e = a^{-1} * (a * a') = (a^{-1} * a) * a' = e * a' = a'$$

因此 a 的逆元是唯一的。

例 8-3 设代数系统 $<A, *>$，其中 $A = \{a, b, c\}$，$*$ 是 A 上的二元运算，分别由表 8-7、表 8-8、表 8-9 给出。试分别讨论交换性、幂等性、单位元和逆元。

表 8-7　$*$ 二元关系表 1　　表 8-8　$*$ 二元关系表 2　　表 8-9　$*$ 二元关系表 3

$*$	a	b	c
a	a	b	c
b	b	c	a
c	c	a	b

$*$	a	b	c
a	a	b	c
b	b	b	c
c	c	c	c

$*$	a	b	c
a	a	b	c
b	b	a	c
c	a	b	c

解： $*$ 的交换性、幂等性、单位元和逆元见表 8-10。

表 8-10　例 8-3 $*$ 的运算表

表　号	交换性	幂等性	单位元	逆　元
表 8-7	有	无	a	$a^{-1} = a, b^{-1} = c, c^{-1} = b$
表 8-8	有	无	a	$a^{-1} = a, c^{-1} = c$
表 8-9	无	无	无	无

例 8-4 在代数系统 $<\mathbf{Z}, *>$ 中，$\mathbf{Z}$ 是整数集合，运算 $*$ 定义为 $a * b = a + b - ab$，证明运算 $*$ 在 $\mathbf{Z}$ 上是封闭的，$*$ 是可交换的和可结合的，并指出其幺元。

二维码 8-1 视频
封闭性证明

证明： （1）因为整数加法和乘法在整数集合 $\mathbf{Z}$ 上封闭，所以，$*$ 运算在 $\mathbf{Z}$ 上是封闭的。

（2）因为 $a * b = a + b - ab = b + a - ba = b * a$，所以 $*$ 运算在 $\mathbf{Z}$ 上是可交换的。

（3）$(a * b) * c = (a + b - ab) * c = (a + b - ab + c) - (a + b - ab)c = a + b + c - ab - bc - ac + abc$

$a * (b * c) = a * (b + c - bc) = (a + b + c - bc) - a(b + c - bc) = a + b + c - ab - bc - ac + abc$

$(a * b) * c = a * (b * c)$，所以 $*$ 运算在 $\mathbf{Z}$ 上是可结合的。

（4）因为 $a * 0 = a + 0 - a \times 0 = a = 0 + a - 0 \times a = 0 * a$，即 0 为 $*$ 运算的幺元。

例 8-5 设 $A = \{x \mid x \in \mathbf{R} \text{ 且 } x \neq 0, 1\}$，在 A 上定义 6 个函数如下。

$f_1(x) = x,$　　　　$f_2(x) = x^{-1},$　　　　$f_3(x) = 1 - x$

$f_4(x) = (1 - x)^{-1},$　$f_5(x) = (x - 1)x^{-1},$　$f_6(x) = x(x - 1)^{-1}$

令 F 为这 6 个函数构成的集合，运算 $*$ 为函数的复合运算，请给出运算的运算表，并找出该代数系统的特殊元素。

解： $f_1 * f_1 = f_1(f_1(x)) = f_1(x) = x = f_1$

$f_2 * f_3 = f_2(f_3(x)) = f_2(1 - x) = (1 - x)^{-1} = f_4$

易见，运算表，满足封闭性（见表 8-11），函数合成满足结合律，单位元是 f_1。

$f_1^{-1} = f_1, f_2^{-1} = f_2, f_3^{-1} = f_3, f_4^{-1} = f_5, f_5^{-1} = f_4, f_6^{-1} = f_6$

表 8-11 例 8-5 ∗ 的运算表

∗	f_1	f_2	f_3	f_4	f_5	f_6
f_1	f_1	f_2	f_3	f_4	f_5	f_6
f_2	f_2	f_1	f_4	f_3	f_6	f_5
f_3	f_3	f_5	f_1	f_6	f_2	f_4
f_4	f_4	f_6	f_2	f_5	f_1	f_3
f_5	f_5	f_3	f_6	f_1	f_4	f_2
f_6	f_6	f_4	f_5	f_2	f_3	f_1

例 8-6 设 $S = \mathbf{Q} \times \mathbf{Q}$，$\mathbf{Q}$ 为有理数集合，∗ 为 S 上的二元运算。对任意 (a,b)，$(c,d) \in S$，有

$$(a,b) * (c,d) = (ac,\ ad + b)$$

求出 S 关于二元运算 ∗ 的单位元，以及当 $a \neq 0$ 时，(a,b) 关于 ∗ 的逆元。

解：设 S 关于 ∗ 的单位元为 (a,b)。根据 ∗ 和单位元的定义，对任意 $(x,y) \in S$，有

$$(a,b) * (x,y) = (ax,ay + b) = (x,y)$$
$$(x,y) * (a,b) = (ax,xb + y) = (x,y)$$

即 $ax = x$、$ay + b = y$、$xb + y = y$ 对任意 $x,y \in \mathbf{Q}$ 都成立。解得 $a = 1, b = 0$。所以 S 关于 ∗ 的单位元为 $(1,0)$。

当 $a \neq 0$ 时，设 (a,b) 关于 ∗ 的逆元为 (c,d)。根据逆元的定义，有

$$(a,b) * (c,d) = (ac,ad + b) = (1,0)$$
$$(c,d) * (a,b) = (ac,cb + d) = (1,0)$$

即 $ac = 1, ad + b = 0, cb + d = 0$。解得 $c = 1/a, d = -b/a$。

所以 (a, b) 关于 ∗ 的逆元为 $(1/a, -b/a)$。

为判断两个代数系统是否有相同的运算规律，引入两个重要概念：同态与同构。

定义 8-12：设 $<A, *>$ 和 $<B, \circ>$ 是两个代数系统，如果存在一个函数 f：$A \to B$，使得对于 A 中任意 a，b，有 $f(a * b) = f(a) \circ f(b)$，则称 f 是从 $<A, *>$ 和 $<B, \circ>$ 的一个同态映射，称 $<A, *>$ 和 $<B, \circ>$ 同态。当函数 f 为单射函数时，该同态称为单同态；当函数 f 为满射函数时，该同态称为满同态；当函数 f 为双射函数时，该同态称为同构。

定义 8-13：如果存在 f 是从 $<A, *>$ 和 $<A, *>$ 的一个同态映射，称 f 为自同态映射。如果是双射函数，则称 f 为自同构映射。

例 8-7 证明代数系统 $<\mathbf{N}_+, \times>$ 和 $<\mathbf{N}_2, \times_2>$ 同态。

证明：构造映射函数如下：对于 $n \in \mathbf{N}_+$，有

$$f(2n) = 0$$

$f(2n - 1) = 1$

则证明 f 为代数系统 $<\mathbf{N}_+, \times>$ 和 $<\mathbf{N}_2, \times_2>$ 的同态映射。

对于 $a, b \in \mathbf{N}_+$，有

（1）当 a、b 为偶数时，$f(a \times b) = f(2n \times 2n') = 0$，$f(a) \times_2 f(b) = 0 \times_2 0 = 0 = f(a \times b)$。

（2）当 a, b 为奇数时，$f(a \times b) = f((2n - 1)(2n' - 1)) = f(2(2nn' - n - n' + 1)) = 1$，$f(a) \times_2 f(b) = 1 = f(a \times b)$。

（3）当 a, b 为一奇一偶时，$f(a \times b) = f(2n(2n' - 1)) = 0$，$f(a) \times_2 f(b) = 0 \times_2 1 = 0 = f(a \times b)$。

所以 $<\mathbf{N}_+, \times>$ 和 $<\mathbf{N}_2, \times_2>$ 存在同态映射 f，f 为满同态。

例 8-8 由表 8-12、表 8-13 证明代数系统 $<A, *>$ 到 $<\mathbf{N}_4, +_4>$ 同构。

表 8-12　例 8-8 * 的运算表

*	a	b	c	d
a	a	b	c	d
b	b	c	d	a
c	c	d	a	b
d	d	a	b	c

表 8-13　例 8-8 $+_4$ 的运算表

$+_4$	0	1	2	3
0	0	1	2	3
1	1	2	3	0
2	2	3	0	1
3	3	0	1	2

证明：构造映射函数如下：

$f(a) = 0, f(b) = 1, f(c) = 2, f(d) = 3$

通过观察运算表可以发现，两个运算表结构完全一致。

$f(a * b) = f(a) +_4 f(b)$

所以两个代数系统同构。

两个同构的代数系统只是集合中的元素名称和运算的标识不同，在结构上实际是一样的。当研究新代数结构的性质时，如果两个代数系统结构同构，则可以直接推断新的代数结构的各种性质。

例 8-9 对于代数系统 $<\mathbf{N}_4, +_4>$，求自同构映射。

解：（1）设 $f(k) = k$，很容易证明自同构。

（2）当 $f(0) = 0, f(1) = 3, f(2) = 2, f(3) = 1$ 时，因为映射值是原象的逆元，也可以写成 $f(a) = a^{-1}$，f 是双射，有

$f(a +_4 b) = (a +_4 b)^{-1}$

$f(a) +_4 f(b) = (a^{-1}) +_4 (b^{-1})$

如果左边相等，那么 $(a +_4 b)$ 与 $(a^{-1}) +_4 (b^{-1})$ 应该等于幺元 0 运算：

$(a +_4 b) +_4 (a^{-1} +_4 b^{-1}) = a +_4 (b +_4 b^{-1}) +_4 a^{-1} = a +_4 a^{-1} = 0$

所以该映射自同构。

> **定理 8-4**：设代数系统 $<A, *>$ 和 $<B, \circ>$ 同态，f 是从 $<A, *>$ 和 $<B, \circ>$ 的一个同态映射，则有
>
> （1）如果 $*$ 运算为可结合运算，则 $\circ$ 对于 $f(A)$ 也是可结合运算。
>
> （2）如果 $*$ 运算为可交换运算，则 $\circ$ 对于 $f(A)$ 也是可交换运算。
>
> （3）如果 $<A, *>$ 中存在幺元，则 $<f(A), \circ>$ 也存在幺元，e 是 $<A, *>$ 的幺元，则 $f(e)$ 为 $<f(A), \circ>$ 的幺元。
>
> （4）如果 $<A, *>$ 中存在零元，则 $<f(A), \circ>$ 也存在零元，θ 是 $<A, *>$ 的零元，则 $f(\theta)$ 为 $<f(A), \circ>$ 的零元。
>
> （5）如果 $<A, *>$ 中每一个元素都存在逆元，则 $<f(A), \circ>$ 中每一个元素也都存在逆元，对每个 $x \in A$ 均存在关于 $*$ 的逆元 x^{-1}，则对每个 $f(x) \in f(A)$ 也均存在关于 $\circ$ 的逆元 $f(x^{-1})$。

由于步骤一样，只证明（1）。

证明：设 a、b、c 是 $f(A)$ 中任意元素，必有 x、y、$z \in A$，使得

$$f(x) = a, f(y) = b, f(z) = c$$

由于 $*$ 运算为可结合运算，所以

$$(a \circ b) \circ c = (f(x) \circ f(y)) \circ f(z) = f(x * y) \circ f(z) = f((x * y) * z) = f(x * (y * z)) = f(x) \circ f(y * z) = f(x) \circ (f(y) \circ f(z)) = a \circ (b \circ c)$$

则 $\circ$ 对于 $f(A)$ 也是可结合运算。

这部分的理论对于后面学习特殊代数系统的同态非常重要。

8.2 半群与独异点

本节主要讨论几种特殊的代数系统：半群和独异点。

> **定义 8-14**：设代数系统 $<A, *>$，如果 $*$ 满足可结合性，则称 $<A, *>$ 为半群。如果 A 为有限集合，则称 $<A, *>$ 为有限半群。如果 $*$ 满足可交换性，则称 $<A, *>$ 是可交换半群。

$<N_+, +>$，$<R, +>$ 都是半群，因为满足运算的封闭性和可结合性。设 $<A, *>$ 是一个代数系统，其中 $A = \{1, 2, 3, 4, 5\}$，$a * b = \max(a, b)$，因为 $\max(\ )$ 满足封闭且可结合，所以 $<A, *>$ 是半群。$(Z, -)$ 不是半群，因为运算 $-$ 不满足可结合性。

> **定义 8-15**：设代数系统 $<A, *>$，若 $<A, *>$ 满足结合律且含有幺元，则称 $<A, *>$ 为独异点，也称为含幺半群。

$<R, +>$，$<R, \times>$ 都是独异点，除了符合半群的条件，也具有幺元，因为 0 是 $+$ 的幺元，1 是 $\times$ 的幺元。$<N_+, +>$，不是独异点，因为没有幺元。设 A 为集合，$<P(A), \cup>$ 为半群，也是独异点，运算可结合，幺元为 $\varnothing$。$<P(A), \cap>$ 也是独异点，幺元为 A。

定理 8-5：设代数系统 $<A, *>$ 为有限半群，则一定存在等幂元。

证明：设 $|A| = n$，任取 $a \in A$，观察 a，a^2，a^3，$\cdots$，a^{n+1}，共有 $n+1$ 个值，而集合 A 中只有 n 个不同的值，则一定会有两个值相等，设 $a^i = a^j$，$i < j$，$j = i + k$，$a^i = a^{i+k}$。

（1）如果 $k > i$，则 $a^{k-i} a^i = a^{k-i} a^{i+k}$，即

$$a^k = a^k a^k$$

则 a^k 就是等幂元。

（2）如果 $k \leq i$，则 $a^i = a^{i+k} = a^{i+2k} = \cdots = a^{i+pk}$。

当 $pk > i$ 时，$a^{pk-i} a^i = a^{pk-i} a^{i+pk}$，即

$$a^{pk} = a^{pk} a^{pk}$$

则 a^{pk} 就是等幂元。

所以有限半群一定存在等幂元。

例 8-10 $<A, *>$ 是半群，对于 A 中任意两个不同的元素 a 和 b，都有 $a * b \neq b * a$，证明 $a * b * a = a$。

证明：由题设可知，当 $a \neq b$ 时，必有 $a * b \neq b * a$，也即当 $a * b = b * a$ 时，必有 $a = b$。

由于 $<A, *>$ 是半群，$*$ 是可结合运算，所以对于 A 中任意元素 a，都有

$$(a * a) * a = a * (a * a)$$

由此可知 $a * a = a$。

又由于 $(a * b * a) * a = a * b * (a * a) = a * b * a$，而 $a * (a * b * a) = (a * a) * b * a = a * b * a$，所以有 $(a * b * a) * a = a * (a * b * a)$，由此证得 $a * b * a = a$。

定义 8-16：设代数系统 $<A, *>$ 是半群，非空集合 $B \subseteq A$，若 B 对 $*$ 具有封闭性，则称 $<B, *>$ 为 $<A, *>$ 的子半群。设 $<A, *>$ 是独异点，非空集合 $B \subseteq A$，若 $<B, *>$ 也是独异点，且与 $<A, *>$ 具有相同的幺元，则称 $<B, *>$ 为 $<A, *>$ 的子独异点。

这里特别要注意的是，$<B, *>$ 为 $<A, *>$ 的子独异点，要求有相同的幺元。因为幺元存在，独异点运算表中任两列或任两行均不相同。

例如，$A = \{1,2,3,4,5,6\}$，$B = \{4,5,6\}$，运算 $a * b = \max(a, b)$，$<A, *>$ 和 $<B, *>$ 都是独异点，但 $<B, *>$ 不是 $<A, *>$ 的子独异点，因为 $<A, *>$ 的幺元是 1，$<B, *>$ 的幺元是 4。

例如，$<\mathbf{N}_{10}, \times_{10}>$ 是独异点，$A = \{0,2,4,6,8\}$，$<A, *>$ 是独异点，但 $<A, *>$ 不是 $<\mathbf{N}_{10}, \times_{10}>$ 的子独异点，因为 $<A, *>$ 的幺元是 6，$<\mathbf{N}_{10}, \times_{10}>$ 的幺元是 1。

定义 8-17：如果两个半群存在一个同态映射 f，则称两个半群同态，f 称为半群同态映射。如果两个独异点存在一个同态映射 f，则称两个独异点同态，f 称为独异点同态映射。

定理 8-6：如果 f 是从 $<A, *>$ 到 $<B, \circ>$ 的半群同态映射，g 是从 $<B, \circ>$ 到 $<C, \odot>$ 的半群同态映射，则 $g \cdot f$ 是从 $<A, *>$ 到 $<C, \odot>$ 的半群同态映射。

例 8-11 给定独异点 $<\mathbf{R}, +>$ 和 $<\mathbf{R}, \times>$，其中 $\mathbf{R}$ 是实数集合，$+$ 和 $\times$ 是一般加法和乘法。

令 $f \in \mathbf{R} \to \mathbf{R}$：$f(x) = a^x$，其中 $a > 0$，$x \in \mathbf{R}$。

证明 f 是 $<\mathbf{R}, +>$ 到 $<\mathbf{R}, \times>$ 的独异点同态映射。

解：因为对任意 $x, y \in \mathbf{R}$，有

$$f(x + y) = a^{x+y} = a^x a^y = f(x) f(y)$$

$$f(0) = a^0 = 1$$

故 f 是从 $<\mathbf{R}, +>$ 到 $<\mathbf{R}, \times>$ 的独异点同态映射。

定理 8-7：设代数系统 $<A, *>$ 和 $<B, \circ>$ 同态，f 是从 $<A, *>$ 和 $<B, \circ>$ 的一个同态映射，如果 $<A, *>$ 是半群，则 $<f(A), \circ>$ 也是半群。如果 $<A, *>$ 是独异点，则 $<f(A), \circ>$ 也是独异点，幺元为 $f(e)$。

证明：设代数系统 $<A, *>$ 和 $<B, \circ>$ 同态，f 是从 $<A, *>$ 和 $<B, \circ>$ 的一个同态映射，根据定理 8-4，则

(1) 如果 $*$ 运算为可结合运算，则 $\circ$ 对于 $f(A)$ 也是可结合运算。

(2) 如果 $<A, *>$ 中存在幺元，则 $<f(A), \circ>$ 也存在幺元，e 是 $<A, *>$ 的幺元，则 $f(e)$ 为 $<f(A), \circ>$ 的幺元。

所以，条件 (1) 可以证明 $<f(A), \circ>$ 是半群，条件 (1) 和 (2) 可以证明 $<f(A), \circ>$ 是独异点。

例 8-12 写出独异点 $<A, *>$ 的所有子独异点，其中 $A = \{1, 2, 3, 4, 5\}$，$a * b = \max(a, b)$。

解：对于 A 中任意元素 a，都有

$$1 * a = a * 1 = \max(a, 1) = a$$

所以 1 是独异点 $<A, *>$ 的幺元。由于子独异点必须与 $<A, *>$ 有相同的幺元，因此，1 一定要包含在其中。$<A, *>$ 的所有子独异点分别为 $<\{1\}, *>$，$<\{1,2\}, *>$，$<\{1,3\}, *>$，$<\{1,4\}, *>$，$<\{1,5\}, *>$，$<\{1,2,3\}, *>$，$<\{1,2,4\}, *>$，$<\{1,2,5\}, *>$，$<\{1,3,4\}, *>$，$<\{1,3,5\}, *>$，$<\{1,4,5\}, *>$，$<\{1,2,3,4\}, *>$，$<\{1,2,3,5\}, *>$，$<\{1,2,4,5\}, *>$，$<\{1,3,4,5\}, *>$，$<A, *>$。

二维码 8-2 视频
子独异点求解

8.3 群的基本定义与性质

定义 8-18：设 $<A, *>$ 是代数系统，满足：

(1) 运算 $*$ 对于 A 是封闭的。

(2) 运算 $*$ 是可结合运算。

(3) $<A, *>$ 中有幺元 e。

（4）A 中每个元素都有逆元。

则称 $<A, *>$ 是群。

如果 $<A, *>$ 是独异点且每个元素存在逆元，则称 $<A, *>$ 是群。

$<\mathbf{R}, +>$，$<\mathbf{Z}, +>$ 都是群，幺元为零，任意元素 x 的逆元为 $-x$；$<\mathbf{R} - \{0\}, \times>$ 是群，幺元为 1，任意元素 x 的逆元为 $1/x$；$<\mathbf{Q}, \times>$ 不是群，1 是幺元，而 0 是零元，无逆元。

例 8-13 集合 $A = \{1, 2, 3, 4\}$，A 上的二元运算 $*$ 定义如下，哪些代数系统 $<A, *>$ 是群？

（1）$a * b = a + b$。

（2）$*$ 是模 5 乘法。

（3）$a * b = a^b$。

解：（1）不是群。因为普通加法对于 A 是不封闭的。

（2）是群。因为 $A = \mathbf{N}_5 \{0\}$，5 是素数，所以 $<A, \times_5>$ 是群。

（3）不是群。因为 $*$ 不是封闭运算，也不是可结合运算。

定义 8-19：设 $<A, *>$ 为群，若 A 是有限集，则称 $<A, *>$ 是有限群。集合 A 中元素的个数称为该有限群的阶数，若集合 A 是无穷的，则称 $<A, *>$ 为无穷群。

群的性质如下。

定理 8-8：群中不存在零元。

因为零元不可能有逆元。

定理 8-9：群中每个元素的逆元都是唯一的。

证明：假设群中的元素 a 有两个逆元 c、d，$c = c * e = c * (a * d) = (c * a) * d = e * d = d$。

定理 8-10：设 $<A, *>$ 是一个群，对于 $a, b \in A$，必存在唯一的 $x \in A$，使得 $a * x = b$。

定理 8-11：群中除幺元 e 外，不可能有任何别的等幂元。

证明：因为 $e * e = e$，所以 e 是等幂元。

设 $x \in G$，且 $x * x = x$，则有 $x = e * x = (x^{-1} * x) * x = x^{-1} * (x * x) = x^{-1} * x = e$。

故群中只有幺元 e 是等幂元。

定理 8-12：设 $<A, *>$ 为群，$a \in A$，如果存在 $b \in A$，使得 $a * b = b$（或 $b * a = b$），则 a 是 $<A, *>$ 的幺元。

因为 $a * b = b$，右边同时与 b^{-1} 运算，$a * b * b^{-1} = b * b^{-1}$，即有 $a = e$。

定理 8-13：设 $<A, *>$ 为群，群中任意元素 a、b、c，如果 $a * b = a * c$（或 $b * a = c * a$），则 $b = c$，也称为满足消去律。

证明：$a * b = a * c$ 且 a 的逆元是 a^{-1}，则有 $a^{-1} * (a * b) = a^{-1} * (a * c)$，即有 $b = c$。

同理，当 $b * a = c * a$ 时，也有 $b = c$。

定理 8-14：群 $<A, *>$ 的运算表中的每一行或每一列都不相同。

设 a 的逆元是 a^{-1}，令 $x = a^{-1} * b$。因为定理 8-13 的逆否命题，若 $b \neq c$，则 $a * b \neq a * c$，表示运算表每一行的值都不相同。同理若 $b \neq c$，则 $b * a \neq c * a$，表示运算表每一行的值都不相同。

定理 8-15：设 $<A, *>$ 为群，群中任意元素 a、b，由于 $*$ 运算是可结合的，$a^n = a * a * \cdots * a$，则有

$(a^{-1})^{-1} = a$

$(a * b)^{-1} = b^{-1} * a^{-1}$

$a^m * a^n = a^{m+n}$

$(a^m)^n = a^{mn}$

例 8-14　设 $<A, *>$ 为群，群中任意元素 a 和 b，$(a * b)^{-1} = b^{-1} * a^{-1}$。

证明：由于 $(a * b) * (a * b)^{-1} = e$ 和 $(a * b) * (b^{-1} * a^{-1}) = a * (b * b^{-1}) * a^{-1} = a * e * a^{-1} = e$。

所以 $(a * b)^{-1}$ 与 $(b^{-1} * a^{-1})$ 都是 $a * b$ 的唯一逆元，因此 $(a * b)^{-1} = b^{-1} * a^{-1}$。

定义 8-20：设 $<A, *>$ 为群，若 $*$ 是可交换的，则称 $<A, *>$ 为可交换群或 Abel 群。

$<\mathbf{R}, +>$、$<\mathbf{R}, \times>$、$<\mathbf{N}_k, +_k>$、$<\mathbf{N}_k, \times_k>$（k 为素数）都是 Abel 群。

例 8-15　设 $<A, *>$ 为群，对任意的 $a, b, c \in A$，如果 $a * (b * c) = (b * a) * c$，证明 $<A, *>$ 为可交换群。

证明：因为 $<A, *>$ 为群，$*$ 是可结合的，$a * (b * c) = (a * b) * c$，根据群的消去律，得到 $a * b = b * a$。

所以 $<A, *>$ 为可交换群。

定理 8-16：设 $<A, *>$ 为可交换群，群中任意元素 a、b，均有 $(a * b)^2 = a^2 * b^2$。

证明：因为 $<A, *>$ 是可交换群，群中任意元素 a、b，都有 $a * b = b * a$，同时在左边与 a 运算，同时在右边与 b 运算，$a * a * b * b = a * b * a * b$，即可得到 $(a * b)^2 = a^2 * b^2$。

定义 8-21：设 $<A, *>$ 为群，且 $a \in A$，幺元 e，如果存在最小的正整数 n 使 $a^n = e$，则称 n 为元素 a 的阶数。如果不存在这样的正整数 n，则称元素 a 的阶数是无穷的。幺元 e 的阶数为 1。

例 8-16 求群 $<\mathbf{Z}_6, +_6>$ 中各元素的阶数。

解：幺元为 0，有

$2^1 = 2$，$2^2 = 4$，$2^3 = 0$；$4^1 = 4$，$4^2 = 2$，$4^3 = 0$。

所以 2 和 4 是 3 阶元。

$3^1 = 3$，$3^2 = 0$，3 是 2 阶元。

同理，1 和 5 是 6 阶元，0 是 1 阶元。

定理 8-17：设 $<A, *>$ 为群，a 是 A 中元素，且 a 的阶数为 k，若 $a^n = e$，证明 n 是 k 的整数倍。

证明：由元素阶的定义可知，$p > k$，若 p 不能被 k 整除，有 $p = nk + r$，其中 n 是商，r 是余数。易知，$0 < r < k$。

于是 $e = a^p = a^{nk+r} = a^{nk} * a^r = e * a^r = a^r$。

由此可得 $a^r = e$，而 $0 < r < k$，这与 a 是 k 阶元素矛盾，所以 p 能被 k 整除。

例如，如果 $a^6 = e$ 且 $a^2 \neq e$ 和 $a^3 \neq e$，则 6 是 a 的阶。

定理 8-18：设 $<A, *>$ 为群，对于 A 中任意元素 a，有 a 与 a^{-1} 的阶数相同。

设 $<A, *>$ 是群，任取 $a \in A$。

(1) 设 a 的阶为 k，即 $a^k = e$，则 $(a^{-1})^k = (a^k)^{-1} = e^{-1} = e$。

(2) 由 (1)，不妨设 $j < k$，使 $(a^{-1})^j = e$，则 $(a^j)^{-1} = e$，两边同时取逆，可得 $a^j = e^{-1} = e$，这与 a 的阶是 k 相矛盾。所以 a 与 a^{-1} 具有相同的阶数。

定理 8-19：设 $<A, *>$ 为 n 阶有限群，A 中任意元素 a 的阶数为 k，则 $k \leq n$。

证明：设任取 $a \in A$，在序列 $a, a^2, a^3, \cdots, a^{n+1}$ 中，至少有两个元素是相同的。

不妨设 $a^s = a^r$，这里 $1 \leq s < r \leq n+1$。

因为 $a^s = a^r = a^s * a^{r-s}$，所以 $a^{r-s} = e$。

所以 a 的阶至多是 $r - s \leq n$。得证。

定义 8-22：设 $<A, *>$ 为群，非幺元的逆元都等于其本身，该群称为克莱因群。

定理 8-20：克莱因群一定是可交换群。

证明：A 中任意元素 a，b，则有

$a * a = e$，$b * b = e$，$(a * b) * (a * b) = e$

$a * (a * b) * (a * b) * b = a * b$

由运算的可结合性得到 $(a * a) * b * a * (b * b) = a * b$

$b * a = a * b$

所以 $<A, *>$ 是可交换群。

例 8-17 证明：若一个群的元素个数小于或等于 4，则它必为 Abel 群。

证明：（1）若元素个数为 1，是平凡群 $\{e\}$，则该群是 Abel 群。

（2）若元素个数为 2，设为 a、e，则对于 $ae = ea$，$aa = aa$，所以该群是 Abel 群。

（3）若元素个数为 3，设为 a、b、e，若 $ab = a$，根据消去律得 $b = e$ 所以 $ab \neq a$，$ab \neq b$，得 $ab = e$，即 $b = a^{-1}$，$ab = ba = e$，所以该群是 Abel 群。

（4）若元素个数为 4，设为 a、b、c、e，则 $ab \neq a$，$ab \neq b$。

设 $ab = e$，则 $b = a^{-1}$，$ab = ba = e$。

设 $ab = c$，则 $aba = ca$，若 $ba = e$，则 $b = a^{-1}$，$ab = e$ 不成立，$ba = c$，$ab = ba$，同理 $ac = ca$，$bc = cb$，所以该群是 Abel 群。

得证。

由群的运算表特点可知，在同构意义下，1 阶群、2 阶群和 3 阶群各有一种，运算表见表 8-14、表 8-15 和表 8-16，其中 1 阶群只有幺元 e；2 阶群 $\{e, a\}$，a 为 2 阶元素，其逆元等于本身；3 阶群 $\{e, a, b\}$，a 和 b 都是 3 阶元素，且互为逆元。4 阶群 $\{e, a, b, c\}$ 有两种结构，见表 8-17 和表 8-18，第一种结构为非幺元 a、b、c 都是 2 阶元素；另一种结构为一个非幺元为 2 阶元素，另外两个非幺元互为逆元，都是 4 阶元素。5 阶群只有一种结构，见表 8-19，4 个非幺元都是 5 阶元素，分成两组，互为逆元，即 $a^{-1} = b$，$c^{-1} = d$。6 阶群结构只有两种，第一种是 $\{e^{-1} = e, a^{-1} = b, c^{-1} = d, f^{-1} = f\}$，第二种是 $\{e^{-1} = e, a^{-1} = a, b^{-1} = b, c^{-1} = d, f^{-1} = f\}$。7 阶群结构只有一种，6 个非幺元都是 7 阶元素。

表 8-14　1 阶群的运算表

*	e
e	e

表 8-15　2 阶群的运算表

*	e	a
e	e	a
a	a	e

表 8-16　3 阶群的运算表

*	e	a	b
e	e	a	b
a	a	b	e
b	b	e	a

表 8-17　4 阶群的运算表 1

*	e	a	b	c
e	e	a	b	c
a	a	e	c	b
b	b	c	e	a
c	c	b	a	e

表 8-18　4 阶群的运算表 2

*	e	a	b	c
e	e	a	b	c
a	a	b	c	e
b	b	c	e	a
c	c	e	a	b

表 8-19　5 阶群的运算表

*	e	a	b	c	d
e	e	a	b	c	d
a	a	b	c	d	e
b	b	c	d	e	a
c	c	d	e	a	b
d	d	e	a	b	c

例 8-18 试用谓词演算公式来描述一个代数系统（$A, *$）为一个群。

解：群的定义，（1）$<A, *>$ 是代数系统；（2）$*$ 为二元运算；（3）存在关于 $*$ 的单位元；（4）$\forall a \in A$，存在 $a^{-1} \in A$。

$P(x, y)$：x 与 y 构成代数系统。

$H(x, y)$：$x \in y$。

$F(x)$：x 是二元运算。

$I(x, y)$：x 是 y 的逆。

$R(x, y)$：x 是关系 y 的单位元。

谓词演算公式：$P(A, *) \wedge F(*) \wedge \exists e R(e, *) \wedge \forall a(H(a, A) \rightarrow \exists b(I(a, b) \wedge H(b, A)))$。

例 8-19 设 $<A, *>$ 是偶数阶群，证明在 A 中必存在 2 阶元素。

证明：显然，满足等式 $a * a = e$ 的元素 a 是一个以自身为逆元的元素，即 $a = a^{-1}$。

二维码 8-3 视频
2 阶元素证明

对于 A 中元素 g，g 的逆元不等其自身，那么 g 和其逆元 g^{-1} 应成对地在 A 中出现，所以满足逆元不等于自身的元素有偶数个；由于 A 是偶数阶群，所以 A 中有偶数个元素。由此可知，A 中以自身为逆元的元素也有偶数个。幺元 e 是以自身为逆元的元素，所以除幺元外，G 中至少有一个元素 a 是以自身为逆元的，即 G 中存在元素 a，$a \neq e$ 且 $a * a = e$，a 为 2 阶元素。

8.4 子群与陪集

子群类似于子半群和子独异点，主要内容如下。

定义 8-23：设 $<A, *>$ 为群，B 是 A 的非空子集，如果 $<B, *>$ 是群，则称 $<B, *>$ 是 $<A, *>$ 的子群。$<\{e\}, *>$ 和 $<A, *>$ 为 $<A, *>$ 的平凡子群。其余子群称为非平凡子群。

比如 $<\mathbf{N}, +>$ 是 $<\mathbf{R}, +>$ 的非平凡子群，群 $<\{0, 2\}, +_4>$ 是群 $<\mathbf{N}_4, +_4>$ 的非平凡子群。

例 8-20 设 $\mathbf{Z}$ 是整数集，$<\mathbf{Z}, +>$ 是一个群，$B = \{x \mid x = 3n, n \in \mathbf{Z}\}$，证明 $<B, +>$ 是 $<\mathbf{Z}, +>$ 的子群。

证明：（1）B 是 $\mathbf{Z}$ 的子集。

（2）运算 $+$ 对于 B 是封闭的。

（3）运算 $+$ 是可结合的。

（4）$<\mathbf{Z}, +>$ 中的幺元 0 也是 $<B, +>$ 的幺元。

（5）任取 $x \in B$，$x^{-1} = -x$，$-x \in B$。

所以 $<B, +>$ 是 $<\mathbf{Z}, +>$ 的子群。

定理 8-21：设 $<B, *>$ 是群 $<A, *>$ 的子群，则群与其子群具有相同的幺元。

证明：因为 $<B, *>$ 是群 $<A, *>$ 的子群，B 是 A 的非空子集，则对 B 中

任意元素 a，有 $a * e_B = a = a * e_A$。

根据群的消去律，得 $e_B = e_A$，所以子群 $<B, *>$ 与群 $<A, *>$ 具有相同的幺元。

> **定理 8-22**：设 $<A, *>$ 是群，B 是 A 的非空子集，如果满足 $*$ 对于 B 是封闭的，且 B 中任意元素 a 的逆元 $a^{-1} \in B$，则 $<B, *>$ 是 $<A, *>$ 的子群。

证明：设 B 中任意元素 a、b，b 的逆元 $b^{-1} \in B$。

首先 $*$ 对于 B 是封闭的，$a * b \in B$。

由于 $<A, *>$ 是群，可知 $*$ 可结合的。

由于 $a \in B$，则 $a^{-1} \in B$，所有元素逆元也属于 B，然后 $a * a^{-1} \in B$，得到幺元 $e \in B$。

因此 $<B, *>$ 是群，B 是 A 的非空子集，所以 $<B, *>$ 是 $<A, *>$ 的子群。

> **定理 8-23**：设 $<A, *>$ 是群，B 是 A 的非空有限子集，如果 $*$ 对于 B 是封闭的，则 $<B, *>$ 是 $<A, *>$ 的子群。

证明：设 e 是群 $<A, *>$ 的幺元，令 $|B| = n$，$a \in B$，因为运算 $*$ 在 B 上封闭，则有

a，$a * a = a^2$，$a * a * a = a^3$，$\cdots$，a^n，$a^{n+1} \in B$，共有 $n+1$ 个数。

根据抽屉原理，必存在 $a^i = a^j$，其中 $1 \leqslant i$，$j \leqslant n+1$，设 $j > i$，$j - i = k$，则 $a^i = a^i * a^k$。

根据群的消去律，$a^k = e \in B$，B 具有幺元，任意元素 a 的逆元为 a^{k-1}，B 中所有元素都有逆元，运算 $*$ 可结合，

因此 $<B, *>$ 是群，B 是 A 的非空子集，所以 $<B, *>$ 是 $<A, *>$ 的子群。

例 8-21　证明 $<\{1,6\}, \times_7>$、$<\{1,2,4\}, \times_7>$ 是 $<\mathbf{N}_7, \times_7>$ 的非平凡子群。

解：通过运算表 8-20、表 8-21，说明运算 $\times_7$ 对于 $\{1,6\}$ 和 $\{1,2,4\}$ 是封闭的。

表 8-20　$<\{1,6\}, \times_7>$ 运算表

$\times_7$	1	6
1	1	6
6	6	1

表 8-21　$<\{1,2,4\}, \times_7>$ 运算表

$\times_7$	1	2	4
1	1	2	4
2	2	4	1
4	4	1	2

> **定理 8-24**：设 $<A, *>$ 是群，B 是 A 的非空子集，如果满足 B 中任意元素 a、b，都有 $a * b^{-1} \in B$，则 $<B, *>$ 是 $<A, *>$ 的子群。

证明：设任意元素 $a \in B$，$e = a * a^{-1} \in B$，即 e 也是 $<B, *>$ 的幺元，具有幺元。

设任意元素 $a \in B$，因为 $e \in B$，所以 $e * a^{-1} \in B$，即 $a^{-1} \in B$，B 中所有元素都有逆元。

设任意元素 a，$b \in B$，易知 $b^{-1} \in B$，则有 $a * (b^{-1})^{-1} \in B$，即 $a * b \in B$。$*$ 对于 B 封闭，运算 $*$ 可结合。

因此 $<B, *>$ 是群，B 是 A 的非空子集，所以 $<B, *>$ 是 $<A, *>$ 的子群。

定理 8-25：若 $<B_1, *>$ 和 $<B_2, *>$ 都是群 $<A, *>$ 的子群，则 $<B_1 \cap B_2, *>$ 也是群 $<A, *>$ 的子群。

设任意的 a，$b \in B_1 \cap B_2$，则 a，$b \in B_1$ 且 a，$b \in B_2$。因为 $<B_1, *>$ 和 $<B_2, *>$ 都是群 $<A, *>$ 的子群，所以 $b^{-1} \in B_1$ 且 $b^{-1} \in B_2$，则 $b^{-1} \in B_1 \cap B_2$，由于 $*$ 在 B_1 和 B_2 中的封闭性，所以 $a * b^{-1} \in B_1 \cap B_2$，因此 $<B_1 \cap B_2, *>$，是 $<A, *>$ 的子群。

定义 8-24：设 A 为群，$a \in A$，且 a 为 k 阶元素，令 $B = \{a^i \mid i \in \mathbf{Z}, i \leq k\}$，即 $B = \{a^1, a^2, a^3, \cdots, a^k\}$，则 B 是 A 的子群，称为由 a 生成的 k 阶子群。

例如，整数加群 $<\mathbf{Z}, +>$，由 3 生成的子群 $B = \{3k \mid k \in \mathbf{Z}\}$。

例 8-22 求群 $<\mathbf{N}_6, +_6>$ 的 2 阶和 3 阶子群。

解：首先找 $<\mathbf{N}_6, +_6>$ 中的 2 阶元素和 3 阶元素。

3 是 2 阶元素，$\{3^1, 3^2\} = \{3, 0\}$，则 $<\{0, 3\}, +_6>$ 为 $<\mathbf{N}_6, +_6>$ 的 2 阶子群。

2 是 3 阶元素，$\{2^1, 2^2, 2^3\} = \{2, 4, 0\}$，则 $<\{0, 2, 4\}, +_6>$ 为 $<\mathbf{N}_6, +_6>$ 的 3 阶子群。

例 8-23 设 $<H, *>$ 是群 $<A, *>$ 的子群，对于 $a \in A$，令 $HaH = \{h * a * j \mid h, j \in H\}$，试证：$\forall a, b \in A$，$HaH = HbH$ 或 $HaH \cap HbH = \varnothing$。

证明：A 中任意元素 a、b，若 $a = b$，对于 H 中任意元素 h、j，在代数系统内有 $haj \in HaH$。

因为 $a = b$，则 $haj = hbj \in HbH$，$HaH \subseteq HbH$。

同理可证 $HbH \subseteq HaH$，所以 $HbH = HaH$。

如果 $a = b$，对于 H 中任意元素 h、j，若 $hbj = haj$，根据消去律，$a = b$ 与假设矛盾。

所以 $hbj \neq haj$，$haj \in HaH$，$haj \notin HbH$。

同理可证 $hbj \in HbH$，$hbj \notin HaH$。

所以 $HaH \cap HbH = \varnothing$。

得证：$\forall a, b \in A$，$HaH = HbH$ 或 $HaH \cap HbH = \varnothing$。

定义 8-25：设 $<B, *>$ 是 $<A, *>$ 的子群，$a \in A$，则

$$a * B = \{a * b \mid b \in B\}$$

称为由元素 a 关于 $<B, *>$ 的一个左陪集，简记为 aB。同理 $B * a$ 简记为 Ba，为元素 a 关于 $<B, *>$ 的一个右陪集。若 $<A, *>$ 是可交换群，则 $aH = Ha$，简称 aH、Ha 为陪集，$<B, *>$ 称为 $<A, *>$ 的正规子群（或不变子群），此时左陪集和右陪集简称为陪集。

例 8-24 写出群 $<\mathbf{N}_6, +_6>$ 中各元素关于子群 $<\{0,3\}, +_6>$ 的陪集。

解：设 $H = \{0,3\}, 0H = 0 +_6 H = \{0 +_6 0, 0 +_6 3\} = \{0,3\}$

$1H = 1 +_6 H = \{1 +_6 0, 1 +_6 3\} = \{1,4\}$

$2H = 2 +_6 H = \{2 +_6 0, 2 +_6 3\} = \{2,5\}$

$3H = 3 +_6 H = \{3 +_6 0, 3 +_6 3\} = \{3,0\}$

$4H = 4 +_6 H = \{4 +_6 0, 4 +_6 3\} = \{4,1\}$

$5H = 5 +_6 H = \{5 +_6 0, 5 +_6 3\} = \{5,2\}$

由例 8-24 发现，陪集分别为 $\{0,3\}$、$\{1,4\}$ 和 $\{2,5\}$，陪集元素个数相等，陪集之间要么相等，要么没有交集。

陪集具有的性质：设 $<B, *>$ 是 $<A, *>$ 的子群，有

（1）若 B 为 $<A, *>$ 中的左陪集，则 $eB = B$，因为 e 是 $<A, *>$ 的幺元。

（2）若 e 是 $<B, *>$ 的幺元，对任意 $a \in B$，则 $a \in aB$。

（3）对 A 中的任意元素 a 和 b，则 $aB = bB$ 或 $aB \cap bB = \varnothing$。

（4）a 为 A 中任意元素，则 $|aB| = |B| = |Ba|$。

（5）对 A 中的任意元素 a 和 b，a 和 b 属于 $<B, *>$ 的同一左陪集的充要条件是 $a^{-1} * b \in B$，a 和 b 属于 $<B, *>$ 的同一右陪集的充要条件是 $a * b^{-1} \in B$。

（6）设 $<B, *>$ 是 $<A, *>$ 的子群，如果 $aH = H$，则 $a \in H$。

定理 8-26：设 B 是群 A 的子群，在 A 上定义二元关系 $R: a, b \in A$，$<a,b> \in R \Leftrightarrow a * b^{-1} \in B$，则 R 是 A 上的等价关系。

证明：任意 $a \in A$，$a * a^{-1} = e \in B \Leftrightarrow <a,a> \in R$，满足自反性。

任意 $a, b \in A$，如果 $<a, b> \in R$，则 $a * b^{-1} \in B$，推出 $(a * b^{-1})^{-1} = b * a^{-1} \in B \Leftrightarrow <b,a> \in R$，满足对称性。

任意 $a, b, c \in A$，如果 $<a, b> \in R \wedge <b, c> \in R$，那么 $a * b^{-1} \in B \wedge b * c^{-1} \in B$，推出 $a * c^{-1} \in B$，$<a, c> \in R$，满足传递性。

所以符合等价关系条件。

定理 8-27：设 $<B, *>$ 是 $<A, *>$ 的子群，则子群 B 的全体左（右）陪集构成 A 的一种划分。

正如例 8-24，$\mathbf{N}_6$ 被划分为 $\{0,3\}$、$\{1,4\}$ 和 $\{2,5\}$。

定理 8-28（拉格朗日定理）：设 $<B, *>$ 是有限群 $<A, *>$ 的子群，则 $|B|$ 整除 $|A|$。

证明：由于 $<B,*>$ 是有限群 $<A,*>$ 的子群，对任意 a，$b \in A$，有 $aB = bB$ 或者 $aB \cap bB = \varnothing$，且 $|aB| = |B| = |bB|$（$|Ba| = |B| = |Bb|$），由于 B 含有幺元，所以所有元素都在各陪集中，即所有陪集的并集等于集合 A，$|A| = k|B|$，k 为不同左（右）陪集的个数，因此 $|B|$ 整除 $|A|$。

任何有限群的阶均可被其子群的阶所整除。

定理 8-29：设 $<A,*>$ 是 n 阶群，A 中任意元素 a 的阶 $O(a)$ 都能被 n 整除。

证明：设 a 的阶数 $O(a)$ 为 k，令 $B = \{a^1, a^2, \cdots, a^k\}$ 为构建的 k 阶子群，根据拉格朗日定理，$O(a)$ 能被 n 整除。

定理 8-30：设 $<A,*>$ 是 n 阶群，A 中任意元素 a，则 $a^n = e$。

证明：因为 a 的阶数 $O(a)$ 为 k，能被 n 整除，所以 $a^n = e$。

拉格朗日定理表述的是 n 阶群如果有 k 阶子群，则 k 整除 n；但其逆不为真，也就是说，如果 k 能整除 n，那么 n 阶群不一定有 k 阶子群。

例 8-25　证明 8 阶群必有 4 阶子群。

证明：设 $<A,*>$ 是 8 阶群。由定理 8-29 可知，A 中除幺元为 1 阶元素外，其他元素的阶数只可能是 2、4 和 8。

如果 $<A,*>$ 中有 4 阶元素 a，则令 $A = \{a, a^2, a^3, a^4\}$，由定理 8-23 易知 $<B,*>$ 是 $<A,*>$ 的 4 阶子群。

如果 $<A,*>$ 中有 8 阶元素 a，$e = a^8 = (a^2)^4$，则 a^2 是一个 4 阶元素，令 $B = \{a^2, (a^2)^2, (a^2)^3, (a^2)^4\} = \{a^2, a^4, a^6, a^8\}$，易知 $<B,*>$ 是 $<A,*>$ 的 4 阶子群。

如果 $<A,*>$ 中，既没有 8 阶元素也没有 4 阶元素，即 $<A,*>$ 中的每一个非幺元都是 2 阶元素，则 $<A,*>$ 是可交换群，于是在 $<A,*>$ 中任取两个不同的非幺元 a 和 b，令 $B = \{e, a, b, a*b\}$，容易验证 $*$ 对于 A 是封闭的。所以 $<B,*>$ 是 $<A,*>$ 的 4 阶子群。

综上所述，8 阶群必有 4 阶子群。

二维码 8-4 视频
8 阶群有 4 阶
子群证明

定理 8-31：任何素数阶群不可能有非平凡子群。

证明：设 $<A,*>$ 是素数 n 阶群，A 中任意元素 a 的阶 $O(a)$ 都能被 n 整除。n 的因子只有 n 和 1，所以非幺元都是 n 阶元素，都是生成元。

定理 8-32：设 $<A,*>$ 是 n 阶循环群，m 被 n 整除，则 $<A,*>$ 有 m 阶循环子群。

证明：设 $n = km$，a 为生成元，令 $B = \{a^k, a^{2k}, \cdots, a^{mk}\}$，显然 $*$ 对于 B 是封闭的，所以 $<B,*>$ 是 $<A,*>$ 的 m 阶子群。由于循环群的子群是循环群，所以 $<B,*>$ 是 $<A,*>$ 的 m 阶循环子群。

定义8-26：设 $<B, *>$ 是有限群 $<A, *>$ 的子群，若对于 A 中任意元 a，有 $aB = Ba$，则称 $<B, *>$ 是群 $<A, *>$ 的正规子群。可交换群的子群均为正规子群。

例8-26　设 $<A, *>$ 是群，对任意 $a \in A$，令 $H = \{y \mid y \in A \wedge y * a = a * y\}$，先证明 $<H, *>$ 是 $<A, *>$ 的子群，再证明 $<H, *>$ 是 $<A, *>$ 的正规子群。

证明：（1）$\forall x, y \in H$，有

$(x * y) * a = x * (y * a) = x * (a * y) = (x * a) * y = (a * x) * y = a * (x * y)$，所以 $x * y \in H$。

（2）设 e 是群 $<A, *>$ 的幺元，$e * a = a = a * e$，$e \in H$。

（3）$\forall x \in H$，有

$x^{-1} * a = (x^{-1} * a) * e = (x^{-1} * a) * (xx^{-1}) = x^{-1} * (a * x) * x^{-1} = x^{-1} * (x * a) * x^{-1} = (x^{-1} * x) * a * x^{-1} = e * a * x^{-1} = a * x^{-1}$，所以 $x^{-1} \in H$。

故 $<H, *>$ 是 $<A, *>$ 的子群。

（4）$\forall a \in A$，$\forall b \in aH$，$\exists y \in H$，$b = a * y$，由 H 的定义，$b = a * y = y * a \in Ha$，所以 aH 是 Ha 的子集；类似可证，Ha 是 aH 的子集；所以，$aH = Ha$。$<H, *>$ 是 $<A, *>$ 的正规子群。

将同态与同构概念作用于群，便导出群的同态和同构，主要内容如下。

定义8-27：设 $<A, *>$ 和 $<B, \circ>$ 为群，如果存在一个函数 $f: A \rightarrow B$，使得对于 A 中任意 a、b，有 $f(a * b) = f(a) \circ f(b)$，则称 f 是从 $<A, *>$ 和 $<B, \circ>$ 的一个群同态映射，称 $<A, *>$ 和 $<B, \circ>$ 群同态。若函数 f 为单射函数，则该同态称为单一群同态；若函数 f 为满射函数，则该同态称为满群同态；若函数 f 为双射函数，则该同态称为群同构。

例8-27　设群 $V_1 = <\mathbf{R}, +>$，群 $V_2 = <\mathbf{R}', \times>$，其中 $\mathbf{R}'$ 为正实数，证明 V_1 与 V_2 同态。

证明：令 $f: \mathbf{R} \rightarrow \mathbf{R}'$，$f(x) = e^x$，则对于 $x, y \in \mathbf{R}$，有

$f(x + y) = e^{x+y} = e^x e^y = f(x) f(y)$

所以 f 是 V_1 和 V_2 的一个群同态映射，V_1 与 V_2 同态。

定义8-28：设 f 是群 $<A, *>$ 到群 $<B, \circ>$ 的同态映射，e 是 $<B, \circ>$ 的幺元，令 $Ker(f) = \{x \mid x \in A, f(x) = e\}$，称 $Ker(f)$ 为同态映射 f 的同态核，简称 f 的同态核。

例8-28　试证群 $<\mathbf{N}_4, +_4>$ 与群 $<\mathbf{N}_2, +_2>$ 同态。
证明：设 f 是 $\mathbf{N}_4$ 到 $\mathbf{N}_2$ 的函数，定义如下：

$$f(n) = \begin{cases} 0 & 若 n \in \mathbf{N}_4, 且 n 为偶数 \\ 1 & 若 n \in \mathbf{N}_4, 且 n 为奇数 \end{cases}$$

容易验证 f 是群 $<\mathbf{N}_4,+_4>$ 到群 $<\mathbf{N}_2,+_2>$ 的同态映射。

由于 0 是群 $<\mathbf{N}_2,+_2>$ 的幺元，有 $Ker(f)=\{0,2\}$。

定理 8-33：设 f 是群 $<A,*>$ 到群 $<B,\circ>$ 的同态映射，则 $<Ker(f),*>$ 是 $<A,*>$ 的子群。

证明：设 e' 是 $<B,\circ>$ 的幺元，对 $Ker(f)$ 中任意元素 a,b，有 $f(a*b^{-1})=f(a)\circ f(b^{-1})=f(a)\circ f(b)^{-1}=e'\circ(e')^{-1}=e'\circ e'=e'$，所以 $<Ker(f),*>$ 是 $<A,*>$ 的子群。

例如 $Ker(f)=\{0,2\}$，$<Ker(f),+_4>$ 是 $<\mathbf{N}_4,+_4>$ 的子群。

定理 8-34：设群 $<A,*>$ 和代数系统 $<B,\circ>$，若 f 是从群 $<A,*>$ 到 $<B,\circ>$ 的满同态映射，则 $<B,\circ>$ 为群。

定理 8-35：设 f 是群 $<A,*>$ 到群 $<B,\circ>$ 的同态映射，则 $<Ker(f),*>$ 是群 $<A,*>$ 的正规子群。f 所确定的同余类，就是 $Ker(f)$ 及其陪集，其商代数 $<A/Ker(f),*>$ 也是群，简称为商群。

例 8-29 写出群 $<\mathbf{N}_8,+_8>$ 的 2 阶和 4 阶商群。

解：由于代数运算 $+_8$ 可交换，所以 $<\mathbf{N}_8,+_8>$ 的子群都是正规子群。

设 $A_1=\{0,4\}$，$<A_1,*>$ 是 $<\mathbf{N}_8,+_8>$ 的 2 阶子群，其陪集为同余类：$[0]=\{0,4\},[1]=\{1,5\},[2]=\{2,6\},[3]=\{3,7\}$。

$B_1=\{\{0,4\},\{1,5\},\{2,6\},\{3,7\}\}$，$<B_1,+_8>$ 为群 $<\mathbf{N}_8,+_8>$ 的 2 阶商群。

同理，$A_2=\{0,2,4,6\}$，$<A_2,+_8>$ 是 $<\mathbf{N}_8,+_8>$ 的 4 阶子群，$B_2=\{\{0,2,4,6\},\{1,3,5,7\}\}$，$<B_2,\circ>$ 为群 $<\mathbf{N}_8,+_8>$ 的 4 阶商群。群 $<\mathbf{N}_8,+_8>$ 的 2 阶和 4 阶商群的运算见表 8-22 和表 8-23。

表 8-22　2 阶商群运算表

*	[0]	[1]	[2]	[3]
[0]	[0]	[1]	[2]	[3]
[1]	[1]	[2]	[3]	[0]
[2]	[2]	[3]	[0]	[1]
[3]	[3]	[0]	[1]	[2]

表 8-23　4 阶商群运算表

$\circ$	[0]	[1]
[0]	[0]	[1]
[1]	[1]	[0]

8.5　循环群和置换群

定义 8-29：设 $<A,*>$ 是群，若存在 $g\in A$ 使得 A 中任意元素 $a=g^i$，$i\in\mathbf{Z}$，则称 g 为群 $<A,*>$ 的生成元，具有生成元的群称为循环群。若 $|A|=n$，则称 $<A,*>$ 为 n 阶循环群。若 A 为无限集合，则称 $<A,*>$ 为无限循环群。

例如，$<N_6, +_6>$ 为循环群，1 和 5 是生成元。由运算表可知，0 是幺元，$1^6 = 0$，对其他任一元素 $a = 1^a$。令 $A = \{2^i \mid i \in \mathbf{Z}\}$，那么 $<A, \cdot>$（$\cdot$ 为普通的数乘）是循环群，2 是生成元。$<\mathbf{Z}, +>$ 为循环群，1（或 -1）为其生成元。$<\mathbf{R}, +>$ 是交换群，但不是循环群，因为没有生成元。设 $A = \{5z \mid z \in \mathbf{Z}\}$，$A$ 上的运算是普通加法，那么 G 只有两个生成元：5 和 -5。

定理 8-36：循环群都是可交换群。

证明：设循环群 $<A, *>$，g 是生成元，对于任意的 $a, b \in A$，必有 $x, y \in \mathbf{Z}$ 使得 $a = g^x, b = g^y$，所以

$$a * b = g^x * g^y = g^{x+y} = g^{y+x} = g^y * g^x = b * a$$

所以，$<A, *>$ 为可交换群。

定理 8-37：A 为由 g 生成的有限循环群，则有
$$A = \{e, g, g^2, \cdots, g^{n-1}\}$$
证明 $e, g, g^2, \cdots, g^{n-1}$ 互不相同。

证明：（反证法）假设存在 $g^i = g^j$（$1 \leq i < j \leq n$），则 $g^{j-i} = e$，这不可能。因此 $e, g, g^2, \cdots, g^{n-1}$ 互不相同，即 $A = \{e, g, g^2, \cdots, g^{n-1}\}$。

定理 8-38：如果 $<A, *>$ 是无限循环群，则 $<A, *>$ 只有两个生成元：g 和 g^{-1}。

例如，$<\mathbf{Z}, +>$ 是无限循环群，其生成元为 1 和 -1，幺元是 0，且若 $a \in \mathbf{Z}$，则它的逆元为 $-a$；该群的生成元是 1 和 -1，因为对任意正整数 k 均能表成 $k = 1^k$，对任意负整数 $-k$ 均有 $-k = (-1)^k$；对于 0，规定 $1^0 = (-1)^0 = 0$。

定理 8-39：若 A 是 n 阶循环群，a 为生成元，则 A 含有 r 个生成元。r 为小于 n 且与 n 互素的数字的个数，a^r 就是 A 的生成元。

例如，$n = 6$，小于 6 且与 6 互素的数字有 1、5，所以生成元有 a^1、a^5。

定理 8-40：设 $<A, *>$ 是 n 阶循环群，g 是生成元，则 g 的阶为 n。

证明：假设 g 是生成元，且 g 的阶为 m，$m < n$，则 $g^1, g^2, \cdots, g^m$ 各表示 A 中不同的 m 个元素，因为 $g^m = e$，g^{m+1}，g^{m+2}，$\cdots$ 起后面的元素仍然在 $\{g^1, g^2, \cdots, g^m\}$ 之中，所以 g^n 只能表示 m 个元素，不能表示 A 中 n 个不同的所有元素，所以矛盾。故 g 的阶为 n。

定理 8-41：素数阶群是循环群，每个非幺元都是生成元。

证明：设 $<A, *>$ 是 n 阶群，n 为素数，a 为非幺元，根据拉格朗日定理，元素 a 的阶数应该整除 n，因此元素 a 的阶数为 n，a 是生成元，$<A, *>$ 是循环群。

例如，5 阶群必是循环群。设 $<A, *>$ 是 5 阶群，且 $G = \{e, a, b, c, d\}$，由定理 8-29 可知，5 阶群 $<G, *>$ 中非幺元的阶数只可能是 5，于是 a、b、c 和 d 都是 5 阶元素，也都是生成元，所以 $<G, *>$ 是循环群。

定理 8-42：**循环群的子群都是循环群。**

证明：设 $<A, *>$ 是 n 阶循环群，g 是生成元，$<H, *>$ 为 $<A, *>$ 的子群。A 中元素均可以表示为 g^i。

（1）若 $<H, *>$ 是 $<A, *>$ 的平凡子群，很显然 $<H, *>$ 是循环群。

（2）若 $<H, *>$ 是 $<A, *>$ 的非平凡子群。设存在最小正整数 m，使得 $g^m \in H$。对于任意 $g^s \in H$，令 $s = tm + r$（$0 \leqslant r < m, t$ 为某整数）。

因为 m 是使 $g^m \in A$ 的最小正整数，而 $0 \leqslant r < m$，故 $r = 0$。说明 H 中的任何元素都是 g^m 的乘幂。所以 $<A, *>$ 是以 g^m 为生成元的循环群。

定理 8-43：**设 $<A, *>$ 是 n 阶循环群，则对 n 的每个正因子 k，$<A, *>$ 有且仅有一个 k 阶子群。**

定理 8-44：**k 阶循环群 $<A, *>$ 同构于 $(\mathbf{N}_k, +_k)$。**

设映射 $f: A \rightarrow \mathbf{N}_k$，$f(g^i) = i$，$g$ 为生成元，即可证明同构。

例 8-30　证明群 $<\mathbf{N}_6, +_6>$ 和群 $<\mathbf{N}_7 - \{0\}, \times_7>$ 同构，并写出同构映射。

二维码 8-5 视频
循环群同构证明

解：在群 $<\mathbf{N}_7 - \{0\}, \times_7>$ 中，3 是生成元，$3^1 = 3$，$3^2 = 2$，$3^3 = 6$，$3^4 = 4$，$3^5 = 5$，$3^0 = 1$，所以 $<\mathbf{N}_7 - \{0\}, \times_7>$ 是循环群。

接着证明同构，存在 f：$\mathbf{N}_6$ 到 $\mathbf{N}_7 - \{0\}$ 的函数 $f(0) = 3^0 = 1$，$f(1) = 3^1 = 3$，$f(2) = 3^2 = 2$，$f(3) = 3^3 = 6$，$f(4) = 3^4 = 4$，$f(5) = 3^5 = 5$。

显然 f 是 $\mathbf{N}_6$ 到 $\mathbf{N}_7 - \{0\}$ 的双射函数，所以得证。

置换群是常用的特殊群，在编码理论等方面有广泛的应用。

定义 8-30：**有限集合上的一个双射函数为一个置换，集合元素的个数为该置换的元数。**

例如，$A = \{1, 2, 3\}$，f_1 是 A 到 A 的双射函数，且 $f_1(1) = 1$，$f_1(2) = 3$，$f_1(3) = 2$。$f_1 = \begin{bmatrix} 1 & 2 & 3 \\ 1 & 3 & 2 \end{bmatrix}$ 为 3 元置换。

若 $A = \{a_1, a_2, \cdots, a_n\}$，则 n 阶置换表为

$$f_i = \begin{bmatrix} a_1 & a_2 & \cdots & a_n \\ f_i(a_1) & f_i(a_2) & \cdots & f_i(a_n) \end{bmatrix}$$

设 A 是具有 n 个元素的集合，A 上 $n!$ 个不同置换的集合记为 A_n。

并称 $\begin{bmatrix} f_i(a_1) & f_i(a_2) & \cdots & f_i(a_n) \\ a_1 & a_2 & \cdots & a_n \end{bmatrix}$ 为置换 f_i 的反置换，记为 f_i^{-1}。

> **定理 8-45**：若 $A = \{a_1, a_2, \cdots, a_n\}$，则 $|A_n| = n!$。

证明：因为每一种 n 阶置换都是 n 个元素的一种全排列，所以 n 个元素的集合中不同的 n 阶置换的总数等于 n 个元素的全排列的种类数目 $n!$。故 $|A_n| = n!$。

> **定义 8-31**：给定集合 A，且 f_i, $f_j \in A_n$，$f_i \circ f_j$ 为关系的合成运算，运算结果得到的置换表示为 $f_i \circ f_j$，称为 f_i 与 f_j 的乘积。A_n 中有一种置换叫幺置换，f 是恒等函数，也称为 A_n 中幺元，且 A_n 中每一置换都有逆置换，因此置换全体构成一个群。

令 $A = \{1,2,3\}$，则 $A_3 = \{f_1, f_2, f_3, f_4, f_5, f_6\}$ 且

$$f_1 = \begin{bmatrix} 1 & 2 & 3 \\ 1 & 2 & 3 \end{bmatrix}, f_2 = \begin{bmatrix} 1 & 2 & 3 \\ 2 & 1 & 3 \end{bmatrix}, f_3 = \begin{bmatrix} 1 & 2 & 3 \\ 3 & 2 & 1 \end{bmatrix}$$

$$f_4 = \begin{bmatrix} 1 & 2 & 3 \\ 1 & 3 & 2 \end{bmatrix}, f_5 = \begin{bmatrix} 1 & 2 & 3 \\ 2 & 3 & 1 \end{bmatrix}, f_6 = \begin{bmatrix} 1 & 2 & 3 \\ 3 & 1 & 2 \end{bmatrix}$$

可见，f_1 是幺置换。

对于各置换的反置换也不难看出，如 f_3 的反置换 f_3^{-1} 为

$$f_3^{-1} = \begin{bmatrix} 3 & 2 & 1 \\ 1 & 2 & 3 \end{bmatrix}$$

任何两个置换复合也容易计算，如

$$f_5 \circ f_6 = \begin{bmatrix} 1 & 2 & 3 \\ 2 & 3 & 1 \end{bmatrix} \circ \begin{bmatrix} 1 & 2 & 3 \\ 3 & 1 & 2 \end{bmatrix} = \begin{bmatrix} 1 & 2 & 3 \\ 1 & 2 & 3 \end{bmatrix} = f_1$$

得到表 8-24，幺元 $e = f_1$，$f_1^{-1} = f_1$，$f_2^{-1} = f_2$，$f_3^{-1} = f_3$，$f_4^{-1} = f_4$，$f_5^{-1} = f_6$，$f_6^{-1} = f_5$。

表 8-24　运算表

$\circ$	f_1	f_2	f_3	f_4	f_5	f_6
f_1	f_1	f_2	f_3	f_4	f_5	f_6
f_2	f_2	f_1	f_6	f_5	f_4	f_3
f_3	f_3	f_5	f_1	f_6	f_2	f_4
f_4	f_4	f_6	f_5	f_1	f_3	f_2
f_5	f_5	f_3	f_4	f_2	f_6	f_1
f_6	f_6	f_4	f_2	f_3	f_1	f_5

> **定义 8-32**：将由 n 个元素组成的集合 A 上的置换全体记为 A_n，那么称群 $<A_n, \circ>$ 为 n 次对称群，它的子群称为 n 次置换群。

设 $A_1 = \{f_1, f_2\}$，$A_2 = \{f_1, f_3\}$，$A_3 = \{f_1, f_6\}$，根据运算表，可以看到 $<A_1, \circ>$、$<A_2, \circ>$ 和 $<A_3, \circ>$ 都是封闭的，所以 $<A_1, \circ>$、$<A_2, \circ>$ 和 $<A_3, \circ>$ 都是 2 阶的 3 次置换群，$A_4 = \{f_1, f_4, f_5\}$ 是 3 阶的 3 次置换群。

> **定理 8-46：** 定理 $<A_n, \circ>$ 是群。

证明：（1）A_n 中任意双射函数 f_1、f_2，双射函数的复合运算仍然是双射函数，也属于 A_n，所以具有封闭性。

（2）二元关系的合成运算具有可结合性。

（3）幺置换是 A_n 的幺元。

（4）A_n 中每一个双射函数 f，都存在 f^{-1} 使得 $f \circ f^{-1}$ 等于恒等函数，也就是幺置换。

所以 $<A_n, \circ>$ 是群。

设 f 是 $A = \{1, 2, \cdots, n\}$ 上的 n 元置换。若 $f(i_1) = i_2$，$f(i_2) = i_3$，$\cdots$，$f(i_{k-1}) = i_k$，$f(i_k) = i_1$，且保持 S 中的其他元素不变，则称 f 为 A 上的 k 阶轮换，记作 $(i_1, i_2, \cdots, i_k)$。若 $k = 2$，这时也称 f 为 S 上的对换。

$$f = \begin{bmatrix} 1\ 2\ 3\ 4\ 5 \\ 2\ 3\ 4\ 1\ 5 \end{bmatrix}$$

$\sigma = (1,2,3,4)(5)$ 或 $(1,2,3,4)$，其中，$f(1) = 2$，$f(2) = 3$，$f(3) = 4$，$f(4) = 1$，$(1,2,3,4)$ 之间发生 4 阶轮换。

长度为 1 的轮换往往忽略不写。3 元对称群可以写为 $A_3 = \{(1),(1,2),(1,3),(2,3),(1,2,3),(1,3,2)\}$，比如 $f_2 = \begin{bmatrix} 1 & 2 & 3 \\ 2 & 1 & 3 \end{bmatrix}$ 表示为 $(1,2)$。所有的置换群有 $B_1 = \{(1),(1,2,3),(1,3,2)\}$，$B_2 = \{(1)\}$，$B_3 = \{(1),(1,2)\}$，$B_4 = \{(1),(1,3)\}$，$B_5 = \{(1),(2,3)\}$。

每个轮换可以表示成多次对换后的结果，例如，$(1,2,3,4) = (1,2)(1,3)(1,4)$，$(1,5,2,3,6)(7,8) = (1,5)(1,2)(1,3)(1,6)(7,8)$。所以每个置换中可以表示成有限个对换之积。表示成奇（偶）数个对换之积的置换叫作奇（偶）置换。

> **定理 8-47：** 每一个 n 阶有限群和一个 n 次置换群同构。

例 8-31 证明 $<\mathbf{N}_3, +_3>$ 和一个 3 次置换群同构。

证明：令 $F = \{f_0, f_1, f_2\}$，$h(0) = f_0$，$h(1) = f_1$，$h(2) = f_2$。函数 h 表示 $\mathbf{N}_3$ 到 F 的双射函数。

$$f_0 = \begin{bmatrix} 0 & 1 & 2 \\ 0 & 1 & 2 \end{bmatrix}, \quad f_1 = \begin{bmatrix} 0 & 1 & 2 \\ 1 & 2 & 0 \end{bmatrix}, \quad f_2 = \begin{bmatrix} 0 & 1 & 2 \\ 2 & 0 & 1 \end{bmatrix}$$

可知：$h(0) = f_0$，$h(1) = f_1$，$h(2) = f_2$。

由表 8-25 和表 8-26 可知，$<\mathbf{N}_3, +_3>$ 和 $<F, *>$ 同构，得证。

表 8-25　例 8-31 $+_3$ 运算表

$+_3$	0	1	2
0	0	1	2
1	1	2	0
2	2	0	1

表 8-26　例 8-31 * 运算表

*	f_0	f_1	f_2
f_0	f_0	f_1	f_2
f_1	f_1	f_2	f_0
f_2	f_2	f_0	f_1

例 8-32　写出 4 元对称群 $<S_4,\circ>$ 的所有以自身为逆元的元素。

解： 在 $<S_4,\circ>$ 中以自身为逆元的元素共有 10 个。规律就是将某两个数对换，其他数不变，它们分别如下。

$$\begin{bmatrix} 1\,2\,3\,4 \\ 1\,2\,3\,4 \end{bmatrix} \begin{bmatrix} 1\,2\,3\,4 \\ 2\,1\,3\,4 \end{bmatrix} \begin{bmatrix} 1\,2\,3\,4 \\ 3\,2\,1\,4 \end{bmatrix} \begin{bmatrix} 1\,2\,3\,4 \\ 4\,2\,3\,1 \end{bmatrix} \begin{bmatrix} 1\,2\,3\,4 \\ 1\,3\,2\,4 \end{bmatrix}$$

$$\begin{bmatrix} 1\,2\,3\,4 \\ 1\,4\,3\,2 \end{bmatrix} \begin{bmatrix} 1\,2\,3\,4 \\ 1\,2\,4\,3 \end{bmatrix} \begin{bmatrix} 1\,2\,3\,4 \\ 2\,1\,4\,3 \end{bmatrix} \begin{bmatrix} 1\,2\,3\,4 \\ 3\,4\,1\,2 \end{bmatrix} \begin{bmatrix} 1\,2\,3\,4 \\ 4\,3\,2\,1 \end{bmatrix}$$

8.6　环和域

本节主要介绍具有两个二元运算的代数结构：环和域。

> **定义 8-33：** 设代数系统 $<A,*,\circ>$，其中 $*$ 和 $\circ$ 都是 A 上的二元运算。如果满足 $<A,*>$ 是 Abel 群，$<A,\circ>$ 是半群，且 $\circ$ 对于 $*$ 是可分配的，则称 $<A,*,\circ>$ 为环。

例如，$<\mathbf{R},+,\times>$ 是环，$\mathbf{R}$ 为实数，因为 $<\mathbf{R},+>$ 为可交换群，$<\mathbf{R},\times>$ 为半群，$\times$ 对于 $+$ 可分配，所以 $<\mathbf{R},+,\times>$ 是环。$<\mathbf{M},+,\times>$ 是环，$\mathbf{M}$ 为 n 阶方阵，也符合环的条件。为了方便，通常将环中的 $*$ 用 $+$ 表示，将 $\circ$ 用 $\times$ 表示，$<\mathbf{R},+>$ 幺元为 0，$<\mathbf{R},+>$ 元素 a 的逆元记作 $-a$，$<\mathbf{R},\times>$ 幺元为 1。

例 8-33　设 a、b 是任意整数，A 是所有以 2 阶方阵 $\begin{bmatrix} a & b \\ 6b & a \end{bmatrix}$ 作为元素的集合，对于矩阵的加法和矩阵的乘法。证明 $<A,+,\times>$ 是环。

证明： 先证明 $<A,+>$ 是可交换群。由于

$$\begin{bmatrix} a & b \\ 6b & a \end{bmatrix} + \begin{bmatrix} c & d \\ 6d & c \end{bmatrix} = \begin{bmatrix} a+c & b+d \\ 6(b+d) & a+c \end{bmatrix}$$

可见矩阵加法对于 A 是封闭的，且矩阵的加法是可结合运算和可交换运算；$<A,+>$ 中的幺元是零阵。任意元素的逆元为

$$\begin{bmatrix} a & b \\ 6b & a \end{bmatrix}^{-1} = \begin{bmatrix} -a & -b \\ -6b & -a \end{bmatrix}$$

所以 $<A,+>$ 是可交换群。

接下来，证明 $<A,\times>$ 是半群。由于

$$\begin{bmatrix} a & b \\ 6b & a \end{bmatrix} \times \begin{bmatrix} c & d \\ 6d & c \end{bmatrix} = \begin{bmatrix} ac+6bd & ad+bc \\ 6(ad+bc) & ac+6bd \end{bmatrix}$$

可见矩阵乘法对于 A 是封闭的，且矩阵乘法是可结合运算。所以 $<A,\times>$ 是半群。又因为矩阵乘法对矩阵加法是可分配的，所以证得 $<A,+,\times>$ 是环。

定理 8-48：设环 $<A,+,\times>$，则 $<A,+>$ 中的幺元是 $<A,\times>$ 中的零元。

证明：设 θ 为 $<A,+>$ 幺元，$\theta+\theta=\theta$，由于 $\times$ 对于 $+$ 是可分配的，任意 $a\in A$，$a\times\theta=a\times(\theta+\theta)=a\times\theta+a\times\theta$，因为 θ 为 $<A,+>$ 幺元，$a\times\theta=\theta$；同样，任意 $a\in A$，$\theta\times a=\theta\times(a+a)=\theta\times a+\theta\times a$，$\theta\times a=\theta$；所以 $<A,+>$ 中的幺元是 $<A,\times>$ 中的零元。

例如，$<\mathbf{R},+,\times>$ 中 $<\mathbf{R},+>$ 幺元 0 是 $<\mathbf{R},\times>$ 的零元。

定理 8-49：设 $<A,+,\times>$ 是环，对于可交换群 $<A,+>$，a、b、c 为 A 中任意元素，元素 a、b、c 的逆元分别为 $-a$、$-b$、$-c$，则有：
(1) $-a\times b=a\times(-b)=-(a\times b)$
(2) $(-a)\times(-b)=a\times b$
(3) $a\times(b-c)=a\times b-a\times c,\ (b-c)\times a=b\times a-c\times a$

证明：(1) 因为 $a\times b+a\times(-b)=a\times(b+(-b))$
$$=a\times 0$$
$$=0$$
所以，$-(a\times b)=a\times(-b)$。
同理，$-(a\times b)=(-a)\times b$。
(2)、(3) 利用 (1) 可以证明得到。

例 8-34 在环中计算 $(a-b)^3$。
解：$(a-b)^3=(a-b)(a-b)(a-b)$
$$=(a^2-ab-ba+b^2)(a-b)$$
$$=a^3-a^2b-aba+ab^2-ba^2+bab+b^2a-b^3$$

定义 8-34：设环 $<A,+,\times>$，如果 B 是 A 的非空子集，且 $<B,+,\times>$ 也是环，那么称 $<B,+,\times>$ 为 $<A,+,\times>$ 的子环。

例如，环 $<\mathbf{Q},+,\times>$ 是环 $<\mathbf{R},+,\times>$ 的子环。

定义 8-35：设环 $<A,+,\times>$，若 $<A,\times>$ 是可交换半群，则称 $<A,+,\times>$ 是可交换环；若 $<A,\times>$ 是含幺半群，则称 $<A,+,\times>$ 是含幺环；设 $<A,+,\times>$ 是环，$a,b\in A$，且都不是零元 θ，如果 $a\times b\neq\theta$，则称 $<A,+,\times>$ 为无零因子环。

定义 8-36：设环 $<A,+,\times>$，$a,b\in A$，且都不是零元 θ，如果 $a\times b=\theta$，则环 $<A,+,\times>$ 中有零因子。

$<\mathbf{N}_6,+_6,\times_6>$ 为环，因为 $<\mathbf{N}_6,+_6>$ 为可交换群，$<\mathbf{N}_6,\times_6>$ 为半群，

$\times_6$ 对于 $+_6$ 可分配，所以为环。$\times_6$ 为可交换运算，幺元为 1，$< N_6, +_6, \times_6 >$ 为可交换环，也是含幺环。但不是无零因子环，因为当 $a = 2$、$b = 3$ 时，$2 \times_6 3 = 0$，属于有零因子环。若 M 为矩阵，则 $< M, +, \times >$ 不是可交换环。

定义 8-37：称含幺元的、可交换的、无零因子的环为整环。

$< Z, +, \times >$、$< R, +, \times >$ 均为整环。$< N_7, +_7, \times_7 >$ 是整环，$< N_7, +_7 >$ 是可交换群，$< N_7, \times_7 >$ 是半群，幺元为 1，$\times_7$ 可交换。不为零的两个数运算后，结果也不等于零。$< N_8, +_8, \times_8 >$ 不是整环，因为当 $a = 2$，$b = 4$ 时，$2 \times_8 4 = 0$。

定理 8-50：设环 $< A, +, \times >$，则环 $< A, +, \times >$ 为无零因子环，当且仅当 $< A, \times >$ 满足消去律。环满足消去律与无零因子是等价的。

证明：（充分性）假设 $< A, \times >$ 满足消去律，并设 $a, b \in A$ 且 $a \times b = 0$。设 $a \neq 0$，则 $a \times b + (-(a \times 0)) = 0$，$a \times b = a \times 0$，应用消去律得 $b = 0$。因此 $< A, +, \times >$ 为无零因子环。

（必要性）假设 $< A, +, \times >$ 无零因子，a, b, $c \in A$ 且 $a \neq 0$，有 $a \times b = a \times c$。

于是有

$a \times b + (-(a \times c)) = a \times (b - c) = 0$

由于 $< A, +, \times >$ 无零因子且 $a \neq 0$，故 $b - c = 0$，即 $b = c$。可见，$a \times b = a \times c \Rightarrow b = c$。

定义 8-38：设代数系统 $< A, +, \times >$，如果满足 $< A, + >$ 是 Abel 群，$< A - \{\theta\}, \times >$ 也是 Abel 群，且 $\times$ 对 $+$ 满足分配律，则称 $< A, +, \times >$ 是域。

域是可交换含幺环，而且 $< A - \{\theta\}, \times >$ 没有零因子，所以域为整环。但整环未必是域。

定理 8-51：有限整环是域。

证明：因为 $< A, +, \times >$ 是整环，$< A, \times >$ 是半群，$\times$ 运算可交换且无零因子，A 是有限集合，因为无零因子，所以满足消去律。设有 n 个数，任意元素 $a^1, a^2, \cdots, a^{n+1}$ 一定有两个数相同，即 $a^i = a^{i+j}$，由消去律，$a^j = e$，存在幺元，a^k 逆元为 a^{j-k}，所以任何元素都有逆元，可知 $< A - \{0\}, \times >$ 是 Abel 群。因此 $< A, +, \times >$ 是域。

$< R, +, \times >$、$< Q, +, \times >$ 都构成域，$< Z, +, \times >$ 只能构成整环 Z，而不是域。

例 8-35 设环 $< N_k, +_k, \times_k >$，当 k 为素数时 $< N_k, +_k, \times_k >$ 为域。

证明：设 k 为素数，$< N_k - \{0\}, \times_k >$ 是群，且 $\times_k$ 可交换，所以 $< N_k - \{0\}, \times_k >$ 是 Abel 群。

$< N_k, +_k >$ 是群，且 $+_k$ 可交换，也是 Abel 群。$\times_k$ 对于 $+_k$ 可分配，所以

当 k 为素数时，$< \mathbf{N}_k, +_k, \times_k >$ 为域。

> **定理 8-52**：域一定是整环。

　　证明：设 $< A, +, \times >$ 是域，根据定义，域符合环的条件，$< A - \{\theta\}, \times >$ 与 $< A, \times >$ 有相同的幺元，$< A, \times >$ 是可交换群，所以 $\times$ 是可交换的，这时候只需证明运算 $< A, \times >$ 满足消去律，便可得无零因子。

　　A 中任意元素 a、b、c，$a \neq \theta$，设 $a \times b = a \times c$ 且

$$a^{-1} \times (a \times b) = a^{-1} \times (a \times c)$$
$$(a^{-1} \times a) \times b = a^{-1} \times (a \times c)$$
$$b = c$$

　　同理，如果 $b \times a = c \times a$，则有 $b = c$。

　　所以运算 $< A, \times >$ 满足消去律，即满足无零因子，所以域一定是整环。

> **定义 8-39**：给定环 $< A, +, \times >$，且 B 是 A 的子集，若 $< B, + >$ 是 $< A, + >$ 的子群，$< B, \times >$ 是 $< A, \times >$ 的子半群，则称 $< B, +, \times >$ 是 $< A, +, \times >$ 的子环。

　　例 8-36　令 $A = \{a + b\sqrt{2} \mid a, b \in \mathbf{Z}\}$，则 $< A, +, \times >$ 是环 $< \mathbf{R}, +, \times >$ 的子环，其中 $\mathbf{Z}$、$\mathbf{R}$ 分别为整数集合和实数集合，$+$ 和 $\times$ 分别为数的加法和乘法。

　　解：对任意 $a, b, c, d \in \mathbf{Z}$，则 $< A, + >$、$< A, \times >$ 都可结合。

　　$< A, + >$ 的幺元为 $0 \in A$，$a + b\sqrt{2}$ 的逆元为 $(-a + (-b)\sqrt{2}) \in A$。

　　$(a + b\sqrt{2}) + (c + d\sqrt{2}) = (a + c) + (b + d)\sqrt{2} \in A$，所以 $< A, + >$ 满足封闭性。

　　$(a + b\sqrt{2}) \times (c + d\sqrt{2}) = (ac + 2bd) + (ad + bc)\sqrt{2} \in A$，所以 $< A, \times >$ 满足封闭性。

　　所以 $< A, +, \times >$ 是环 $< \mathbf{R}, +, \times >$ 的子环。

8.7　习题

　　1. 设 $A = P(\{a, b\})$，写出 A 上的 $\oplus$ 和 $\sim$ 运算的运算表，并指出其是否满足封闭性。

　　2. 设代数系统 $< A, * >$，A 中任意元素 x 和 y，满足 $x * y = x + y + 5xy$，试

　　（1）判断 $*$ 运算是否满足交换律和结合律，并说明理由。

　　（2）求出 $*$ 运算的单位元、零元和所有可逆元素的逆元。

　　3. 设 $*$ 是集合 A 上可结合的二元运算，且 $\forall a, b \in A$，若 $a * b = b * a$，则 $a = b$。试证明：

　　（1）$\forall a \in A$，$a * a = a$，即 a 是等幂元。

　　（2）$\forall a, b \in A$，$a * b * a = a$。

（3）$\forall a,b,c \in A$, $a*b*c = a*c$。

4. 证明代数系统 $< \mathbf{N}_3 , +_3 >$ 与 $< \mathbf{N}_6 , +_6 >$ 满足单一同态。

5. 设 $< A, * >$ 为半群，$a \in A$。令 $A_a = \{a^i \mid i \in \mathbf{Z}_+\}$。试证 $<A_a, *>$ 是 $<A, *>$ 的子半群。

6. $\mathbf{Z}$ 上的二元运算 $*$ 定义为 $\forall a,b \in \mathbf{Z}$, $a*b = a+b-2$。试证 $<\mathbf{Z}, *>$ 为独异点。

7. 设 $< A, * >$ 是一个独异点，使得对于 $\forall x \in A$, 有 $x*x = e$, 其中 e 是单位元，证明 $< A, * >$ 是 Abel 群。

8. 设 $< G, * >$ 是一个群，证明对于 a, $b \in G$, 必有唯一的 $x \in G$, 使得 $a*x = b$。

9. 设 $< A, * >$ 是群，a、b 为 A 中的元素，且 a 的阶数是 2, b 的阶数是 3, 如果 $a*b = b*a$, 证明 $a*b$ 是 6 阶元素。

10. 证明代数系统 $< \{1,i,-1, -i\} , \cdot >$ 和代数系统 $< \left\{ \begin{bmatrix} 1 & 0 \\ 0 & 1 \end{bmatrix}, \begin{bmatrix} -1 & 0 \\ 0 & -1 \end{bmatrix}, \begin{bmatrix} -1 & 0 \\ 0 & 1 \end{bmatrix}, \begin{bmatrix} 1 & 0 \\ 0 & -1 \end{bmatrix} \right\}, o >$ 是否都是群，其中 $\cdot$ 是复数乘法，o 是矩阵乘法，并且判别是否同构。

11. 设群 G 的运算表见表 8-27, 求出每个元素的阶数，并构造所有子群。

表 8-27　群 G 的运算表

	a	b	c	d	e	f
a	a	b	c	d	e	f
b	b	c	d	e	f	a
c	c	d	e	f	a	b
d	d	e	f	a	b	c
e	e	f	a	b	c	d
f	f	a	b	c	d	e

12. 设群 $< B, * >$ 为群 $< A, * >$ 的子群，证明群 $< B, * >$ 是群 $< A, * >$ 的正规子群 $\Leftrightarrow (\forall a)(a \in A \rightarrow aBa^{-1} \subseteq B)$。

13. 设 $A = \{1, -1, i, -i\}$, 对于复数的乘法运算，证明 $< A, * >$ 是循环群。

14. $\mathbf{Z}$ 上的二元运算 $*$ 定义为：对任意 $a, b \in \mathbf{Z}$, $a*b = a + b - 2$。试问 $<\mathbf{Z}, *>$ 是循环群吗？

15. 证明群 $< \mathbf{N}_{12} , +_{12} >$ 和群 $< \mathbf{N}_{13} - \{0\} , \times_{13} >$ 同构，写出同构映射，并写出群 $< \mathbf{N}_{13} - \{0\} , \times_{13} >$ 所有的子群。

16. 求循环群 $C_{12} = \{e, a, a^2, \cdots, a^{11}\}$ 中 $H = \{e, a^4, a^8\}$ 的所有右陪集。

17. 设 e 是奇数阶交换群 $<G, *>$ 的单位元，证明 G 的所有元素之积为 e。

18. 证明 6 阶群必有 3 阶子群。

19. 在 4 次对称群中找出一个 4 阶置换循环群，并在该 4 阶置换循环群中找出 2 阶子群。

20. 判断下列集合和给定运算是否构成环、整环和域，如果不构成，说明理由。

（1）$A = \{5z \mid z \in \mathbf{Z}\}$，运算为实数加法和乘法。

（2）$A = \{x \mid x \geqslant 0 \wedge x \in \mathbf{Z}\}$，运算为实数加法和乘法。

21. 设 $<A, +, \times>$ 是环，对于 A 中每一个 a，都有 $a^2 = a$，证明如果 A 中元素的个数大于 2，那么 $<A, +, \times>$ 不可能是整环。

22. 构造一个仅有 3 个元素的域。

第9章 格与布尔代数

格和布尔代数都是含有两种运算的代数系统，在计算机的模型检验中有重要的应用。

9.1 格

格有两种形式的定义，一种是从偏序集的角度定义，另一种从代数系统的角度定义。

> **定义 9-1**：设偏序集 $<A, \leqslant>$，如果 A 中任意元素 x 和 y，$\{x, y\}$ 都有最小上界 $\sup(x, y)$ 和最大下界 $\inf(x, y)$，则称偏序集 $<A, \leqslant>$ 为格，$<A, \leqslant>$ 导出的代数系统 $<A, \vee, \wedge>$ 也为格，其中 $x \vee y$ 和 $x \wedge y$ 分别表示 x 与 y 的最小上界运算和最大下界运算。若 A 是有限集合，称 $<A, \leqslant>$ 为有限格。

例如，集合 $N = \{1, 2, 4, 6, 12\}$ 与整除关系组成偏序集，对任意 $a, b \in N$，$\inf(a, b) = \mathrm{GCD}(a, b) \in N$，$\sup(a, b) = \mathrm{LCM}(a, b) \in N$，因此 $<N, |>$ 是格，其中 GCD 表示最大公约数，LCM 表示最小公倍数。集合 $S = \{a, b\}$ 的幂集 $P(S)$ 和包含关系组成偏序集，对任意 $A, B \in P(S)$，$\inf(A, B) = A \cap B \in P(S)$，$\sup(A, B) = A \cup B \in P(S)$，因此 $<P(S), \subseteq>$ 是格。$<\mathbf{R}, \leqslant>$ 及其子集都是格，$\inf(a, b) = \min(a, b) \in \mathbf{R}$，$\sup(a, b) = \max(a, b) \in \mathbf{R}$，例如，$S = \{1, 3, 5, 7\}$，$<S, \leqslant>$ 是格。偏序集产生的哈斯图如图 9-1 所示，它们都符合格的条件。

并非所有的偏序集都是格，如图 9-2 所示的偏序集，因为存在元素没有上确界或下确界，所以都不是格。

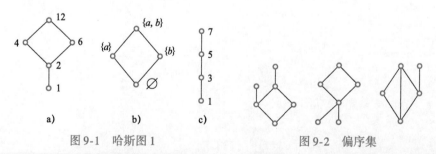

图 9-1 哈斯图 1　　　　　　　　　图 9-2 偏序集

> **定义 9-2**：所有全序都是格，称之为平凡格。

因为全序中任何两个元素 x 和 y，要么 $x \leqslant y$，要么 $y \leqslant x$。$\{x, y\}$ 的最大

下界为较小元素，最小上界为较大元素。

> **定理 9-1**：设偏序集 $<A,\leqslant>$ 是格，则其对偶的偏序集 $<A,\geqslant>$ 也是格。

因为 A 中任意 a 和 b，$<A,\leqslant>$ 的 $\sup(a,b)$ 就是 $<A,\geqslant>$ 的 $\inf(x,y)$，反之亦然，所以 $<A,\geqslant>$ 任意元素都有上确界和下确界，$<A,\geqslant>$ 也是格。

> **定义 9-3**（格的对偶性原理）：S 为格 $<A,\leqslant>$ 上的有效命题，当且仅当 $S*$ 为 $<A,\geqslant>$ 上的有效命题，这里 $S*$ 称为 S 的对偶式，即将 S 中符号 $\vee$、$\wedge$、$\leqslant$ 分别改为 $\wedge$、$\vee$、$\geqslant$ 后所得的公式，而 $a\geqslant b$ 等价于 $b\leqslant a$。

例如，S_1：$a\vee(a'\wedge b)=a\vee b$ 成立，则 S_1*：$a\wedge(a'\vee b)=a\wedge b$ 也成立。S_2：$a\wedge b\leqslant a$ 成立，则 S_2*：$a\vee b\geqslant a$ 也成立。

> **定义 9-4**：设代数系统 $<A,\vee,\wedge>$，如果运算满足交换律、结合律和吸收律，即 A 中任意元素 a,b,c，都有
> (1) $a\vee b=b\vee a$，$a\wedge b=b\wedge a$（交换律）
> (2) $(a\vee b)\vee c=a\vee(b\vee c)$，$(a\wedge b)\wedge c=a\wedge(b\wedge c)$（结合律）
> (3) $a\vee(a\wedge b)=a$，$a\wedge(a\vee b)=a$（吸收律）
> 则称 $<A,\vee,\wedge>$ 为格。

这是格的另一种定义方法，通过运算律来判断。代数系统 $<P(S),\cup,\cap>$ 中的 $\cup$、$\cap$ 运算都满足交换律、结合律和吸收律，所以 $<P(S),\cup,\cap>$ 是格。$<\mathbf{R},+,\times>$ 和 $<\mathbf{N}_k,+_k,\times_k>$ 不是格，因为它们不满足吸收律。

> **定理 9-2**：设 $<A,\vee,\wedge>$ 是格，在 A 上定义二元关系 R：A 中任意元素，如果 $a\leqslant b$ 当且仅当 $a\vee b=b$，则二元关系 R 是偏序关系，称由偏序集 $<A,\leqslant>$ 导出的格就是 $<A,\vee,\wedge>$。

证明：
(1) 自反性：由于 $a\vee a=a$，所以 $<a,a>\in R$。
(2) 反对称性：如果 $<a,b>\in R$ 且 $<b,a>\in R$，那么 $a\vee b=b$ 且 $b\vee a=a$。而 $a\vee b=b\vee a$，则 $a=b$，所以具有反对称性。
(3) 传递性：如果 $<a,b>\in R$ 且 $<b,c>\in R$，那么 $a\vee b=b$ 且 $b\vee c=c$，而 $a\vee c=a\vee(b\vee c)=(a\vee b)\vee c=b\vee c=c$，所以具有传递性。

所以满足自反性、反对称性和传递性，R 是 A 上的偏序关系。

> **定义 9-5**：设 $<A,\vee,\wedge>$ 是格，B 是 A 的非空子集，如果 $\vee$ 和 $\wedge$ 对于 B 是封闭的，则称 $<B,\vee,\wedge>$ 是 $<A,\vee,\wedge>$ 的子格。

例如，图 9-3 中 $<C,\leqslant>$ 是 $<A,\leqslant>$ 的子格，而 $<B,\leqslant>$ 不是 $<A,\leqslant>$ 的子格，因 b 和 c 的下确界是 d，而 d 不属于 B，所以可以根据去掉的元素是否影响封闭来判定是不是子格，再比如 $A_1=\{a,b,c,e\}$，b 和 c 的下确界是 d，而 d 不属于 A_1，所以 $<A_1,\leqslant>$ 不是 $<A,\leqslant>$ 的子格。

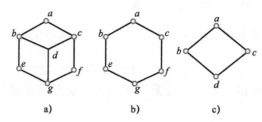

图9-3　哈斯图2

a) $<A,\leqslant>$　b) $<B,\leqslant>$　c) $<C,\leqslant>$

例9-1 设 $A=\{a,b,c\}$，求 $<P(A),\subseteq>$ 的子格。

解： $P(A)=\{\varnothing,\{a\},\{b\},\{c\},\{a,b\},\{a,c\},\{b,c\},A\}$。在 $P(A)$ 的所有非空子集中，只要它关于 $\cap$ 和 $\cup$ 是封闭的，则它就是 $<P(A),\subseteq>$ 的子格。

显然 $<P(A),\subseteq>$ 和 $<\{\varnothing\},\subseteq>$ 是 $<P(A),\subseteq>$ 的子格。

$<\{\varnothing,\{a\}\},\subseteq>$、$<\{\varnothing,\{b\}\},\subseteq>$、$<\{\varnothing,\{c\}\},\subseteq>$、$<\{\varnothing,\{a,b\}\},\subseteq>$、$<\{\varnothing,\{a,c\}\},\subseteq>$、$<\{\varnothing,\{b,c\}\},\subseteq>$、$<\{\varnothing,A\},\subseteq>$、$<\{\varnothing,\{c\},\{a,c\},\{b,c\},A\},\subseteq>$ 等都是 $<P(A),\subseteq>$ 的子格。

下面介绍格的基本性质。

定理9-3： 设 $<A,\vee,\wedge>$ 是格，对任意 $a,b\in A$，有

(1) $a\vee b=b\Leftrightarrow a\leqslant b$。

(2) $a\wedge b=a\Leftrightarrow a\leqslant b$。

(3) $a\wedge b=a\Leftrightarrow a\vee b=b$。

即 $a\leqslant b\Leftrightarrow a\vee b=b\Leftrightarrow a\wedge b=a$。

证明：(1) 设 $a\vee b=b$。因为 $a\leqslant a\vee b=b$，即 $a\leqslant b$。反之，若 $a\leqslant b$，则由于 $b\leqslant b$，可知 b 是 a 和 b 的上界，根据最小上界的定义，得 $a\vee b\leqslant b$。又因为 $a\vee b$ 是 a 和 b 上界，得 $b\leqslant a\vee b$。综上 $a\vee b=b$。

(2) 类似于 (1) 可证，(3) 由 (1) 和 (2) 得证。

定理9-4： 设 $<A,\vee,\wedge>$ 是格，对任意 $a,b,c\in A$，有

(1) 若 $a\leqslant b$ 和 $c\leqslant d$，则 $a\wedge c\leqslant b\wedge d$，$a\vee c\leqslant b\vee d$。

(2) 若 $a\leqslant b$，则 $a\wedge c\leqslant b\wedge c$，$a\vee c\leqslant b\vee c$。

证明：(1) 如果 $a\leqslant b$，$b\leqslant b\vee d$，由传递性得 $a\leqslant b\vee d$，类似如果 $c\leqslant d$，$d\leqslant b\vee d$，由传递性得 $c\leqslant b\vee d$，这说明 $b\vee d$ 是 $\{a,c\}$ 的上界，而 $a\vee c$ 是 $\{a,c\}$ 的最小上界，所以 $a\vee c\leqslant b\vee d$。类似可证 $a\wedge c\leqslant b\wedge d$。

(2) 可以在证明 (1) 过程中，将 d 改为 c，即可证明。

定理9-5： 设 $<A,\vee,\wedge>$ 是格，$\vee$ 和 $\wedge$ 不满足分配律，但对任意的 $a,b,c\in A$，有

(1) $a\vee(b\wedge c)\leqslant(a\vee b)\wedge(a\vee c)$。

(2) $(a\wedge b)\vee(a\wedge c)\leqslant a\wedge(b\vee c)$。

通常称上面两个公式为格中分配不等式。

证明：

（1）

因为 $a \leqslant a \vee b$，$a \leqslant a \vee c$，

所以 $a \leqslant (a \vee b) \wedge (a \vee c)$。

因为 $b \wedge c \leqslant b \leqslant a \vee b, b \wedge c \leqslant c \leqslant a \vee c$，

所以 $b \wedge c \leqslant (a \vee b) \wedge (a \vee c)$。

于是有 $a \vee (b \wedge c) \leqslant (a \vee b) \wedge (a \vee c)$。

（2）由对偶性原理得 $a \wedge (b \vee c) \geqslant (a \wedge b) \vee (a \wedge c)$。

即 $(a \wedge b) \vee (a \wedge c) \leqslant a \wedge (b \vee c)$。

例 9-2　证明元素不多于 3 个的格全是链。

证明：设 $<A, \leqslant>$ 是格，若 $|A| = 1$，它显然是链。

若 $|A| = 2$，设 $A = \{a,b\}$，因为是格，存在 $\sup(a,b) \in A, \inf(a,b) \in A$，所以必有 $a \leqslant b$ 或 $b \leqslant a$，则为二元链。

若 $|A| = 3$，设 $A = \{a,b,c\}$，用反证法证明，设 a 不偏序于 b，因为是格，$\sup(a,b) \in A, \inf(a,b) \in A$，且 $\sup(a,b)$ 与 $\inf(a,b)$ 不相等，也不等于 a 和 b，必须是两个不同元素，而当前只有一个元素 c，矛盾。所以任意两元素都相关，构成链。

> **定义 9-6**：设 $<A, \oplus, \odot>$ 和 $<B, \vee, \wedge>$ 是格。存在函数 $f: A \rightarrow B$，若对任意 $a, b \in A$，有 $f(a \oplus b) = f(a) \vee f(b), f(a \odot b) = f(a) \wedge f(b)$。
>
> 　　则称 f 是从 $<A, \oplus, \odot>$ 到 $<B, \vee, \wedge>$ 的格同态，若 f 是双射函数，则称 f 是格同构，同构的两个格的哈斯图是一样的。

> **定理 9-6**（格同构的保序性）：设 $<A, \oplus, \odot>$ 和 $<B, \vee, \wedge>$ 是格，而 $<A, \leqslant>$ 和 $<B, \leqslant'>$ 分别是给定两个格所诱导的偏序集确立的格。若 $f: A \rightarrow B$ 是格同态，则对任意 $a, b \in A$，且 $a \leqslant b$，必有 $f(a) \leqslant' f(b)$。

证明：根据 $a \leqslant b \Leftrightarrow a \odot b = a$，有

$$f(a \odot b) = f(a) \wedge f(b) = f(a)$$

所以 $f(a) \leqslant' f(b)$。

具有 1、2、3 个元素的格，分别同构于 1、2、3 个元素的链。4 个元素的格必同构图 9-4a、b 之一。5 个元素的格必同构于图 9-5a、b、c、d、e 之一。

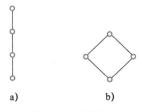

a)　　　　　　b)

图 9-4　哈斯图 3

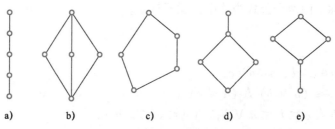

图 9-5 哈斯图 4

下面介绍几种特殊格：分配格、有界格、有补格和布尔代数。

> **定义 9-7**：设格 $<A, \vee, \wedge>$，A 中任意元素 a, b, c，以下两个公式成立：
> (1) $a \vee (b \wedge c) = (a \vee b) \wedge (a \vee c)$
> (2) $a \wedge (b \vee c) = (a \wedge b) \vee (a \wedge c)$
> 则称 $<A, \vee, \wedge>$ 是分配格。

由格的对偶性原理可知，（1）成立当且仅当（2）成立，故 $<A, \vee, \wedge>$ 为分配格，当且仅当（1）和（2）之一成立。

设 A 是集合，则 $<P(A), \cap, \cup>$ 是分配格。$<\mathbf{Z}_+, \max, \min>$ 是分配格。

> **定理 9-7**：链都是分配格。

证明：设 $<A, \leqslant>$ 是链，且 $a, b, c \in A$。

考查下述可能情况：

(1) $a \leqslant b$ 或 $a \leqslant c$。

(2) $a \geqslant b$ 且 $a \geqslant c$。

对于情况（1），有

$a \wedge (b \vee c) = a$ 和 $(a \wedge b) \vee (a \wedge c) = a$。

对于情况（2），有

$a \wedge (b \vee c) = b \vee c$ 和 $(a \wedge b) \vee (a \wedge c) = b \vee c$。

> **定理 9-8**：设 $<A, \vee, \wedge>$ 是分配格，a、b 和 c 是 A 中的元素，如果 $a \wedge b = a \wedge c$ 且 $a \vee b = a \vee c$，则有 $b = c$。

证明：任取 $a, b, c \in A$，设有 $a \wedge b = a \wedge c$ 且 $a \vee b = a \vee c$，则有

$$b = b \vee (a \wedge b) = b \vee (a \wedge c) = (b \vee a) \wedge (b \vee c) = (a \vee b) \wedge (b \vee c)$$
$$= (a \vee c) \wedge (b \vee c) = (a \wedge b) \vee c = (a \wedge c) \vee c$$
$$= c$$

由于分配格的运算满足消去律，所以运算不满足消去律的格一定不是分配格。图 9-6a、b 是两个重要的五元素非分配格，一个格是分配格的充分必要条件是在该格中没有任何子格与图 9-6a、b 同构，而图 9-6c 的子格与 a、b 都同构，所以也不是分配格。

图 9-6a、b 的五元素格不是分配格，图 9-6a 中因为 $a \wedge (b \vee c) = a \wedge 1 = a$，而 $(a \wedge b) \vee (a \wedge c) = 0 \vee 0 = 0$，所以 $a \wedge (b \vee c) \neq (a \wedge b) \vee (a \wedge c)$，不满足分配律。图 9-6b 中因为 $b \wedge (a \vee c) = b \wedge 1 = b$，而 $(b \wedge$

$a) \vee (b \wedge c) = 0 \vee c = c$，可见，$b \wedge (a \vee c) \neq (b \wedge a) \vee (b \wedge c)$，也不满足分配律。

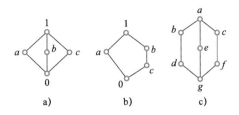

图 9-6　哈斯图 5

定义 9-8：设 $<A, \vee, \wedge>$ 是格，如果 A 中存在元素 a，使得对于 A 中任意元素 x 都有 $a \leqslant x$，则称 a 为格 $<A, \leqslant>$ 的全下界，用 0 表示。如果 L 中存在元素 a，使得对于 L 中任意元素 x 都有 $x \leqslant a$，则称 a 为格 $<A, \leqslant>$ 的全上界，用 1 表示。全下界即为格的最小元，是唯一的；全上界即为格的最大元，也是唯一的。

定义 9-9：设 $<A, \vee, \wedge>$ 是格，$0 \in A$，若 $\forall b \in A$ 有 $0 < b \leqslant a \Rightarrow b = a$，则称 a 是 A 中的原子。

图 9-6a 中 a、b 和 c 是原子，图 9-6b 中 a、c 是原子，图 9-6c 中 d、e 和 f 是原子。

定义 9-10：如果一个格既有全下界又有全上界，则称此格为有界格，常用 $<A, \wedge, \vee, 0, 1>$ 表示。

定理 9-9：设 $<A, \wedge, \vee, 0, 1>$ 是有界格，则对于 A 中任意元素 a，都有
$$a \vee 1 = 1 \text{ 且 } a \wedge 1 = a$$
$$a \vee 0 = a \text{ 且 } a \wedge 0 = 0$$
则 1 称为全上界或最大元，0 称为全下界或最小元。

图 9-6a、b、c 都有最大元和最小元，所以都是有界格。

定理 9-10：有限格必定是有界格。

证明：设 $<A, \vee, \wedge>$ 是有限格，其中 $A = \{a_1, a_2, \cdots, a_n\}$。

因为 $a_1 \vee a_2 \vee \cdots \vee a_n \in A$，$a_1 \wedge a_2 \wedge \cdots \wedge a_n \in A$，由运算 $\vee$ 和 $\wedge$ 的定义可知，对 $a_i \in A$，有
$$a_i \leqslant a_1 \vee a_2 \vee \cdots \vee a_n \text{ 且 } a_1 \wedge a_2 \wedge \cdots \wedge a_n \leqslant a_i$$

说明该格既有全下界 $a_1 \wedge a_2 \wedge \cdots \wedge a_n$，又有全上界 $a_1 \vee a_2 \vee \cdots \vee a_n$，所以 $<A, \vee, \wedge>$ 是有界格。

定义9-11：设 $<A,\vee,\wedge>$ 是有界格，$a\in A$，如果存在 $b\in A$ 使得
$$a\vee b=1 \text{ 且 } a\wedge b=0$$
则称 b 是 a 的补元，记为 a'。若 b 是 a 的补元，则 a 也是 b 的补元，即 a 与 b 互为补元。例如，$0'=1$，$1'=0$。一个元素可能有不唯一的补元，也可能没有补元。

定义9-12：在有界格中，如果每个元素都有补元，则称格是有补格。

由于补元的定义是在有界格中给出的，可知，有补格一定是有界格。

定理9-11：在有界分配格中，如果某元素有补元，则补元是唯一的。

证明：设 $<A,\vee,\wedge>$ 是格，a' 和 a'' 是 $a\in A$ 的补元，于是
$a'=a'\wedge 1=a'\wedge(a\vee a'')=(a'\wedge a)\vee(a'\wedge a'')=0\vee(a'\wedge a'')=a'\wedge a''$
而 $a''=a''\wedge 1=a''\wedge(a\vee a')=a''\wedge a'=a'\wedge a''$。
所以，$a'=a''$。可见，a 的补元是唯一的。

例9-3 求图9-6a、b、c 中各元素的补元。

解：图9-6a：a 的补元是 b 和 c，b 的补元是 a 和 c，c 的补元是 a 和 b。
图9-6b：a 的补元是 b 和 c，b 的补元是 a，c 的补元是 a。

二维码9-1 视频
补元求解

图9-6c：b 的补元是 c、e 和 f，d 的补元是 c、e 和 f，e 的补元是 b、c、d 和 f，c 的补元是 b、d 和 e，f 的补元是 b、d 和 e。其他最大元与最小元互为补元。

定理9-12：设 $<A,\leq>$ 是有界格，$\leq$ 是 A 上的全序关系。若 $|A|>2$，则 $\forall a\in A-\{0,1\}$，a 无补元，也不是有补格。

证明：用反证法证明。若存在 $a\in A-\{0,1\}$，a 有补元 a'。即 $a\vee a'=1$，$a\wedge a'=0$。因为 $\leq$ 是 A 上的全序关系，所以 $a\leq a'$ 或 $a'\leq a$。若 $a\leq a'$，则 $a=a\wedge a'=0$。若 $a'\leq a$，则 $a=a\vee a'=1$。无论如何，这与 $a\neq 0$ 且 $a\neq 1$ 矛盾。所以 a 无补元，也不是有补格。

例9-4 判断图9-7a、b 是否为有补格。

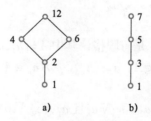

图9-7 哈斯图6

解：图9-7a、b 均不是为有补格，因为图9-7a 中2、4、6均没有补元，图9-7b 中3和5没有补元。

9.2 布尔代数

> **定义 9-13**：若格既是有补又是可分配的，则称该格为有补分配格。由布尔格 $<A,\leqslant>$ 导出的代数系统 $<A,\wedge,\vee,0,1>$ 称为布尔代数。

设 $S_{10}=\{1,2,5,10\}$ 是 10 的正因子集合，$\wedge$ 表示求最大公约数的运算，$\vee$ 表示求最小公倍数的运算，则 $<S_{10},\wedge,\vee>$ 构成布尔代数。因为首先符合格的条件，任意两个元素都有上确界和下确界，满足可分配，1 和 10 互为补元，2 和 5 互为补元。格 $<S_{12},\wedge,\vee>$ 不是布尔代数，因为 $S_{12}=\{1,2,3,4,6,12\}$，而 2 没有补元。$A=\{a,b\}$，$<P(A),\cap,\cup>$ 是布尔代数，因为 $\cap$ 和 $\cup$ 运算满足交换律、结合律、吸收律和分配律，全下界是 $\varnothing$，全上界是 A，补元就是补集。$B=\{1,2\}$，满足 $\leqslant$ 偏序关系，$<B,\leqslant>$ 是布尔代数，是链且仅有两个元素，满足可分配且有补。

> **定理 9-13**：设 $<A,\leqslant>$ 是布尔代数，每个元素 a 都有唯一的补元 a'。对任意 $a,b\in A$，则有
> (1) $(a')'=a$。
> (2) $(a\wedge b)'=a'\vee b'$。
> (3) $(a\vee b)'=a'\wedge b'$。

后面两个公式称为格中德摩根律。

证明：

(1) 因为 $a\wedge a'=0$，$a\vee a'=1$，$(a')'\wedge a'=0$，$(a')'\vee a'=1$，且补元是唯一的，故 $(a')'=a$。

(2) $(a\wedge b)\wedge(a'\vee b')=(a\wedge b\wedge a')\vee(a\wedge b\wedge b')=0$
$(a\wedge b)\vee(a'\vee b')=(a\vee a'\vee b')\wedge(b\vee a'\vee b')=1$
由于补元的唯一性，所以 $(a\wedge b)'=a'\vee b'$。

(3) 根据对偶性原理由 (2) 可证。

布尔代数还有另外一种定义方法。

> **定义 9-14**：设 $<A,\vee,\wedge>$ 是代数系统，$\vee$ 和 $\wedge$ 是二元运算。若 $\vee$ 和 $\wedge$ 运算满足
> (1) 交换律：即 $\forall a,b\in B$，有 $a\wedge b=b\wedge a,a\vee b=b\vee a$。
> (2) 分配律：即 $\forall a,b,c\in B$，有
> $a\wedge(b\vee c)=(a\wedge b)\vee(a\wedge c)$，$a\vee(b\wedge c)=(a\vee b)\wedge(a\vee c)$
> (3) 同一律：即存在 $0,1\in B$，使得 $\forall a\in B$，有 $a\wedge 1=a$，$a\vee 0=a$。
> (4) 补元律：即 $\forall a\in B$，存在 $a'\in B$ 使得 $a\wedge a'=0$，$a\vee a'=1$。
> 则称 $<A,\vee,\wedge,',0,1>$ 是一个布尔代数。

定理 9-14：设 A 为任意集合，证明 A 的幂集格 $<P(A),\cap,\cup,\varnothing,A>$ 构成布尔代数，称为集合代数。

证明：$P(A)$ 由于 $\cap$ 和 $\cup$ 运算满足交换律、结合律、吸收律和分配律，且全下界是空集 $\varnothing$，全上界是 A，全集为 A，任意元素 a 的补元为 a 的补集，所以 $P(A)$ 是有补分配格，即布尔代数。

定义 9-15：设 $<A,\vee,\wedge,',0,1>$ 为布尔代数，B 是 A 的子集，如果 $<B,\vee,\wedge,',0,1>$ 也为布尔代数，则称 $<B,\vee,\wedge,',0,1>$ 是 $<A,\vee,\wedge,',0,1>$ 的子布尔代数。

定理 9-15：设 $<A,\wedge,\vee,',0,1>$ 是布尔代数，B 是 A 的非空子集，A 含有元素 0 和 1，且 B 对 $\wedge$、$\vee$ 和 ' 运算都是封闭的，则称 $<B,\vee,\wedge,',0,1>$ 是 $<A,\vee,\wedge,',0,1>$ 的子布尔代数。

考虑 30 的正因子集合 S_{30} 关于 GCD（最大公约数）、LCM（最小公倍数）运算构成的布尔代数，它有以下的子布尔代数：$B_1=\{1,30\}$，$B_2=\{1,2,15,30\}$，$B_3=\{1,3,10,30\}$，$B_4=\{1,5,6,30\}$，$B_5=\{1,2,3,5,6,10,15,30\}$。

定义 9-16：设 f：$A{\rightarrow}B$ 为布尔代数 $<A,\wedge,\vee,',0,1>$ 到布尔代数 $<B,\wedge,\vee,',0,1>$ 的同态映射，即对任何元素 a、b，有
$$f(a\vee b)=f(a)\vee f(b)$$
$$f(a\wedge b)=f(a)\wedge f(b)$$
$$f(a')=(f(a))'$$
那么称 f 为 A 到 B 的布尔同态。

如果两个布尔代数同态，则 $f(0)=0$，$f(1)=1$。

定义 9-17：设 $<A,\vee,\wedge>$ 是格，0 为全下界，若 A 中的元素 a、b、c，有 $a{\leq}b$，且没有 $a{\leq}c$，$c{\leq}b$，则称 b 盖住 a。如果有元素 a 盖住 0，则称 a 是 $<A,\vee,\wedge>$ 中的原子。

原子也可以理解为 0 为全下界，对于 A 中任意非零元素 b，至少有一个原子 a，使得 $a{\leq}b$。b 与某原子 c 关系为 $c{\leq}b$ 或 $c{\leq}b'$，但不同时成立。对于不同的两个原子 a 和 c，有 $a{\wedge}c=0$。

定理 9-16：设 a_1，a_2，$\cdots$，a_k 为满足 $a_i{\leq}x$（$i=1,2,\cdots,k$）的所有原子，则 $x=a_1{\vee}a_2{\vee}\cdots{\vee}a_k$ 称为 x 的原子表示，而且是唯一的原子表示形式。

定理 9-17：设 $<A,\wedge,\vee,',0,1>$ 为有限布尔代数，B 为 A 中所有原子的集合，那么 A 同构于布尔代数 $<P(B),\wedge,\vee,',\varnothing,B>$。

也就是说，A 是有限布尔代数，B 是 A 的全体原子构成的集合，则 A 同构于 B 的幂集代数 $P(B)$。

例如，设 110 的正因子集合 S_{110} 关于 GCD、LCM 运算构成的布尔代数。它的原子是 2、5 和 11，因此原子的集合 $A = \{2,5,11\}$。幂集 $P(A) = \{\varnothing, \{2\}, \{5\}, \{11\}, \{2,5\}, \{2,11\}, \{5,11\}, \{2,5,11\}\}$。幂集代数是 $< P(A), \cap, \cup, \backsim, \varnothing, A >$。

只要令 f: $S_{110} \to P(A)$，对应的映射有

$f(1) = \varnothing$, $f(2) = \{2\}$, $f(5) = \{5\}$, $f(11) = \{11\}$, $f(10) = \{2, 5\}$, $f(22) = \{2,11\}$, $f(55) = \{5,11\}$, $f(110) = A$。

那么 f 就是从 S_{110} 到幂集 $P(A)$ 的同构映射。

> **定理 9-18**：任何有限布尔代数的基数为 2^n, $n \in \mathbf{N}$，任何基数相等的有限布尔代数都是同构的。

任何布尔代数都同构于一个幂集代数。有限布尔代数都同构于某个幂集代数 $< P(A), \cup, \cap, ', \varnothing, A >$，从而有限布尔代数的元素个数是 2 的整数幂，如图 9-8 所示。

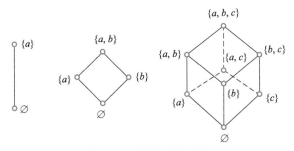

图 9-8　幂集的布尔代数

例 9-5　设 $< A, \wedge, \vee, ', 0, 1 >$ 是一布尔代数，证明关系 $\leqslant = \{< a,b > | a \wedge b = a\}$ 是 S 上的偏序关系。

二维码9-2 视频
偏序关系证明

证明：

任意 $a \in S$，因为 $\wedge$ 满足等幂律，所以 $a \wedge a = a$，故 $a \leqslant a$。即 $\leqslant$ 是自反的。

任意 $a, b \in S$，若 $a \leqslant b$ 且 $b \leqslant a$，因为 $\wedge$ 满足交换律，所以 $a = a \wedge b = b \wedge a = b$。即 $\leqslant$ 是反对称的。

任意 $a, b, c \in S$，若 $a \leqslant b$ 且 $b \leqslant c$，因为 $\wedge$ 满足结合律，因为 $a = a \wedge b = a \wedge (b \wedge c) = (a \wedge b) \wedge c = a \wedge c$，故 $a \leqslant c$。即 $\leqslant$ 是可传递的。

综上所述，$\leqslant = \{< a,b > | a \wedge b = a\}$ 是 S 上的偏序关系。

9.3　习题

1. 下列各集合对于整除关系都构成偏序集，判断哪些偏序集是格。
(1) $A = \{1,2,3,4,7\}$
(2) $A = \{1,2,3,6,24\}$
2. 求下列命题的对偶命题。

(1) $a \vee (b \wedge c) \leqslant (a \vee b) \wedge (a \vee c)$

(2) $(a \vee b) \wedge c \geqslant a \vee (b \wedge c)$

3. 设 $<A, \leqslant>$ 是格，证明对任意 $a, b \in A$，都有

$$a \vee (a \wedge b) = a$$
$$a \wedge (a \vee b) = a$$

4. 设 $<A, \leqslant>$ 是格，$a, b, c \in A$，满足 $a \leqslant b \leqslant c$，证明 $a \vee b = b \wedge c$。

5. 设 $<A, \vee, \wedge>$ 是格，$a, b, c, d \in A$。试证：若 $a \leqslant b$ 且 $c \leqslant d$，则 $a \wedge c \leqslant b \wedge d$。

6. 证明在同构意义下，4 阶格只有 2 个。

7. 举两个有界格的例子，并说明理由。

8. 在图 9-9 的哈斯图表示的有界格中，哪些元素有补元，并说明。

图 9-9　习题 8 哈斯图

9. 举例说明不是每个有补格都是分配格，也不是每个分配格都是有补格。

10. 当 n 分别是 24、36、110 时，$<S_n, |>$ 是布尔代数吗？若是，则求出其原子集。

11. 证明布尔代数 $<A, \vee, \wedge, ', 0, 1>$ 中对任意元素 a、b，有 $a \leqslant b \Leftrightarrow a \wedge b' = 0$。

参考文献

[1] 李盘林, 李丽双, 李洋, 等. 离散数学 [M]. 北京：高等教育出版社, 1999.

[2] 李盘林, 李丽双, 李洋, 等. 离散数学提要及习题解答 [M]. 2 版. 北京：高等教育出版社, 2005.

[3] 方世昌. 离散数学 [M]. 2 版. 西安：西安电子科技大学出版社, 2002.

[4] 孙学红, 秦伟良.《离散数学》习题解答 [M]. 西安：西安电子科技大学出版社, 1999.

[5] LIPSCHUTZ S, LIPSON M L. 2000 离散数学习题精解 [M]. 林成森, 译. 北京：科学出版社, 2002.

[6] 刘铎. 离散数学及应用 [M]. 2 版. 北京：清华大学出版社, 2018.

[7] 王桂平, 王衍, 任嘉辰. 图论算法理论、实现及应用 [M]. 北京：北京大学出版社, 2011.

[8] ROSEN K H. 离散数学及其应用（英文版）[M]. 7 版. 北京：机械工业出版社, 2012.

[9] 耿素云, 屈婉玲, 张立昂. 离散数学 [M]. 5 版. 北京：清华大学出版社, 2013.

[10] LIPSCHUTZ S, LIPSON M L. 离散数学 [M]. 周兴和, 孙志人, 张学斌, 译. 北京：科学出版社, 2002.

[11] 邵学才, 叶秀明. 离散数学 [M]. 2 版. 北京：电子工业出版社, 2009.

[12] 李盘林, 赵铭伟, 徐喜荣, 等. 离散数学 [M]. 2 版. 北京：人民邮电出版社, 2008.

[13] 左孝凌, 李为鑑, 刘永才. 离散数学 [M]. 上海：上海科学技术文献出版社, 1982.